成功＝艰苦的劳动＋正确的方法＋少谈空话。
——爱因斯坦

只有
想不通的人
没有走不通的路

世上只有你想不到的，没有你做不到的，路都是人走出来的，任何一个平凡的人，只要通过自己的努力，都可以走向成功的道路。

在人生征途中有许多弯路、险路，只有意志坚定且永不停步的人，才有希望到达胜利的远方。

韩彪◎编著

中国华侨出版社

图书在版编目(CIP)数据

只有想不通的人，没有走不通的路 / 韩彪编著.—北京:中国华侨出版社，2011.5
ISBN 978-7-5113-1332-4

Ⅰ.①只… Ⅱ.①韩… Ⅲ.①成功心理－通俗读物 Ⅳ.①B848.4-49

中国版本图书馆CIP数据核字（2011）第056291号

● 只有想不通的人，没有走不通的路

编　著 / 韩　彪
责任编辑 / 骁　晖
装帧设计 / 孙希前
责任校对 / 王京燕
经　销 / 新华书店
开　本 / 710×1000毫米　1/16　印张 / 17.5　字数 / 236千字
印　刷 / 三河市华润印刷有限公司
版　次 / 2012年1月第1版　2012年1月第1次印刷
书　号 / ISBN 978-7-5113-1332-4
定　价 / 30.00元

中国华侨出版社　北京市朝阳区静安里26号通诚达大厦3层　邮编:100028
法律顾问:陈鹰律师事务所
编　辑　部:(010) 64443056　64443979
发　行　部:(010) 64443051　传真:(010) 64439708
网　　址:www.oveaschin.com
e-mail:oveaschin@sina.com

Preamble
序言

　　在我们每个人的人生里程中，都难免会遇到一些挫折和失败，有的时候会陷入绝境，这个时候，我们会很容易感到生命的无奈和生活的暗淡，消极情绪会占领你的全部精神，更有甚者，精神会滑向崩溃的边缘，令你不能自拔，令你窒息。在这个关键时刻，你需要有人能够帮你推开一扇窗，让温暖的阳光和清新的空气充满你的身心，抚慰你灵魂的创伤。而这个帮你推开窗的人，可能是自己的亲人和朋友，也可能是一个偶然遇到的陌生人，也可能是一位德高望重的老人，也有可能是你不经意间翻起的一本书。

　　或许在我们每个人的心灵深处都渴望有一本书，能够在我们迷茫的时候给我们指引方向，在我们痛苦的时候抚平我们的创伤，在我们骄傲自大的时候提醒我们要谦虚谨慎，在我们将要放弃的时候鼓励我们坚持下去……如果是这样，那么当你翻开本书，你的愿望就已经实现了，本书就是你渴望的，可以鼓舞和激励你迈向成功之路的必读经典。

　　本书浓缩了全球顶尖励志大师总结出来的成功之道，涵盖了走向成功之路的各个方面，包括塑造灵活思维、培养良好心态、培养自信、养成良好习惯、立即行动起来、坚持到底、理智面对失败、居安思危、走曲线道路、要有创新精神等既有理论和技巧，又有具体分析的经典案例，是一本不可多得的成功励志宝典，适合所有期待有所成就的和已经获得成功的读者阅读。

我们日常生活中所谓的成功，就是无论你在何时何地，处在什么样的境况之下，都能够随心所欲地达到你渴望的目标。如果想要抛开过去的生活，去追求一个更光明的未来，你就必须从现在开始，改变自己固有的思维模式和行为方式。只有欣然接受全新的生活方式，你才能够摆脱那些旧思想的困扰，从而成功地达到你的目标，自由自在地生活。无论是在事业上还是在学业上，这个道理都是行得通的。那些能够成功地摆脱生活中羁绊的人都懂得一个道理：那就是实现目的并不重要，重要的是为实现目标而努力奋斗的过程。其实他们的成功之道非常简单：认识障碍，绕过障碍，穿越障碍，冲破障碍，飞越障碍。

生活中很多时候你会面对一条看似走向死胡同的路，这个时候你可能会怀疑你的目标是不是就从此夭折了，是不是就没有实现的路径了。其实不然，你只需要转变你的观念，换一个思维方式，换一条路走，事情往往就好办得多了，相信大家在生活中都有这样的经历或经验吧。那么，如何转变思想，如何才能选择正确的道路呢？翻开本书，你就可以看到答案。相信你每花一分时间用来阅读，就有一份收获在心里。相信本书将会给所有渴望成功和已经成功的朋友带来智慧、勇气、信心和快乐，帮助大家登上事业的巅峰。

Contents
目 录

第一章

塑造灵活的思维
——只有想不通的人，没有走不通的路

很多人都有一种因循守旧的心理习惯，从而导致自己的思维陈旧，跟不上时代发展的潮流。没有灵活的思维习惯，是成大事路上的最大阻碍。我们要突破思维定势，没有做不到的，只有想不到的。

1.培养良好的思索习惯 / 3

2.注意培养开阔的思路 / 5

3.用丰富的想象来扩展思维 / 6

4.培养现代思维方式 / 8

5.奥斯本拓展思路的四项原则 / 11

6.消除思维定势的负面影响 / 13

7.善于打破常规思维 / 15

8.培养多元化的思维 / 17

9.养成边缘环节思维的习惯 / 19

10.另类思维创造财富 / 21

Contents 目录

第二章
成功是一种态度
——良好心态是成功的催化剂

影响人生的绝不仅仅是环境，更重要的在于心态。心态控制了个人的行动和思想，同时也决定了一个人的视野、事业和成就。

1.心态可以决定命运 ／27

2.养成一个乐观积极的心态 ／28

3.积极心态（PMA 黄金定律）／32

4.做事成功第一步就是要拥有积极的心态 ／33

5.要善于取舍 ／35

6.待人处事要宽容 ／36

7.把心态调整到最佳状态 ／38

8.不让消极的情绪"缠绕"自己 ／41

9.良好个性的三大因素：乐观、进取、开朗 ／44

10.良好的心理生态环境有助于事业成功 ／48

Contents
目 录

第三章

自信是成功的第一秘诀

——相信自己，天生我材必有用

　　每一个人成就的大小，永远不会超出于这个人自信心的大小。假如拿破仑自己以为此事太难，那么他的军队决不会越过阿尔卑斯山。同样，在你的一生中，如果你对于自己的能力心存重大怀疑或不自信，也绝不可能成就伟业。

1.自信的人，才不会被别人打败 / 53

2.自信与成功的关系 / 55

3.不要让自卑的心态挡住成功的路 / 57

4.信念的力量是无穷的 / 59

5.让信念鼓动你成功的风帆 / 61

6.怎样培养自信心 / 62

7.相信自己是有用之材 / 68

8.相信自己的判断 / 71

9.自信的人生才美丽 / 73

Contents 目录

第四章

好习惯的巨大力量
——拥有好习惯，就成功了一半

习惯是一个人经过长时间重复做某一件事而形成的一种不自觉的或者自发的行为。一个良好的习惯可以帮助我们的事业走向成功，所以我们要想成大事，就要有一个良好的习惯。

1.习惯对事业的影响 / 77

2.成功始于良好的习惯 / 80

3.让良好的习惯带你走入成功之门 / 81

4.好习惯和坏习惯都具有很强大的力量 / 85

5.好习惯的报酬就是成功 / 87

6.努力改变坏习惯 / 89

7.成就事业的必要素质 / 91

8.学习成功人士管理时间的方法 / 93

9.做大事要善于合作 / 95

10.同心协力才能成就大事 / 98

Contents
目 录

第五章
行动是治愈恐惧的良药
——抓住时机，果断出击

阿·安·普罗克特说："梦想一旦被付诸行动，就会变得神圣。"一面镜子，只有天天被人擦拭，才能时刻保持光洁如新。人生也是一样，只有行动，才能获得机遇。

1.心动不如行动 ／103

2.把握现在 ／105

3.优胜劣汰是自然法则 ／106

4.行动，可以让你从痛苦中找到机遇 ／108

5.没有行动就没有一切 ／109

6.用行动展示你的不同凡响 ／110

7.行动可以改变你的人生 ／111

8.戒掉拖延的陋习 ／113

9.珍惜时间 ／116

10.一次行动胜于百遍胡思乱想 ／120

Contents
目录

第六章

坚持到底，赢在执著

——壮志恒久远，成功永流传

走自己的路，坚韧不拔地走下去，世界上什么也代替不了坚韧不拔的精神和毅力。唯有坚韧不拔，坚定信心，才能无往而不胜。

1.持之以恒才能成功 / 125

2.成功就是简单的方法重复做 / 126

3.只要有1%的希望，就一定要坚持 / 127

4.一定要坚持下去 / 129

5.一生磨一镜 / 130

6.赢在执著 / 131

7.不要轻言放弃 / 132

8.只差一点点 / 134

9.坚毅与尝试相结合 / 135

Contents
目　录

第七章

失败是到达佳境的第一步
——总结经验，跌倒了再爬起来

如果一个人把挫折看成是一种教训，那么，无论多大的挫折和困境，都不会在这个人的意识中成为失败。无论你信不信，事实就是这样的，每个暂时性的挫折中都包含着一个大教训。而且，这种教训不可能由挫折以外的任何其他方式获得。

1.失败是到达佳境的第一步 / 139

2.失败心理诊断方法 / 147

3.从哪里跌倒，从哪里爬起来 / 154

4.不断进行尝试 / 157

5.勇敢面对挫折 / 160

6.没有挫折，成功都是不堪一击的 / 162

7.厄运往往是命运的转折点 / 165

8.压力是强者的推动力 / 168

9.反败为胜才有出路 / 170

10.认真分析每次失败的缘由 / 173

Contents
目录

第八章

成于忧患，败于安乐
——再接再厉，把成功培养成习惯

千万不要得意于你现在所取得的成功，只要你还有一丝一毫的错误和不足，你的成功就是有缺憾的，不完满的，随时可能被他人替代和颠覆。就像特洛伊战场上的阿喀琉斯，纵然有千钧之力和金刚不破之身，但因脚后跟上那一点小小的"破绽"，便使其横尸疆场，无以复生。

1.不要满足于99.9%的成功 ∕179

2.优秀是卓越的敌人 ∕182

3.永远把自己当新人 ∕186

4.追求卓越，永争第一 ∕189

5.一切才刚刚开始 ∕191

6.只有砸烂最差的，才能创造出更好的 ∕192

7.下一个才是最好的 ∕193

8.永不满足于已有的成就 ∕195

9.安逸的生活会软化斗志 ∕197

10.天行健，君子以自强不息 ∕199

Contents 目 录

第九章

通往成功的道路不止一条

——避开困难，道路更开阔

　　"成功者找方法，失败者找借口。"遇到难题时，不要放弃，要力求寻找巧妙的思路，出奇制胜。

1. 有问题，就会有解决的方法 / 203

2. 成功就是敢干、实干加巧干 / 204

3. 另辟蹊径，条条大路通罗马 / 206

4. 不断拓展自我认定 / 207

5. 失之东隅，收之桑榆 / 208

6. 唤醒你的潜在力量 / 209

7. 要想成功就不要循规蹈矩 / 211

8. 因循守旧是成功的大敌 / 213

9. 在不可能中找可能 / 216

Contents
目录

第十章

创新是不断进步的源泉
——与时俱进，创新制胜

剑桥大学的学者在分析杰出企业家成功的奥秘时，提出了一个耐人寻味的命题："不断创新是卓越。"由此可见，不断地进行创新，不论是对于个人还是对于整个企业来说，都是十分重要的。

1.成功的最大秘诀就是不断创新 / 223

2.积极更新思想 / 226

3.积极激发新思想 / 229

4.提高创造构想能力 / 234

5.把思维能力转化为创造力 / 237

6.要突破传统观念的束缚 / 240

7.敢于打破一切常规 / 245

8.在别人的怀疑中奋进 / 254

9.杰出的创意就是金钱 / 255

10.发挥创造力的10大要点 / 259

第一章

塑造灵活的思维

——只有想不通的人，没有走不通的路

很多人都有一种因循守旧的心理习惯，从而导致自己的思维陈旧，跟不上时代发展的潮流。没有灵活的思维习惯，是成大事路上的最大阻碍。我们要突破思维定势，没有做不到的，只有想不到的。

1.培养良好的思索习惯

良好的思索习惯是每一个要成就大事的人的必备条件，只有养成良好的思考习惯，才能为你成就大事奠定坚实的基础。

当人在专注思考某一项工作时，有一些平常要花几个小时才能完成的工作，可以在几分钟之内就做完。这是什么原因呢?因为人一旦集中意志，就可以把心智和创意发挥到极致，这种"瞄准目标"的能力是成功的要素。集中意志是高难度的心灵控制技巧，经常练习，可以掌握得越来越熟练，效果就会越来越好。这里是几项秘诀：

（1）制造合适的环境

桌面要整洁，座椅要舒适。需用的工具准备好，气氛要能配合工作的性质。例如：阅读性工作应有明亮的台灯，思考性工作则需要柔和的光线。

（2）避开外界的纷扰

如果有外来的因素打扰，集中的注意力很容易被分散，因此，一定要善加维护。如果是在家里工作，就应该关掉电视，让孩子们去看电影；如果是在办公室，则请秘书代接电话，或紧闭房门，防人干扰。

（3）远离人群

如果闭上房门仍然不能保证一个安静的环境，那只好逃得远远的了。曾经有位企业管理者采用的逃避方法是租一个旅馆房间来工作。

（4）暖身运动

先放松心情，批阅一些简短的文件，觉得自己头脑的机器已经运转灵活了，再着手于任务比较艰巨的工程。

（5）练习"专心"

有很多练习集中心志的方式，如打坐、瑜珈、唱诗，甚至单纯的体力劳动都很好，但是比较实用的方式还是集中心力在工作上，不允许自己的心思有片刻的偏离。

(6)分段进行

花一分钟先作点规划，把大计划分成几个子计划，预估今天可以完成哪一部分。这样，你就清楚知道今天的目标，相对来说就比较容易掌握，比较有成就感。

(7)乘胜直追

头脑的机器正全速运转时，别停下来。这时候你觉得自己灵光闪现，难题迎刃而解，欣喜之余，很想为自己这未谋世的才华庆祝一番，但是请等一下，灵感不是随时都有的，现在最重要的事情是，赶快工作。

(8)在家工作

办公室里常常会有事情让你分心，或许本来这不见得是坏事，但是在需要专注思考时，会打扰你的思维。那么，也许你可以安排一部分上班时间在家工作。此外，成就非凡的人，除上班时间外，每周至少会多花几个小时，在家工作。

(9)利用细小的零碎时间

你是否曾经因飞机误点，在机场苦苦等待5个小时?这类事往往总在意想不到的时候发生，这时你别无他事可做，正是你专心思考的最佳时机。

(10)养成定时定点的习惯

拨出一段固定的时间，思考自己人生的重大目标。有些人的做法是提早起床，这样在每天早晨的一两个小时，都可以单独在家工作。

(11)顺势而行

有时候也不要太墨守成规。在周六晚间的宴会中，或是半夜3点躺在床上，忽然感到灵思启动，这时候千万不要有惰性，要马上赶到工作室去，别让你的灵感溜走。

(12)急流勇退

如果不喜欢现在这份工作，尽早另谋他就，沉浸在自己讨厌的工作里，是很难过的。与此相反，热爱一份工作的人，根本不需要费力就可以集中精神。

2.注意培养开阔的思路

头脑只有时时刻刻处于生生不息的运动之中，才能克服思维的障碍，提高和保持思维的流畅性。经常通过有意识地训练，可以使思路开阔，纵横驰骋。

日常生活中，我们可以尽可能多地通过构想某一物体用途来训练和培养自己开阔的思路。打个比方，你可以想象一块普通的砖，它除了可以作建材外，还能有多少种其他用途?初学的人通常在5分钟内可以想到6种或8种用途，包括挡门、做武器和压东西，等等。在自觉实践创造性思考的原则和技巧以后，他们想到的用途种类平均是15到20种，包括阻塞鼠洞、充当磨石等。无论国内还是国外，在专门的或是相关的思维训练课上，都经常使用这种方法。

只要你坚持随时进行有意识地训练和练习，你的思路就会越来越开阔，在生活中的选择余地就大为增加，这在一定程度上就等于拓宽了自己的成功之路。

比如在两分钟内写出尽量多的煤的用途、土的用途、纸的用途、汽车的用途等。当你在思考每一种东西的多种用途时，就是在尽力扩展你的思维，不停地增加思考的角度和思路的数量，长期坚持下去的话，你就会形成从多方面、开阔的视野上去把握所观察对象的思维能力。而且当你了解到别人列举出了你所未曾想到的用途时，无疑会给你某种开阔性的启示，于是在不知不觉中，你就已经掌握了开阔思路的新方法。

如果你希望有一大堆主意，你就要慢点批评。"绞脑汁"会议就是一个很好的方法。由10~12个人组成的一群人对一个特定的问题尽可能提出解决方法，办法越多越好。其中，一个人的思想会激发另一个人的思想，以致一次主持有方的简短"绞脑汁"，可以产生数量惊人的妙主意。一项严格的规则就是必须暂停一切批评，不许嘲笑别人的主意。

例如，一群人面临的问题是:一枚水雷已经漂近一艘下锚的驱逐舰，因为太近，以至于来不及发动引擎逃避，请问有什么办法可以挽救驱逐舰?一大堆建议被提出之后，有人开玩笑说："让大家到甲板上去，合力把水雷吹走！"这个显然不切实际的建议引得另一与会者说："搬水管来冲，把它冲走。"事实上，这就是某次重大战争中一艘驱逐舰真的碰到这种窘境时船员采用的办法！

考虑一切可能的解决日常问题的方法，有助于开阔思路。大多数明智的决定来自许多可行方案的抉择。

3.用丰富的想象来扩展思维

想象，是人脑在改造记忆表象的基础上创建新形象的一种心理过程，也是在以往经验中已经形成的暂时的联系重新结合的过程。用丰富的想象扩展思维是非常重要的。

依据想象内容的新颖性、独创性的不同，心理学家把想象分为再造想象和创造想象。什么是再造想象？所谓再造想象，就是一个人依据一定的描写、说明、图案等在头脑中形成有关事物的形象的过程。什么是创造想象？创造想象则是一个人按照自己的创见形成某种独创性的想象的过程。二者都是人才的创造活动的极可宝贵的心理品质。想象是创造活动的基础和先导，是激励创造活动，产生科学假说的源泉。正如爱因斯坦所说的："想象力比知识更重要。因为知识是有限的，而想象力包括世界上的一切，推动着进步，并且是知识进化的源泉。"黑格尔也断言道："如果谈到本领，最杰出的艺术本领就是想象。"

创造性思维的核心是什么呢？答案是丰富的想象力。怎么样才能张开你想象的翅膀呢？

（1）扩大知识面，丰富信息储备

丰富的想象力是以丰富的知识和经验的积累为基础的，也是以记忆为基础的。一切艺术上的创作、技术上的革新和科学上的创造，都是在丰富的知识经验的基础上，通过创造性想象而取得成功的。一个人知识和经验积累的多少，信息储备的多少，对于想象的广度和深度有着重要的影响。但是这并不是绝对意味着想象力与知识经验成正比。有一点需要明白：缺乏独立思考，或者满足已有知识的人，则将压抑自身的想象力。

（2）保持好奇心，丰富自己的情感

好奇心是发挥想象力的起点，因此要提倡科学的怀疑精神，遇事多问几个为什么，使自己大脑的想象功能在思考中升腾。而要使一个人大脑的想象奔驰起来，还要保持丰富的情感。情感可以刺激想象。而悲观失望的情绪是不能使大脑高度兴奋和活跃起来的，想象力自然也不会高度发挥出来。

（3）扩张联想、富于幻想

从广义上讲，想象是联想和幻想。所谓联想，绝不是一种简单的思考方式，而是许多思考的联结和扩张。它往往表现为由表及里、由此及彼的顿悟。一个人如果不善于联想，那么他就不会触类旁通，举一反三，就不可能产生认识上的飞跃。无数成功人士的实践事实证明，他们之所以能够成功，就是因为能抓住生活中的偶发事件，产生丰富的联想，从而构筑鸿篇巨著和提出科学假说、技术发明等。托尔斯泰的《安娜·卡列尼娜》是起于一件女子卧轨的新闻事件；笛福的《鲁宾逊漂流记》是听了被船长遗弃到一个荒岛上长达 4 年的落难海员的故事；魏格纳从世界挂图创造了大陆漂移学说；贝尔从吉他声到改装电话机等。这些联想的力量，该是何等地惊人。所谓幻想，是由个人愿望或社会的需要引起的指向未来的特殊想象。幻想比联想距现实客体虽然远一步，但它是更高一级的思考。没有幻想，就没有科学的假说，而假如没有那些科学的假说，也就没有科学的发现和发展。比如，原子结构的模式、试管婴儿的诞生等，又何尝不是在幻想功能的作用下所产生的呢？

客观实际是科学创造的空气，而想象力则是科学创造的翅膀。要想在事业上有所建树，就必须学会张开想象的翅膀，扩展自己的思维。

4.培养现代思维方式

对于同样一件事情，不同的人会有不同的看法，也就会采取不同的态度，这是由于个人的思维方式不同所致。思维方式是人的理性认识活动方式，是人脑加工处理信息的"转换器"。现代人要想有所作为，就必须培养现代思维方式。

现代思维方式是在传统思维方式基础之上发展起来的，一方面它是对传统思维方式中错误的、陈腐的东西的背弃，另一方面又是对传统思维方式中合理的东西的继承、深化和拓展。

（1）敛散型思维方式

何为敛散型思维方式?也就是收敛和发散相统一的思维方式，无论是在现代的科学研究、发明创造中，还是在现代经营决策活动中，这种思维方式都有着广泛的应用。收敛思维和发散思维是两种截然相反的思维活动，收敛思维有很明确的目的性，主要围绕单一的思维目标而展开，是为了解决一定的问题、找到某一思索课题的答案而进行的。而发散思维则没有明确的目标，并且有很大的偶然性和随意性。任何问题如果要深入地研究，都离不开收敛思维，发散思维可以使人的思维变得宽广。

现代思维不是对收敛思维或发散思维单方面的偏执，而是把握住两者的结合，一切创造性的思维活动都离不开发散和收敛这两种方式。例如我们平常写作一篇文章，也是一个发散思维和收敛思维交替进行的过程。在文章的构思阶段，以发散思维为主，在写作和表述阶段，则是以收敛思维为主的。

（2）网络型思维方式

从网的形状，我们可以很容易地领悟到什么是网络思维，网不同于单调的线，它是由众多的线纵横交织构造起来的，呈现出丰富、生动和复杂的格局。根据它的特点，可以把网络思维进一步分解为多种类型的思维，如:多向思维、反向思维、侧向思维，等等。

多向思维在探索问题时，不是"不撞南墙不回头"，而是沿着多种方向向前推进。

与多向思维相对立的，就是所谓的单向思维或直线思维，这种思维方式只从一个角度、沿着一个方向去思考问题，不会"拐弯"，更不会"跳跃"。

简单地说，反向思维就是把问题反过来思考，也就是彻底改变思考的方向。例如：在法国科学家巴斯德发明了高温消毒法之后，英国有一个科学家汤姆逊却想，有没有低温消毒法呢？

在原有思路的基础上，换一个角度来思考和解决问题的思考方法就叫做侧向思维。多种侧向思维汇合在一起就构成了多向思维。

（3）系统思维

这是一种与网络思维相近，但又比网络思维更为深刻的思维方式。系统思维既包含了网络思维中强调普遍联系、多向思维的精髓，又突出了事物整体性及其构成要素的相关性。如：中医学的治病理论就强调整体性、形神的相互影响、五脏六腑的相互制约、阴阳平衡等。如果缺乏系统思维，就会犯"只见树木，不见森林"或"盲人摸象"的错误。

（4）动态思维

动态思维就是一种以不断变化着的思维去把握生生不息的对象世界的思维方式。与动态思维相对应的是静态思维，这种思维方式常常用固定、静止的观点看待事物、分析问题，因此静态思维容易犯形而上学的错误。

现代社会发展越来越快，变动日益加剧。如果说在社会发展缓慢的小生产时代，静态思维以它的不变性和慢节奏还能派上些用场的话，那么到了现代社会，静态思维越来越不适应现代社会的需要，用处也就越来越小。而动态思维能够把握日新月异的现代社会，用处也就越来越大。

动态思维的"动"，不仅表现在空间上的横向流动，还可以表现在时间上，可以追溯过去，也可以预测将来。从现在追溯到过去的思维活动，叫作"后馈思维"；从现在向未来流动的思维，则称为"超前思维"。

（5）求同求异思维

求同思维就是在不同事物之间寻找相同点的一种思维活动，这种思维方式大量地存在于"类推"之中。类推即类比推理，在求同思维中，可根据现象的相同或相似而推知本质的相同或相似；也可以根据结果的相同或形似，来推知原因的相同或相似，根据因果关系，从而找到解决问题的方法。

举一案例：挪威的几位工人运动领袖被警察逮捕，事情牵扯到了易卜生。警察们到易卜生家里进行搜查。易卜生很沉着，把重要的秘密文件随便散放在地板上，而把那些无关紧要的东西郑重其事地做出隐藏的样子。因此，警察们受到蒙蔽，他们把那些没用的文件都抄走，而扔在地板上的重要的秘密文件却一份也没动。

易卜生用的就是求异思维，一般人都认为应该把重要文件放在隐藏的地方，而他却反其道而行之，因此骗过了警察。

求异思维就是寻求标新立异、与众不同的一种思维方式。求异思维不仅可以"异"在思维目标上，也可以"异"在思维方法上，这一点在商业开发、发明创造中非常重要。求异思维所倡导的是独立思考、开拓进取和敢冒风险的精神。一个人在青年时代最容易异想天开，青年时代也是一个人最富开拓精神和冒险精神的时代，如果把握好这一黄金时代，奋力进取，就可以为将来事业的成功奠定一个坚实的基础。

无论求同还是求异，都可以进行创新。求同是通过模拟、类比来做出新的发明和发现；而求异则是通过别出心裁，独辟蹊径来达到创新的目的。

将求同思维和求异思维有机地结合起来并且加以合理地利用，在同中求异，在异中求同，从共性和个性的相互统一中把握对象。求同思维与求异思维的结合，能够使寻求创造的思维活动在不同的方法中相得益彰、相互增辉。

（6）定量思维

什么是定量思维？就是在处理问题时不仅是作出概略、定性的结论，而是还要采用各种数学语言和数学工具使问题得到定量的精确的表述，并通过定量分析求得问题的"精确解"。例如，我们不仅要知道人口是不断增长的，还要了解并掌握关于人口方面的重要数据，包括总人口数、人口自然增长率、自然死亡率、世界人口分布、未来人口预测，等等。

又比如，在地球科学的研究中，由于涉及面广，延续时间长，可变因素多，因此很难一下子弄清楚。计算机的广泛应用和发展，就这些提供了可能，人们可以通过数字计算，建立适当的数学模型来进行定量研究。

美国是志愿兵制，在国家机器的宣传工作上，美国强调爱国、报国、保护、捍卫自由民主等，并以此来证明当兵入伍是一件光荣、神圣的事情。美国失业率比较高，美国三军宣传广告上不但指出从军的人马上有工作、有收入，而且表示在今天现代化部队里，可在报国的同时学到一门专长，为那些当兵的人退伍后谋生提前做个准备。

除此之外，早在第一次世界大战时美国军方就请心理学家巧妙利用定量思维的原理，考虑好了一番安慰的话，这倒比讲大道理有用："如果是打传统的常规战的话，不用担心你当了兵就会死。当了兵有两个可能：一个是留在后方，一个是送到前线。留在后方没有什么可担心的，送到前线又有两种可能：一个是受伤，一个是没有受伤。没有受伤不用担心，受伤的话也有两个可能：一个是轻伤，一个是重伤。轻伤不必担心，重伤的话也有两个可能：一个是能治好，一个是治不好的。能治好的不必担心，治不好的也有两个可能：一个是不死，一个是死……也好，因为你已经死了，还有什么好担心的呢？"

所以，如果打的是常规的传统战争，照上面的说法，死的机率比常人所认为的要小得多，最多不到 1 / 16，好像生还的机会还蛮大的。这样一番演讲下来，减少了许多人的恐惧，征兵工作得以顺利进展。这里，美国军方"耍的花招"就是利用了定量思维。

每一个在事业上有所建树的人都能认准成功的方向，掌握成功的方法，善于发现成功的"窍门"，通常他们都有着与众不同的"心计"，常常独具匠心、另辟蹊径，从而达到独创性的成功。

5. 奥斯本拓展思路的四项原则

美国创造学家奥斯本是"头脑风暴法"的发明人。这一方法是为了促进人们进行大胆地想象，提出更多的创造性设想。

奥斯本提出著名的四项原则，以激励人们形成"激烈涌现、自由奔放"的创造性思想风暴。奥斯本的四项原则是：

(1) 自由畅想原则
是指思维不受任何的限制，包括本身已有知识、规则、常识和种种限定等，只有打破这些，才能使思维自由驰骋。例如，机械行业的人都习惯于用车床铣床切削金属。在车床上直接切割部件的是车刀，它当然要比被切割的金属坚硬。那么切割世界上已知最硬的东西该怎么办呢？显然无法制出更硬的车刀，然而，一位善于进行自由畅想的技师发明了电焊切割技术。

（2）**延迟评判原则**

是指在人们的创造性设想阶段，要尽量避免任何可能打断创造性构思过程的判断和评价。日本某机构的一位年轻的部长奉上级命令征集改进工作的意见和建议，他在给下属布置任务时指出：只要是有关业务的合理化建议，一律欢迎，不管多么可笑，都可以大胆地说出来。同时强调，决不允许批评别人的建议。开始大家有些拘谨，但气氛越来越活跃，结果征集到了100多条合理化的意见和建议，这个机构业务上因此出现了大幅度的飞跃。

（3）**数量保障质量原则**

是指在一定的时间内，提出一定的数量要求，这样就会给设想的人造成适当的心理压力，往往会减少因为评判、害怕而分心，从而提出更多的创造性设想。在实践中，奥斯本发现：数量与质量之间是有联系的，创造性设想提得越多，包含有价值的、独特的创造性设想就越多。数量保障质量原则就是利用了这一规律。

（4）**综合完善原则**

指对于大量的不完善的创造性设想，要进行综合和进一步加工完善，以便于创造性设想完善和能够实施。

奥斯本的四项原则，虽然是用于小组创造活动，但是这四条原则提出了保障创造性设想过程能够顺利进行的根本问题，因此对于个人进行创造性思维过程也非常有启发。

6. 消除思维定势的负面影响

思维定势对人们思考问题显然有很多好处。它可以省去许多摸索、试探的思考步骤，不走或尽量少走弯路，这就大大缩短了思考的时间，提高了思考的效率；还能使思考者在思考过程中感到驾轻就熟。

长在大海里的小虎鲨，很习惯大海中的生存之道。肚子饿了，就努力找大海中的其他鱼类吃，虽然有时候要费些力气，却也不觉得十分困难。有时候，小虎鲨必须追逐很久，才能猎到食物。随着小虎鲨经验的长进，猎食越来越不是问题。然而很不幸，小虎鲨在一次追逐猎物时，被人类捕捉到。

离开大海的小虎鲨被一个研究机构买了去，被关在人工鱼池中，虽然不自由，却不愁猎食，研究人员会定时把大大小小的鱼食送到池中。

有一天，研究人员用一片又大又厚的玻璃把水池分隔成两半，小虎鲨却看不出来。研究人员又把活鱼放到玻璃的另一边，小虎鲨等研究人员放下鱼之后，就冲了过去，结果撞到玻璃，什么也没吃到。过了一会儿，小虎鲨看准了一条鱼，又冲过去，当然也没吃到。休息10分钟之后，小虎鲨饿坏了，这次看得更准，盯住一条更大的鱼冲过去，情况没有改变，小虎鲨撞得嘴角流血，它想不通这到底是怎么回事? 小虎鲨瘫在池底思索着。

最后，小虎鲨拼着最后一口气，再冲! 但是仍然被玻璃挡住，这回撞了个全身翻转，鱼还是吃不到。

小虎鲨终于放弃了。

研究人员又来了，把玻璃拿走。然后，又放进小鱼，在池子里游来游去。小虎鲨看着到口的鱼食，却再也不敢去吃了。

人有时候也像小虎鲨一样，也很容易被过去的经验所限制。比如，如果问:由两个阿拉伯数字 "1" 所能组成的最大的数是多少? 大家都能很快回答:"11." 又问:3个 "1"

所能组成的最大的数是多少?大家也都能很快回答:"111。"如果再问:由4个"1"所能组成的最大的数是多少?恐怕很多人也会很快回答说:"1111。"

请思考一下:四个"1"所能组成的最大的数是"1111",这对吗?如果不对,是什么妨碍了人们做出正确的回答呢?4个"1"所能组成的最大的数是"1111",即使只是稍有数学知识的人也能看出,这是不对的。正确的回答应当是:由4个"1"所能组成的最大的数是 11^{11},即"11"的"11"次方。为什么很多人都会很快就回答说是"1111"呢?这是由于人的惯性思维,将两个"1"并列起来是"11",将3个"1"并列起来是"111",这种"类推式"的解法将会在人们的思考过程中不断被强化而形成一种思考同类或相似问题的惯性轨道。

这里说的思考同类或相似问题的惯性轨道在思维科学上叫做"思维定势",就是指当前思维会被过去的思维所影响。这种思维定势不利于创新思考;要进行创新思考,就必须突破思维定势。

1952年前后,日本的东芝电气公司曾一度积压了大量的电扇,7万多名职工为了打开销路,费尽心机,想了不少办法,但是依然进展不大。有一天,一个小职员向当时的董事长石坂提出了改变电扇颜色的建议。在当时,全世界的电扇都是黑色的,东芝公司生产的电扇自然也不例外。这个小职员建议把黑色改为浅色。这一建议引起了石坂董事长的重视,公司采纳了这个建议。第二年夏天,东芝公司推出了一批浅蓝色电扇,结果大受欢迎,甚至还在市场上掀起了一阵抢购热潮,几个月之内就卖出了几十万台。自此,在日本,以及在全世界,电扇就不再都是统一的黑色面孔了。

只是改变了一下颜色,大量积压滞销的电扇,几个月之内就销售了几十万台。这个例子具有很强的启发性。只是一个改变颜色的设想,效益竟如此巨大,而提出它,既不需要有渊博的科技知识,也不需要有丰富的商业经验,为什么东芝公司其他的几万名职工就没有想到,没人提出来呢?为什么其他国家的成千上万的电气公司,在此之前都没人想到、没人提出来呢?显然,这是因为自有电扇以来都是黑色的,这似乎成了大家默认的规则。虽然谁也没有规定过电扇必须是黑色的,然而彼此仿效,代代相袭,慢慢地就形成了一种惯例、一种传统。这样的惯例、传统,反映在人们的头脑中,便形成一种心理定势和思维定势。时间越长,这种定势对人们的创新思维的束缚力就越强,要摆脱它的束缚也就越困难。

进行创新思考,无论是思考解决新碰到的问题的解决方法,还是思考应对老一套的问题的解决方法，都需要有新的思考程序和新的思考步骤，而基于思考以往的同类问题所形成的思维定势必然会对创新思考产生一种妨碍作用、束缚作用，使人难以跳出思维定势的无形框框，难以进行新的尝试。

德国生理学家贝尔纳有句名言："构成我们学习最大障碍的，是已知的东西，不是未知的东西。"已知的东西常常使人们产生思维定势，导致人们做出错误的判断。

总而言之，"思维定势"是一把"双刃剑"，关键在于我们怎样去把握和利用它。

7. 善于打破常规思维

所谓常规，就是指人们在解决社会或思维矛盾的时候的现成规则，这往往是在特定历史条件下解决社会矛盾或思维矛盾成功的结果。它的成功，在当时为人们提供了新的思维规则和现成的经验。时间久了，人们便习惯于这种思维规则，并把这种规则在观念和实践中规范化，这样便形成常规。然而我们要想成功，必须要突破这种常规思维。

这里有这样一则故事：

有两个人，一个叫迈克，一个叫罗杰，他们俩曾经打赌，迈克说："我如果送给你一个鸟笼，并且挂在你的房中最显眼的地方，那么，我保证你就会去买一只鸟回来。"

罗杰笑了起来，说："养鸟是多麻烦的事情啊，我相信我不会去做这样的傻事。"于是，迈克就去买了一个鸟笼，并且是一个非常漂亮的鸟笼，让罗杰挂在自己房中最显眼的地方。从这天起，只要有人走进罗杰的房间，就会忍不住问他："罗杰，你的鸟什么时候死的，为什么死了啊？"

罗杰解释道："我从来都没有养过鸟。"

"那么，你要一个鸟笼干什么啊？况且是如此漂亮的鸟笼。"

人们奇怪地看着他，就好像罗杰脑子有什么问题似的，看得罗杰自己都觉得自己好像有什么问题了。罗杰最后还是去买了一只鸟，把它放在那个漂亮的鸟笼里，因为他知道，这样要比无休止地向大家解释简单得多。罗杰的思维，因为受周围的环境和人们的影响而改变，他的常规被打破了。

你是否想到罗杰是多么的懊丧？如果人们一直处在一个思维习惯里，在大脑里根本就没有进行逻辑思维的动力，这也是为什么有那么多人一意孤行、顽固不化而最终导致失败。由此可见，在生活中培养自己遇到问题时进行逻辑思维的习惯，对我们的生活和事业是多么重要。

每个人的常规思维都会随着社会生活的变化而变化，一辈子不改变的人就不能适应这个社会。

成功的实践往往是对传统思维常规的突破，指导实践成功的新的思维规则又成了后人思维的新规范。历史的进步就是在不断地对自身否定中实现的。在这个进程中，敢于率先向常规挑战的人，往往会较早地得到历史的垂青，同样，一味墨守成规的人常常会被历史所抛弃。

第一次世界大战中出现很多杰出的军事将领，面对他们的赫赫战绩，谁又能怀疑他们的光明前途呢？然而，仅仅过了20年，到第二次世界大战期间，这些将军在全新的作战方式面前却束手无策，有的甚至在敌军面前举手投降，有的拱手让出本国的权力和国土。以法国的贝当元帅为首的那批将领就是最好的典型。第一次世界大战，贝当元帅曾指挥过著名的凡尔登大战，他可以称得上是这次战争中叱咤风云的人物。但是，在第二次世界大战中，他却无法指挥这场全新的战争，于是，当希特勒军队的铁蹄一踏入法国领土，他便与手下的一些将军们背叛了法兰西民族。

后来成为法兰西第五共和国总统的戴高乐则是贝当的学生。戴高乐在军事学院读书时就预见到未来战争将采用全新的作战方式和作战武器。他在《未来的军队》一书中预言，未来的战争将是装甲部队横行的机械化战争，并提出了以装甲集团军配合空军为主要作战形式的大纵深军事思想。由于戴高乐较早地冲出第一次世界大战时确立的军事思维常规，加上他过人的勇敢和坚毅，在第二次欧洲军事大较量中他力挽狂澜，为法兰西民族赢得了荣誉。

当今时代，是一个处处充满了变革的时代，变革无时无处不在发生，究其原因：一方面，世界各国的科学技术日新月异地发展；另一方面，改革浪潮方兴未艾。

社会生活的发展变化要求我们在思考问题的时候不能够再按照过去的模式和规则进行了，而必须运用变革思维，在变化与创新中适应新生活。

8.培养多元化的思维

杰出的创业者绝不能拘于小范围或局部，而一定要有从全局观察，在大处着眼的气度与能力。扩展多元化思维，对于企业来说是一种生存的活力，对于个人创业来说是走向成功的动力与方向。

人的大脑是多元化的，多元化思维是多元化大脑的最佳思维方式。然而，过去我们所受的教育使我们习惯于"直线式的思考"。这其实并不是一种好的思维方法，相对来说，发散性的多元化思维在处理各种问题时要迅速和有效得多。

其实，进行多元化思维也并不是想象中那么困难，只要把直线式的思维方式改换成人类一向最擅长的"视觉思维"、"空间思维"就可以了。

在我们的实际生活中，大多数时间大多数人都是习惯于直线思考的思维方式。

我们头脑的构造，并非生来就是直线形的，连同我们生活的这个世界本身，也不是直线形的，我们所看到的世界，几乎是没有一样东西可以称得上是直线形的。

我们总是习惯于从自己有兴趣的部分来看问题，或是以一种在瞬间掌握整体的方式运用我们的视觉。并没有什么规定，让我们先从哪里看起，再看到哪里，最后在哪里终结。

直线式思考被认为是导致平庸的最佳方法，因为直线会束缚我们天马行空的灵感，使我们的思考被定型、被局限。对一件事情我们应该是有各个角度的不同看法，然而因我们固有的知识，使我们将自己的观察角度局限在一点上，因此失去了从其他角度考证事物获得独特感触与认识的能力和机会。

要摆脱直线式思维方式的困扰，发现任何新的事物，首先就要学会"观察"。全面而细致的观察，可以使事物逐渐清晰、明朗。但此时观察所用的工具，必须是非直线型的工具。

那些成大事的人之所以会成功，就是因为他们具备发散性的思维习惯与能力。扩展思维空间，是帮你成功创业的一只得力的手。要成大事或者是成就杰出的人生，是需要这只"手"来帮一把的。所以，平时就要养成用多元化思维方式来思考问题，也就是思考中的创新。

盼盼集团就是在其创始人韩召善的这种能力与习惯的带领下取得成功的。盼盼集团的前身是营口市金属制品厂，是韩召善背着8.6万元的债务，带领十几名工人一起创办起来的。他们经过将近10年的努力奋斗，终于将一个只做些零件的小工厂发展成为有自己品牌的小有名气的企业。当时他们生产的"宫灯牌"档案柜十分畅销。20世纪90年代初，工厂已有800多人，年生产产值1700万元，实现利税30多万元。这对镇办小厂来说已是相当可观，但此时韩召善却感到铁皮柜市场基本上已经饱和，不会再有大作为，商场如同战场，企业要生存和发展下去就必须研制开发出新的、好的拳头产品。这一年，恰逢中国刮起旧城市改造之风，建筑业十分火爆，经过一段时间的考察，韩召善发现家用防撬门的市场前景应该很不错，便提出转产防撬门。这一提议刚出，立刻招来不少反对声音。韩召善对员工们说："继续坐在老产品上，不思进取，不思开拓，其结果是不言而喻的。"一段时间以后，大家的思想都统一起来了，韩召善终于力排众议，新产品如期上马。

韩召善多元化的思维使他首先重视广告的重要作用。盼盼集团每年都要拿出销售额的6%~8%做广告，从1992年到1997年，光广告费一项就支出共4700多万元，仅1997年一年的广告费就达到2600万元。他们先后在中央电视台、辽宁电视台等几十家新闻媒体投入大量广告费，果然，广告给企业带来了更多的商机与合作。随着广告力度的加大，经济效益也随之大增，盼盼防撬门正在以每年产值、利润翻一番的速度递增，很快就达到年产50万个的预定目标，产品的市场份额达到20%，库存量为零。盼盼集团将过去过于杂乱的瓢设计统一起来，很快被市场接受。另一方面，与国际流行设计接轨，将集团企业形象识别系统进行计算机管理。不久，盼盼集团在同行业中率先推出了品牌形象。这主要是为了树立一种名牌意识。盼盼希望自己的品牌也能够影响一代甚至几代人。

当市场竞争发展到一定程度时，售后服务将会是竞争必不可少的手段，是商战的重要组成部分。产品的质量再好，也不会绝对地满足消费者的需要。防撬门最重要的功能就是保障安全，给盼盼上保险会彻底打消消费者的顾虑，盼盼与保险公司签订了保险协议，给每个防撬门缴纳有关保险费，在保险期内，因产品质量原因被撬，或者有明显盗窃痕迹，致使用户遭受家财损失的，由保险公司在 3000 元限额内按实际损失负责赔偿。投保后的"盼盼"胸戴 PICC 标志，身携"产品质量保险卡"，销量顿时大增。

"盼盼"之所以取得令人瞩目的成就，就是源于韩召善的多元化发散式思维。假如当初他固守现状，也许今日的盼盼还是当初的乡镇小厂，或许早就在市场竞争的潮流里被淹没了。

因此，我们在养成多元化思维习惯的同时，更要从那些在各个领域中颇有建树的杰出人士的身上学习并利用他们的优良之处。

9. 养成边缘环节思维的习惯

人的思维往往容易集中在大家共同关注的问题上，这样就不能显示差异性，这反映在商业活动中就会形成恶性竞争。你的思维只有离开共同的问题，去寻找没有人注意的边缘环节，才能够获得成功。

下面有几则故事，看完之后你一定会对边缘环节的思维有所感触。

第一个故事：在一条繁华的商业大街上，一家公司想在此筹建一个超市，很多股东都不同意，因为在这条街上已经有十几家颇具规模的超市了，要想在这条街上分得一杯羹，对于一个新办的超市，是非常困难的。但年轻的董事长却十分自信，他把握十足地鼓励那些犹豫不决的股东们说："我会在两年内将这条街上 2 ／ 3 的购物者拉进我们的超市来！"

设计超市布局的时候，董事长坚持要在超市内设计一个豪华、气派的免费公厕，股东们更不理解了，在这寸土如寸金的商业大街上，投资一个豪华的公厕要浪费多少钱？何况，公厕是市政府的事情，公司为什么要耗资耗地在超市内建不能受益的免费公厕呢？但最终免费公厕还是在超市中建成了。

出乎预料的是，超市刚刚建成，顾客就如潮水一般涌进来，生意出奇地红火。股东们在欣喜之余却大惑不解:这个超市规模不比其他超市的大,货品不如其他超市的丰富,竟一时声名鹊起,吸引了大批的购物者。董事长向大家解释说:"其实也没有别的原因,只不过我们的超市比他们的多了一个免费公厕而已。在筹建我们这个超市之前,我就发觉,在这条商业街上,最令市民和游人头疼的,就是少了一个免费公厕,而其他超市也没有免费公厕。我们不惜寸土寸金,在自己的超市里修建了这个免费公厕,即使许多人不愿来光顾,也不得不为他们自己急欲方便而走进我们的超市里来。于是,他们中的许多人自然而然地成了我们的顾客,即便那些在我们这里没有购物的人,也会成为我们公司的'活'广告,他们会把我们超市有免费公厕的消息告诉给他们的家人、亲戚甚至朋友,这将给我们拉来多少顾客、节省多少广告费用呢?"

一个免费公厕就是别人没有注意到的边缘环节,这位董事长发现了,给自己带来了成功。

第二个故事:某家电企业为了顺应市场的需要,先是放弃了原有的洗衣机生产线,生产市面上正在热销的热水器,投产不到一年,看到微波炉开始走俏,又转产微波炉。这样,产品换了一种又一种,市场上热销什么,他们就"争"着生产什么,总想抢占一席之地,可经济效益却一年不如一年。这种情况的发生就在于这个家电企业只看到大家都能看到的东西,而看不见别人也看不见的地方。变革思维就是在大家都关注的地方之外,发现别人都没有发现的地方,这样才能够发展自己的事业。

第三个故事:金利来公司总裁曾宪梓刚到香港时,手中只有一把剪刀和一台普通的缝纫机。那是什么成就了他呢?他的成功来源于他独特的创意,他发现,香港的领带市场历来被西方名牌占领。虽然名牌质地好,但价格昂贵;本港产品价钱虽低,但质地粗劣。而香港中等收入的家庭越来越多,他们选购领带的时候就一筹莫展。这是一个很大的市场缺口!金利来公司正是利用这一市场缺口,创出质优价廉的华人名牌领带,从而获得了巨大的成功。

可见,保持独立性的思维是发现边缘环节的先决条件,要想发现边缘环节,就要保持思维的独立性。思维独立性强的人,有这样几个共同特点:

一是想象力丰富,思考问题的空间比较广。

二是独立思考能力比较强,不跟风起哄,不随大流,在其他人都朝着一个方向考虑问题的时候,善于避开潮流,独辟蹊径,走一条与别人截然不同的路,独立创造出属于自己的市场空间。

三是思维富有批判性，对热点、潮流和大家都趋之若鹜的一切事物，能够冷静地旁观，做出自己与众不同的分析和评价。

四是自我意识强，善于进行科学的自我认知、自我评价和自我调控。

因此，成大事者要对市场看得广大深远，瞄准别人视而不见的消费市场，发现边缘环节，以"人无我有"的产品占领市场，出奇制胜。

10. 另类思维创造财富

在这个信息化的时代里，有许许多多依靠另类思维创造财富的杰出人士，尤其是年轻人，这个时代给了年轻人前所未有的机会。

几乎我们每个人都在做同一个梦，梦见自己赚到了一大笔钱。但是梦毕竟是梦，真正成为现实的很少。孙正义就是这寥若晨星中的杰出者，他飞跃的方法既另类又平凡……

1956年，孙正义出生于一个普通工人家庭，他的家境并不富裕。孙正义远涉重洋，来到美国求学。他用了3个星期的时间完成了在日本未学完的高中学业。两年后，他进了加利福尼亚大学巴克雷分校就读经济学。

大学期间，孙正义刻苦学习。崭新的知识，使他经常灵机一动，一件超凡脱俗的新事物便出现在他机敏的头脑里。他十分珍惜这些智慧的亮光，没让它们一闪即逝，而是一一用笔记下来。

孙正义的梦想是成为世界一流的企业家。他一面狂热地编织未来美好的前景，一面冷静地分析研究实现的途径。

他明白，要想成为一个杰出的企业家必须具备知识、资格和资金。前两样，自己正在或将要取得。而资金呢?除了父母每月寄来的一些生活费外，自己没有其他经济来源，通过省吃俭用来积蓄办企业所必需的资金是不现实的。

一次，他偶然看到了伟大的发明家爱迪生的生平事迹。他为这位伟人激动不已，同时陷入了沉思:青年的爱迪生起步之时,又何尝有什么资金呢?甚至比自己的起点更低,自己现在受的是高等教育,爱迪生当年是没有这个机会的。他能靠发明创造起家,自己为什么不能呢?即使自己没有爱迪生那样天才的创造性,但只要抓住一点取得突破,相信也会获得成功。

孙正义翻阅了专利目录。发现某些专利的立足点与他平时记下的那些带有幻想色彩的设想很相似,只是专利实际得多而已。于是,他茅塞顿开:对,把幻想色彩去掉,搞实际的发明,争取获得专利,并设法卖掉,创业的资金不就有了吗?

虽然有了想法,但他仍没有盲目地马上投入研究发明中去,而是谨慎地确定了实施方案:第一,把过去的幻想变成实际的任务,每天都要提出一项新的设想并记录在专门的笔记本上;第二,克服一切困难,坚持记上一年;第三,一年后,在众多的设想中联系实际选准突破点。这样做的原因是他相信,一年的认真实践会使自己的设想更成熟,同时一年的积累会提供更多的选择对象。

一年之后,孙正义的笔记本上已经记下了250个新发明的设想,面对厚厚的发明笔记,他没有因自己拥有众多的小设想沾沾自喜,更没有仓促行事,而是翻来覆去地考虑每一个设想的现实性,认真选择突破点。

在美国,由于语言不通造成的矛盾格外突出,作为旅居求学的外国人,孙正义对此是深有体会的。因此他从各种各样的发明设想中选择了一种带有声音合成装置的电子翻译机作突破口。

主攻经济专业的孙正义并不是电子技术的行家,但是这样一种涉及声电技术的复杂发明并没难倒他。他充分发挥了已学过的电子计算机的知识,同时查阅了大量的资料,巧妙地请教了一些这方面的行家之后,终于完成了这种新设备的整体构思和可行性分析。

光有整体构思还不行,还要有具体的设计图才能试制样机。孙正义认识到,仅靠自己的能力和财力是无法实现的。能力和财力之间,财力是主要的,如果有雄厚的财力支持,就可以聘请各种人才发挥"兵团作战"的优势。在这种情况下,最明智的做法无异于寻找一个大企业做合作伙伴,自己出技术,对方出资金共同研制,然后共享成果的效益。孙正义正是这样做的,他决定选择日本夏普公司为合作伙伴。

孙正义满怀希望地给夏普公司写了一封信,说明自己的状况,并要求会见公司领导,谁知遭到拒绝。他没有气馁,坚信自己的选择是正确的。那么对方为什么拒绝这么一件双方都有利可图的合作呢?他站在对方的角度，设身处地地为对方想了想，不由得自我嘲笑:一个20岁不到的毛头小子，就凭他说自己有一项重大发明，竟然要求会见夏普公司的领导?

其后的一段时间里，他根据自己的构思和可行性分析，说服了夏普公司的各级职员和领导。公司终于和他签订了有关协议。根据协议，公司在美国招聘了一批各方面都比较优秀的人才，组建了一家新公司，将孙正义的发明设想最终变成了现实。孙正义也因这项发明获得1亿日元。

第二章

成功是一种态度

——良好心态是成功的催化剂

影响人生的绝不仅仅是环境，更重要的在于心态。心态控制了个人的行动和思想，同时也决定了一个人的视野、事业和成就。

1.心态可以决定命运

良好的心态是你成功的奠基石，因此，培养一个积极乐观的良好心态是十分重要的。

为什么有些人可以拥有不错的工作，可以赚更多的钱，可以拥有良好的人际关系和健康的身体，整天快快乐乐，似乎他们的生活就是比别人过得好，而许多人忙忙碌碌地劳作却只能勉强维持生计呢?其实，人与人之间并没有多大的区别。但为什么有许多人能够获得成功，能够克服万难去建功立业，而有些人却不能呢?

心理学专家发现，这个秘密就是人的"心态"。一位哲人说："你的心态就是你真正的主人。"一位伟人说："要么你去驾驭生命，要么是生命驾驭你。你的心态决定谁是坐骑，谁是骑师。"

大约在40年前，在南非某一个贫穷的乡村里，住了兄弟两人。他们受不了穷困的环境，便离开家乡，到外面去谋发展。大哥好像幸运些，被奴隶主卖到了富庶的旧金山，弟弟却被卖到很穷困的菲律宾。

40年后，兄弟俩又幸运地聚在一起。今日的他们，已今非昔比了。做哥哥的，当了旧金山的侨领，拥有两间餐馆、两间洗衣店和一间杂货铺，而且子孙满堂，有些承继衣钵，有些成为杰出的工程师或电脑工程师等科技专业人才。

弟弟呢?居然成了一位享誉世界的银行家，拥有东南亚大面积的山林、橡胶园和银行。他们都成功了。但为什么兄弟两人在事业上的成就，却有如此的差别呢?

兄弟相聚，谈起了分别以来的种种遭遇。哥哥说，我们黑人到白人的社会，既然没有什么特别的才干，只有用一双手煮饭给白人吃，为他们洗衣服。总之，白人不肯做的工作，我们黑人都去做，生活是没有问题的，但事业却不敢奢望了。就像我的子孙，书虽然读得不少，也不敢妄想，只有安分守己地去担当一些中层的技术性工作来谋生。至于要进入上层的白人社会，我觉得很难办到。

看见弟弟这般成功，哥哥不免羡慕弟弟的幸运。弟弟却说："幸运是没有的。我初来菲律宾的时候，也担任些低贱的工作，但我发现当地的人有些是比较愚蠢和懒惰的，于是便接下他们放弃的事业，慢慢地不断收购和扩张，生意便逐渐做大了。"

有两位年近70岁的老太太，一位认为到了这个年纪可算是人生的尽头，于是便开始料理后事；另一位却认为一个人能做什么事不在于年龄的大小，而在于有什么样的想法。于是，她在70岁高龄之际才开始学习登山。后来，她所登过的山中，有几座还是世界上比较有名的山，并以95岁高龄登上了日本的富士山，打破攀登此山年龄最高的纪录。她就是著名的胡达·克鲁斯老太太。

70岁才开始学习登山，这真是一大奇迹。但奇迹是人创造出来的。成功人士的首要标志，是他思考问题的方法。如果一个人是个积极思维者，实行积极思维，喜欢接受挑战和应对棘手的事情，那他就成功了一半。胡达·克鲁斯老太太的壮举正验证了这一点。

一个人能否成功，要看他的态度。成功人士与失败者之间的差别是：成功人士始终用最积极的思考、最乐观的精神和最可靠的经验支配和控制自己的人生。失败者刚好相反，他们的人生是受过去的种种失败与疑虑所引导和支配的。

2.养成一个乐观积极的心态

点头微笑、和气生财等，都是商人的一些经验真谛，它充分说明了一个道理：只有时时刻刻保持一个乐观、积极的人生态度，才有获取成功的希望。

一位第一次出海航行的年轻船员，在航行途中不幸突遇狂风巨浪，帆船的桅杆被巨浪拍打得快要断裂了。他受命爬上去修整。当他往上爬的时候，由于船只摇动很厉害，加上桅杆又很高，他因为害怕一直往下看，好几次差一点儿掉了下来。一位有经验的老水手看了，急忙对他大叫："孩子，不要往下看，抬头往上看。"年轻的船员听了不再低头看下面，而是抬头只往上看，那种天摇地动的感觉竟然神奇地消失了，他的心情恢复了平静。

这个故事告诉我们一个道理，日常生活中，我们可能经常会碰到令人兴奋的好事，也同样会碰到令人消极的、悲观的坏事，这本来应属正常。如果我们的思维总是围着那些不如意的事情转动的话，也就相当于往下看，终究会摔下去的。如果要恢复信心，那么我们就应尽量做到脑海想的、眼睛看的，以及口中说的都是光明的、乐观的、积极的话题，发扬往上看的精神才能在我们的事业中实现成功的梦想。

积极乐观的心态需要长期不懈的学习，它就像一种熟练的技艺，手到自然心到，很快就会成为习惯。

虽然在某些事情上，我们可以表现出积极乐观的心态，但如果要想在对待任何事情上都能做到这样，则不是一件容易的事。就像拿破仑·希尔指出的那样："积极的心态需要反复的学习与实践。就像我们打高尔夫球那样，你可能在某个时刻打了一两杆好球，便以为自己懂了这项运动，但在下一个时刻，你可能连球都击不中呢！我们需要每一天的学习，以克服自己的负面习惯，将自己调整为正向的思维方式。"

拿破仑·希尔在采访了许多成功人士之后，为我们总结出了如下培养积极心态的作法，我们不妨好好加以借鉴：

（1）与你过去的失败经验彻底决裂，消除你脑海中那些与积极心态背道而驰的所有不良因素；

（2）找出自己一生中最想得到的东西，并且立即开始行动，努力追寻你的目标；

（3）确定你真正需要些什么，并且制定一个得到这些资源的计划。注意，你所制定的计划不能太过，同时也不能太欠缺。因为贪婪是使野心家失败的最主要的因素，你必须把握一个适当的量度；

（4）每天做一件让他人感到舒服的事，或是说让他人感到高兴的话，你可以非常轻松地做到这一点，你可以用电话、明信片的方式，训练自己在每一困境中，用积极的心态面对这一切；

（5）养成精益求精的习惯，并充满爱心与热忱地将这种习惯发展成为嗜好。你要明白，懒散与消极是一对好朋友，它们总是成双成对地出现。而精益求精的习惯有助于你保持快乐与积极的心态；

（6）当你遇到问题无法解决时，你不妨试着帮助别人解决问题。千万不要因为自己遇到麻烦而拒绝帮助别人。事实上，你在帮助他人解决问题的同时，你自己也正在洞察解决自己问题的方法，因为灵感时常会在不经意间来临。可以做一些简单而善意的举动来表达自己的关心。例如，你可以送给他人一本励志的小说，鼓励他人树立信心，追求美好的生活。在将快乐与信心带给他人的同时，你自己也同样可以从中获得力量。俗话说，日行一善，可让你无忧无虑；

(7) 你要了解真正的挫折是什么?事实上，打倒你的并不是挫折本身，而是你面对挫折时所抱持的悲观态度；

(8) 每天阅读一篇励志文章，从他人的经验中汲取面对困难的勇气。同时你也会坚信，积极乐观的心态会对一个人的命运产生极大的影响；

(9) 彻底清理你的财产，你会发现，你所拥有的最有价值的东西并不是金钱，而是你健全的思想，它能让你决定自己的命运，从而把握自己的生活，感受生活赋予的一切；

(10) 向你曾经冒犯过的人们致歉，不要让自己的歉意留在心里，要将它们公开表达出来。这个工作可能比我们想象得还要困难，可是一旦你这样做了，你将摆脱内心的消极感受，感到前所未有的轻松；

(11) 改掉你的坏习惯，持续一个月，你每天减少一项恶习，并于每周反省自己努力的成果。如果你需要别人的帮助，不要怕不好意思，你应积极向那些能给你帮助的人求助；

(12) 自怜会毁灭一个人的独立人格，你要相信，只有自己才是你唯一能够随时依靠的人；

(13) 将你所经历过的一切困难都当成是激励自己积极向上的机会，要相信，只要你能从中汲取向上的力量，那么即使是最悲伤的经验，也会成为人生珍贵的财富；

(14) 不要有控制别人的念头，在这个念头将你摧毁之前，你要首先摧毁它，将你的精力用来控制自己，而不是他人；

(15) 将你的全部思想用来做你想做的事情，而不要留半点思维空间去胡思乱想；

(16) 找到适合你自己心理与生理的生活状态，不要羡慕他人，更不要浪费时间，要把握自己的一切；

(17) 每天都要向生活索取合理的回报，而不是等回报自动落在你的手中。你最终会为得到许多你所希望的东西而感到惊讶；

（18）除非他人有足够的证据证明他们真的正确与可靠，否则不要轻易听信他人的建议。许多人的错误是因为他们轻信别人而误导所致的；

（19）你要相信，人们的力量并非来自于他们的物质。不要将财富可能带来的力量过于扩大化了；

（20）多多活动，以保持自己健康的身体状况，生理上的疾病很容易造成心理上的失调，你的身体和思想要同时保持活力，这样才能保持积极的行动；

（21）爱是治疗生理与心理疾病的最佳药物，爱会在不知不觉中改变并调适你体内的化学元素，这将有助于你表现出积极的心态，扩展你的包容力。接受爱的最好方法就是付出爱；

（22）以相同的或者更多的价值来回报给那些给过你帮助的人。遵循报酬增加原则，这会给你带来友谊与好处；

（23）相信当你付出时，你会得到等价或是更高价值的东西；

（24）相信自己能为所有的问题找到答案；

（25）用别人成功的事例来鼓励自己，提醒自己可以克服任何困难；

（26）对于他人善意的批评应当接受，而不应当做出消极的反应。从别人的态度中学习并反省自己，找出应该改进的地方，不要害怕批评，而是应该勇敢地面对它；

（27）与成功和积极乐观的人交朋友，从他们身上汲取积极正面的力量，并与他们分享成功的经验；

（28）分清楚愿望、希望、欲望及真正想达到的目标之间的差别，其中只有欲望会给你驱动力；

（29）避免那种具有负面意义的说话形态，不要吹毛求疵、闲言碎语，也不要中伤他人，这些行为会朝着消极的方向发展；

（30）锻炼你的思想，让它能够导引的命运朝着你希望的方向发展，把握住每一份思想的火花，将他们真实拥有；

（31）随时随地表现出真实的自我，这样你才能活得更自在，也会更受欢迎；

（32）相信你的智慧，相信它会给你奋斗所需要的所有力量；

（33）信任与你共事的人，并承认如果和你共事的人不值得你信任，那么表示你选错人了；

积极的心态并非与生俱来，而是个人性格、经历与努力等因素共同作用的结果。

做为一个自我意识很强的人，我们既然能够意识到自己的不足，就可以努力改变，通过坚持不懈地努力来达到。

3. 积极心态（PMA 黄金定律）

成功学创始人拿破仑·希尔说:人是否能成功，关键在于他的心态。成功的人士总是抱着乐观的心态，即PMA (Positive Mental Attitude);而失败的人则用消极的心态去面对人生，即NMA (Negative Mental Attitude)。

这世界上有一个不争的事实:成功的人少，失败和庸碌的人却很多，而且，成功者越活越充实、潇洒，而失败者则过得空虚、艰难。这是为什么呢?仔细地观察一下，比较一下失败者与成功者的心态，我们就会发现人生之所以会这样天差地别，完全是因为个人的心态不同。

有一个关于推销的很有名的故事:两个欧洲人去非洲推销皮鞋。第一个推销员到了那里，发现所有的人都不穿鞋，立刻感到很失望:"所有人都赤脚，我的鞋肯定推销不出去。"于是他就沮丧地回去了。而第二个推销员看到了这个情况，立刻惊喜地叫起来:"大家都没穿鞋，这是个多么大的市场啊!"于是他想方设法地推销，最后满载而归。一念之差，导致了两种完全不同的结果。

生活中那些失败以后自甘平庸的人是因为心态和观念上有问题，每当遇到困难，他们就会想去找捷径或者直接就退缩了。"我不行了，我还是退吧。"结果就退到了失败的深渊里。而成功者遇到困难时，可以仍然保持乐观的心态，用"我一定行"来鼓励自己走下去，不断想办法克服困难，最终走向胜利。爱迪生发明电灯时，失败了上千次，但是他从不退缩，所以才最终发明了电灯。

积极乐观的心态，我们把它叫做PMA黄金定律;反之，消极悲观的心态，我们把它叫做NMA定律。PMA黄金定律支配着成功者的人生，他们在人生旅途中充满了积极的思考和乐观的情绪;而失败者则被过去的失败和忧虑所支配，他们的人生充满了失败和悲观。

有些人总是喜欢说是环境决定了他们的人生和地位，这种根深蒂固的观念无法改变。实际上，主宰我们人生的是我们自己，而不是环境。德国纳粹集中营的一位幸存者维克托·富兰克尔说："就算是到了最艰难的环境里，人也还有一种自由，就是选择自己的心态。"

拿破仑·希尔告诉我们，我们的心态决定了我们人生的成败：

（1）你怎样对待生活，生活就会反过来怎样对待你；

（2）你怎样对待别人，别人就会反过来怎样对待你；

（3）在开始一项任务时的你的心态，决定了你最后能取得的成功的程度；

（4）在一个重要的组织中，地位越高的人往往心态越好。

当然，PMA黄金定律不能保证你的人生一帆风顺，事事成功，但是，相信PMA一定会改善你的生活。

4.做事成功第一步就是要拥有积极的心态

做事成功的首要条件就是要拥有一个积极的向上的心态，做事成功的开端就是培养你的积极心态。拥有积极的心态，是你向成功迈出的第一步。

世界是不会由我们的意志决定的，没有人可以决定世界，但我们可以改变自己对世界的看法，人人都可以决定自己的心态。你自己的心理、思想、感情、精神完全由你自己的心态创造。

好心态是一个人做大事的资本。每个人都渴望成功，渴望通过自己的努力实现自身的价值。尤其是有抱负的人，更加渴望着辉煌的人生。然而，人生成功的起点在哪里呢？究竟什么才是做事成功的开端呢？

从无数的成功范例来看，做事成功的首要条件就是你的心态，做事成功的开端就是先调整好你的心态。

　　心态即人的心理状态。任何人的心理状态都有两方面，即积极的心态和消极的心态。那么，这两种不同的心态各有什么作用呢？

　　积极心态是做事有"心计"并渴望成功的人必须具备的心态，积极心态具有惊人的力量：它能创造财富、健康、快乐和成功；它能消除烦恼；它能使你的人生充满辉煌。

　　消极心态同样具有惊人的力量：它排斥健康、财富和快乐，使你远离成功；使你的朋友离你而去，使你愁上加愁、苦中添苦；使你的人生黯然失色。

　　然而，要想拥有积极的心态还必须要制订一个好的计划。好计划是好心态的前提，没有好计划就很难调节出好的心态来。

　　为什么制订一项计划具有如此神奇的力量？让我们看一看下面这个成功者的故事吧。

　　有一个出生在台北县新店镇的青年，他叫王永庆。王永庆小时候家中很穷，因此他在小学毕业后就到一家米店打工。那个时候，他就心存大志，想日后自己能够开一家米店，于是，他就仔细观察老板的经营诀窍。16岁时，王永庆独自开了一家米店。米店开张之初很困难，因为生意的对象是每个家庭，而几乎每个家庭都已经有了固定的米店供应。但是他并不悲观，他拥有自己的计划，拥有积极心态，他坚持上门推销，终于争取到了几个用户。

　　他想：如果我的米的品质和服务质量不比别人好的话，争取来的用户也会流失，我得在米的品质和服务上下功夫。于是，他主动上门服务，了解每一个顾客的资料，尽量把米的质量提高到最好的程度。这样，他的米店终于跻身到了大规模米店的行列。

　　王永庆开米店的成功，完全归功于他自己有一个好的计划和积极心态，他积极争取，使自己的生意越来越红火。

　　从心理学的角度来看，当一个人拥有了积极的心态之后，他就树立起了人生的信念。有了信念就能够很好地完成工作，并且工作时会觉得很有信心，也很快乐，在工作中一旦有了小小的成绩，他的信念就会愈发坚定，心态也会随之更为积极。这样，计划—心态—信念—工作，工作—信念—心态—计划之间就形成了一种良性循环。相反，当你的心态处在消极的一面的时候，你会对你自己和你的工作失去信念。没有了信念也就没有了动力，身上原来拥有的能力也会因你的信念的消失而消失，这时的工作也就会越来越不好做，人生也就会越来越不顺心。工作越难做，人生越不顺心，信念就越不坚定；信念越不坚定，计划就越差，心态也会随之越差。无形之中也就形成了一种恶性循环。

做事成功的起点就是你的心态，做事成功的开端就是认识你的心态，而主宰这一切的是你的计划。认识你的心态，做个有计划的人。

5.要善于取舍

成大事在于懂得如何选择，也知道在适当的时候学会放弃。学会选择，放弃一些不必要的东西，可以帮你成大事。

许多人不懂选择，不知道放弃，结果总是走进死胡同里，把大好的时间都浪费掉。人生不要怕走弯路，人生需要走些弯路，但有一个前提：走弯路是为了走最快的路，而不是为了耽误时间。

有一个人在美国坐出租车，司机问："先生，是走最短的路，还是走最快的路？"这个人好奇地问："最短的路不是最快吗？""当然不是，现在是高峰期，最短的路经常交通堵塞，走的时间就长。您要是有急事，就得绕道走，多跑点路，可能早到……"这个人因为有急事，就选择了最快的路。其实，即使我们没有急事，也不愿在出租车里坐上很长的时间。

走最短的路，还是走最快的路？这个问题看似简单，实际上充满了人生哲理。

人生时时刻刻都会面临着这样或那样的选择，这种选择有时让人很无奈。但是，只要想成大事的人都会选择走最快的路，而宁愿让自己吃苦受累多走路。因为一个人一生的时间是有限的，机会也是有限的，只能选择最快的路。

有一位作家写过一篇非常好的随笔，他写的是坐车上山走盘山道的感受。坐车上山，从山底到山顶的路都是盘山而上的，路的距离是直线到山顶的几倍甚至很多倍。可我们想一想，要是修一条从山底直达山顶的直路，那得有多少车和人要葬身此山！因此我们得出一个结论：走最快的路还有一个前提，那就是最快的路也应该是安全的路！

走最快的路，不能犹豫不决。要是走到每个路口都坐下来想半天走哪条路更快，那可能就是走得最慢的了。人生需要选择，也需要放弃，选择与放弃是成功的两个不可缺少的条件。

举个例子：上帝拿出两个苹果，让一个幸运的男子挑选。这男子权衡再三，终于下定决心，选了认为其中最满意的一个。上帝含笑赐予，他千恩万谢。接过后他转身将要离去，突然又反悔，想调换成另一个，可是上帝已不见了，他只得耿耿于怀过了一生。上帝叹道："人啊，总是期待那些未到手的，而不好好珍惜手中所有的，怎么可能获得幸福呢？"俗语说，"这山望着那山高，到了那山没柴烧"，"人心不足蛇吞象"，说的就是这个道理。

6.待人处事要宽容

最高贵的复仇是宽容。

宽容待人是崇高人生的美德。事情本来不大，就要得饶人处且饶人，而且是得理也要让三分。中国传统美德讲恕道，讲究"推己及人"，"己所不欲，勿施于人"，现今讲，待人能宽容，能原谅别人的过错也是一种美德。

在这个世界上，有许多不如意的事都是由于人与人之间的一些彼此无法释怀的坚持造成的。如果我们都能大度一些，宽容地待人处事，相信一切误会都会化解开的。

在法国流传着这样一则故事：有一天，迈克到法国旅行，在一个乡村的小客栈里开了房间。栈主领着他来到最清洁的一间房里，然后很歉疚地告诉迈克："这房子里没有自来水和浴室的设备。"迈克便骂法国人是退化的、不讲卫生的野蛮人。接着他便向那主人夸口道，在他的本国，无论大小旅馆，每间房都有冷热自来水和浴室的设备，又说这都是必需品，而并非是奢侈。

然而，迈克的话并不是全对的。这些且不必说，那个老实的客栈主人，本想讨好客人，现在却适得其反，也觉得很痛心。可是，迈克所得到的优越性，不过是无边限的夸大和虚伪的吹嘘而已。

在一次宴会上，主人邀请了一位青年女音乐家来弹琴，以娱来宾。演奏之后，主人问某夫人琴弹奏得好不好?某夫人答道:"琴是奏得很好的，可是，亲爱的，你没看见她所穿的衣服是多么不体面呀!"在某夫人的心中，那位青年女音乐家，因为衣着不得体而降低了身份和地位。

这两个例子都可以证明不能包容的原因：愚昧；低劣的感情；缺乏同情心；牺牲他人而取得一种虚伪的主观的优胜。

所以越是自以为是的人，越是愚昧的人，越不能包容。有知识的人旅行到异国，目的是开阔眼界，增加同情，他不但应该仔细观察该地的风俗以及该地人的生活方式，而且应该同情和了解人类的各种品性。至于愚昧的人，无论他旅行到什么地方，他的思想和见解，永远还是在他自己的蚝壳里，在新的环境里，他学不到什么，见不到什么；他只会拿他自己的旧蚝壳去比那新环境，若有不同，他便认为对方是错误的或是落后的，而没有一颗包容心是不会理解世间万物的，也更不会成功。

在我国也有这样一则故事:相传古代有位老禅师，一天晚上在禅院里散步，忽然发现墙脚边有一张椅子，他一看便明白了:一定是寺内有人违犯寺规越墙出去了。老禅师不声张，走到墙边，移开椅子，就地而蹲。过了一会儿，果真有一小和尚翻墙过来，黑暗中踩着老禅师的背脊跳进了院子。当他双脚着地时，才发觉刚才踩的不是椅子，而是自己的师傅。小和尚顿时惊慌失措，张口结舌。但出乎意料的是，老禅师并没有厉声责备他，只是以平静的语调说:"夜深天凉，快去多穿一件衣服。"

老禅师宽容了他的弟子。这种宽容无疑是一种很好的无声的教育。

宽容让你获得心灵的宁静，相反，锱铢必较的人往往不能获得，而是失去更多。

在生活中，我们经常处在难堪、有错、有求于人的位置上，比如，不巧弄脏了别人的衣裤，违反了交通规则，为讲义气与别人结了仇，等等。在这种情况下，你极需要他人的包容。将心比心，同情他人，宽容他人，不难为他人是一种美德。这种美能够感化人，提升人们之间的互助亲善关系，让社会形成一种宽厚的向善风气，小人就可能不会产生，阴暗的东西会少一些，自己有了不幸的时候，也更容易得到他人的帮助。在关键的时候、特殊的时候帮助了他人，他人会终生感谢你。它的道德感化意义也十分大。反过来看，苛责人，难为人，不饶人，不仅没有上述好处，还会有一些负面因素产生，而包容心是与之相反的。

印度著名的文学家泰戈尔曾经讲过一个故事:有一位画家在集市上卖画，不远处，前呼后拥地走来一位大臣的孩子,这位大臣在年轻时曾经把画家的父亲欺诈得心碎地死去。

这孩子在画家的作品前面流连忘返，并且选中了一幅，画家却匆匆地用一块布把它遮盖住，并声称这幅画不卖。

从此以后，这孩子因为想得到这幅画而得了心病，逐渐憔悴，最后，他父亲出面了，表示愿意付出一笔高价。可是，画家宁愿把这幅画挂在他画室的墙上，也不愿意出售。他阴沉着脸坐在画前，自言自语地说："这就是我的报复。"

每天早晨，画家都要画一幅他信奉的神像，这是他表达信仰的唯一方式。可是现在，他觉得这些神像与他以前的神像日渐相异。

这使他苦恼不已，他费尽心思地寻找着原因，却毫无所获。然而，有一天，他惊恐地丢下了手中的画，跳了起来，他刚画好的神像眼睛，竟然是那大臣的眼睛，而嘴唇也是那么酷似。

他把画撕碎，并且高喊："我的报复已经回报到我的头上来了！"

别人可能恨你，但别人恨你不管用，除非你也恨他们，而这样你便毁了你自己的一生。这个世界是需要宽容，当然有时需要宽容的对象是仇深似海的仇家，这当然有很大的难度，但是只要你勇敢地战胜自我，还是可以实现的。宽容他人，其实也是在善待自己。

7. 把心态调整到最佳状态

你要想拥有完善个性的方法——用良好的心态应对一切的法则是：把心态调整到最佳状态。

积极心态的特点是诚实、有信心、有希望、有爱心和踏实；消极心态的特点是虚伪、自卑、悲观、失望和欺骗。

前面，我们已经提到了积极的心态是种力量，如果一个人有信心、有希望、有诚意，善关爱，肯吃苦，而不是悲观、失望、自卑、虚伪和欺骗，那么这种人的心态就是令人欣赏的，这同时也是他成大事必不可少的良好品质。

在一个人的一生中，积极的心态是一种有效的心理工具，是你能够看透自己的必备心理素质。如果你认为自己能够充分发挥你的潜能，那么积极的心态便会使你如愿以偿。

有一位世界射箭冠军，每次射箭，他都会把眼睛锁定30码外的靶心。此时此刻，除了红心以外，没有任何事物可以吸引他的注意力。他拉紧了弦，眼睛注视目标，沉静而迅速地审视一遍自己的身心状态，如果感觉有一点儿不对，他就放下弓，放松，再重新拉一次。假如一切都检视无误，他只要瞄准靶心，放心地让箭飞出去，就有信心正中红心。

这种冷静而又信心十足的状态，是否只能被体坛的超级巨星所持有?倒也不尽然。只是当体坛明星处于这种最佳竞技心态时，才可能赢得胜利；而当心态不佳时，他则可能会输给名不见经传的小字辈。同样，即使一位平时成绩平平的运动员，当他处于最佳心态时，也可能做出惊人的成就，打败那些技术水平虽高但状态不佳的明星们。事实上我们人人都有这种心态，只不过很多时候自己意识不到。

一个人的心态如何，在很大程度上决定了这个人的人生成败。我们怎样对待生活，生活就怎样对待我们；同样，我们怎样对待别人，别人就怎样对待我们。

我们在一项任务刚开始时的心态决定了最后有多大的成大事者，这比任何其他因素都重要。

世界冠军摩拉里就是一个具有积极心态的人。摩拉里早在守着电视看奥运竞赛的年纪时，心中就充满了梦想，梦想着有一天他会成为一个成就大事的人。1984年，一个千载难逢的机会出现了。他在自己擅长的游泳项目中，成为全世界最优秀的游泳者，但在洛杉矶奥运会上，他却只拿了亚军，冠军的梦想并没有实现。

摩拉里重新回到梦想中，回到游泳池里，开始认认真真地投入到实际的训练中。这一次目标是1988年韩国汉城奥运金牌。然而，他的梦想在奥运预选赛时就破灭了，他竟然被淘汰了。

跟大多数人一样，摩拉里变得很沮丧。之后他便把这份梦想深埋心中，跑到康乃尔去念律师学校。有3年的时间，他很少游泳。可是心中始终有股烈焰，他无法抑制这份渴望。离1992年巴塞罗那奥运会比赛不到一年的时间，摩拉里决定再尝试一次。在这项属于年轻人的游泳赛中，他算是高龄，看起来就像是拿着枪矛戳风车的现代堂吉诃德，在旁人看来，他想赢得百米蝶式泳赛的想法简直愚不可及。

对摩拉里而言，这也是一段悲伤艰难的时刻，因为他的母亲因癌症而离世了。她将无法和他一起分享胜利的喜悦，可是追悼母亲的精神加强了他的决心和意志。

令人惊讶的是，摩拉里不仅成为了美国代表队成员，还赢得了初赛。他的纪录比世界纪录只慢了一秒多，在竞赛中他势必要创造一个奇迹。

加强想象，增加意象训练，不停地训练，他在心中反复地琢磨规划赛程。直到后来，不用一分钟，他就能将比赛从头到尾，像透澈水晶般仔细看过一遍。他的速度会占尽优势，他希望能超越自己的竞争者，一路领先。比赛开始了，他按预先想象的赛程开始游了，而且最终他成功了。

那一天，他站在领奖台上，看着星条旗冉冉上升，美国国歌响起，颈上挂着令人骄傲的金牌。

摩拉里正是凭着他的积极心态，将梦想化为胜利，美梦成真。

史蒂芬·柯维曾告诫我们，心态是世界上最神奇的力量。带着爱、希望和鼓励的积极心态，往往能将一个人提升到更高的境界；反之，带着失望、怨恨和悲观的消极心态则能毁灭一个人。

因此，我们一定要保持一种积极的心态。那么，怎样维持、保护、培养和强化积极的心态呢？我们应该从如下方面去努力：

（1）改变习惯用语

不要说"我真累坏了"，而要说"忙了一天，现在心情真轻松"；不要说，"他们怎么不想想办法"，而要说"我知道我将怎么办"；在一个团体中不要抱怨不休，而要试着去赞扬团体中的某个人；不要说"为什么偏偏找上我"，而要说"考验我吧"；不要说"这个世界乱七八糟"，而要说"我要先把自己家里弄好"。

（2）在日常生活中培养自己的积极心态

不需看早上的电视新闻，你只要瞄一眼权威性报纸的头版新闻就够了，它足以让你知道将会影响自己生活的国际或国内新闻是哪些。看看与你的职业及家庭生活有关的当地新闻。不要向诱惑屈服，浪费时间详细去看别人悲惨的新闻。在开车上学或上班途中，可听听电台的音乐或自己的音乐带。如果可能的话，和一个积极乐观的人共进早餐或午餐。晚上不要坐在电视机前，要把时间用来和你所爱的人谈谈心。

（3）学会帮助别人，传递积极心态

在你生活的每一天，写信、拜访或打电话给需要帮助的某些人；向别人显示你的积极心态，并把你的积极心态传递给别人。

将培养乐观精神的方法不断地在心理和行动上去体验和操作，就会使得自己具备乐观向上的品格，这同时也为你成大事打下了坚实的基础。

8. 不让消极的情绪"缠绕"自己

每个人都有优点，正像每个人都有缺点一样。我们要在生活中充分注意到自己的优点，从而建立起自信心。

人类似乎天生有"悲观"的倾向，这就像"下坡比上坡容易"的道理一样。

好高骛远者为了弥补"理想"与现实的巨大反差，不停地掩饰内心的空虚、脆弱和恐慌。

对自身能力抱有信心的人比缺乏自信心的人获得成功的机会更大。

走出消极情绪是摆脱苦恼的一种办法。那些有理想有抱负的人，总是把消极情绪视为自己成大事的绊脚石。

一位牧师正在考虑明天如何布道，却一时找不到好的题目，很着急。他6岁的儿子总是要这要那，隔一会儿就来敲一次门，弄得他心烦意乱。

情急之下，他把一本杂志内的世界地图夹页撕碎，递给儿子说："来，我们做一个有趣的拼图游戏。你回房里去，把这张世界地图拼还原，我就给你5美分去买糖吃。"

儿子出去后，他把门关上，得意地自言自语："哈，这下可以清静了。"

话音刚落，儿子又来敲门，并说拼图已经拼好。他大吃一惊，急忙到儿子房间一看，那张撕碎的世界地图果然已经完完整整地摆在地板上。

"怎么会这样快？"他不解地问小儿子。

"是这样的，"儿子说，"世界地图的背面有一个人头像，只要把那个人的头像拼对了，世界地图自然就对了。"

牧师爱抚着小儿子的头若有所思地说："说得好啊，人对了，世界就对了。"

生活也正是这样，我们在现实生活中所产生的消极情绪，原因不在于别人，而在于我们自己本身。

曾经有人对消极情绪作了一次初步统计，得出人大致有54种消极情绪和表现。一个消极的苦果，便足以毁坏我们生活的某一个方面，甚至对整个人生历程都会产生巨大的不良影响。

消极的苦果，都是由于人们天长日久养成的8种习惯所引发的：

(1)害怕失败

害怕失败的原因是我们每个人在成长的过程中遭受过的无数的挫折，于是，失败的恐惧感时常伴随着我们。这种恐惧感来自于对过去"伤害"（遭挫折、被耻笑）的记忆，这些记忆造成了我们内心的胆怯和懦弱，从而使人产生消极的想象力和失败感。

当人们在作出一个新的决定时，消极心态的人往往想到曾经遭受过的失败景象，于是犹豫不决，甚至退缩。

(2)埋怨与责怪

人们一旦遇到问题和麻烦，总是百般给自己找借口，找理由，他们的真实目的就是想要推卸责任，把自己所遇到的一切"不利"都推给外界和别人。其根源是内心的渴求与现实的不一致。在我们不能正视困难、面对自我，不能达到心理平衡时，就自然而然选择了这样一种逃避行为，把责任归咎给别人。其实，真正原因是我们对自我的认识和把握不够，总认为自己是受害者，是可怜者。

(3)缺乏目标

缺乏目标，就是缺乏人生的目的和方向，缺乏自己生活的意义和存在的价值；不知道为什么而活着，不知道自己想获得什么，不知道命运掌握在自己手中；不知道自己的生活会怎样，工作会怎样，家庭会怎样，财富会怎样；没有激情，没有动力，没有信心；看不到希望，无法把握自己的生活、工作和学习。

(4)害怕被拒绝

我们在生活中大都遭遇过很多的拒绝，父母拒绝我们，老师拒绝我们，朋友拒绝我们。我们听到过太多的"不"——不行、不能、不好、不可以……于是在内心深处留下了阴影。当我们需要帮助的时候，被拒绝的种种影像就会立刻出现。于是我们害怕遭到耻笑和打击，害怕失去自我信心的恐惧，妨碍我们开口求助，阻碍我们前进的脚步。

(5)否定现实

在现实生活中，无法面对不如意、不利的事物，于是夸大障碍，找借口来逃避，从不找自己的原因。这是一种懦弱、胆怯和无能的表现。

(6)对未来悲观

要乐观很困难，要悲观很容易。悲观的情绪像瘟疫，会迅速传染给周围的人。悲观可称做一种消极的"并发症"。缺乏人生的意义与目标的人，必然心胸狭隘，目光短浅，看不到美好的未来；因"害怕半途而废"而无成就感，必定自惭形秽，因而得过且过；为了保持做人的最后一点"尊严"，必然要以愤世嫉俗，牢骚满腹，猜疑妒忌等方式来发泄，以缓释内心深处的悲观情绪。

(7)做事半途而废

人生历程实质就是克服困难的过程，然而很多人都不明白这个道理。这些人对事业没有坚强的信念和决心，不能坚持到底。在遇到困难的时候，首先想到的就是挫折可能带来的种种不利影响和伤害。于是认为理想不可能实现，不可能达到，因而放弃自己原有的努力。

(8)好高骛远

好高骛远，表现为不切实际的空想，把成功寄希望于一些不可能发生的荒唐的想法上。经常在这种"幼稚"的心态下生活，必然加重"侥幸"的心理，而不愿脚踏实地，拾级而上。殊不知，即便要实现离奇的想法，也是要努力奋斗的。

好高骛远者为了掩饰内心的空虚、脆弱和恐慌，弥补"理想"与现实的巨大反差，必然做人做事虚伪，处心积虑，贪图虚荣，以暂时麻醉自己。

消极情绪一旦产生，就会带来许多意想不到的后果，比如丧失成功的机会，使美好生活的希望破灭，限制人们潜能的发挥，等等。这使我们在整个人生的航程中，一路上都在作晕船状，面对未来总是感到失望，从而无意认定生活的目标，无力操控航向，只能随波逐流，任由漂荡，更谈不上欢乐、健康和享受人生旅程的美好风光了。

既然消极情绪会给我们带来许多不好的后果，那么，我们如何才能摆脱消极情绪呢？

首先，在实际生活中，不要总是对自己的缺点耿耿于怀，而是要多想想自己的优点，每个人都有优点，正像每个人都有缺点一样。我们要在生活中充分注意到自己的优点，建立并增强自己的自信心。

第二，要认识到，在这个世界上，只有一个你，你永远是独一无二的。这也是个无可争辩的事实，世界上没有任何一个人可以等于你，没有任何一个人和你的指纹、你的声音、你的特征或你的个性完全相同。从"你"这个字的最终意义来看，你是独创一格的，你是"第一号"的。明确了这一点，你会更加看重和珍惜自己。

第三，要相信自己能获得成大事的机会和希望。对自身能力抱有信心的人比缺乏这种信心的人更有可能获得成功，尽管后者很可能比前者更有实力和能力，或者更加勤奋，但最重要的是要坚信自己必定会成为一个能够成就大事的人。即使在尚未达到目标之时，也应以成大事者的姿态出现，这也是一种增强自信心的方式。

9. 良好个性的三大因素：乐观、进取、开朗

一个人有一个什么样的个性，与他能到底成就什么样的事情是有密切关系的。狭隘、保守、自私者也可以有一点作为，但绝不能有大作为，因为他没有进入真正成大事者的人生境界中，所以体会不到良好的个性——乐观、进取、开朗这些让人产生积极心态的力量。

一个人不能总是依赖别人，即使他是个大好人，他也必须顾及到自己的利益，而且每个人内心都有一些被困扰的问题。只要你想象出更快乐的时刻，使你感到更自由、更活泼，那么，你就能够恢复信心。

生活中并没有两旁摆满玫瑰花通往写着"成大事者"大门的这种通道。现实生活是一种起伏不定的挣扎与奋斗的过程。

19世纪的美国人普遍具有乐观、进取及开朗的性格，因为当时西部有很多尚未开发的土地，使得当时的美国人获得了向某处拓展的进取精神。他们承认，在那个时候，一个大男人会觉得他的生活充满了自由和热情。如果生活压力太重，或同伴认为他不行，他随时可以收拾行李，搬到一个人口比较稀少的地区，在那里，他很可能在一夜之间就成为百万富翁。

老罗斯福总统曾经描写过早期农场牧人的生活："这些人不仅是对那种狂野、自由的生活极有吸引力，而且这些人本身也极为讨人喜欢。他们个性坦率、勇敢、自给自足。他们不但不畏惧任何人，也不害怕大自然。"

这些拓荒者都是生活愉快的人，他们都过着充满活力的生活。如果新社会的规定过于严苛，则空旷的无主大地足以让他们逃避社会的压力。

黎勒先生认为："自力更生、勇气、充满活力、耐力、友善、不拘束，是从不断地开发新土地的过程中产生的美德。"

小罗斯福总统最喜爱的一首歌曲《牧场老家》，最能深刻体现这种精神。

随着19世纪的结束，美国的边疆地区——就地理上而言——也跟着消失了，但仍有许多人烟稀少的地区存在。在20世纪，很多迁移的人口填补了这些地区的空间。德克萨斯州的人口在1900年时尚不到300万，到如今，已超过900万。加州的人口在1900年时，大约是150万，如今也已超过1550万。空旷的土地不断地被人占领居住，对生活不满的人，已经无法再像他们的祖先那样逃到荒野中去了。

如今，便利的交通四通八达。铁路早已把各大城市和许多偏远地区连接起来，飞机更大大缩短了各地区之间的距离，节省了更多的时间，电视机和收音机更是把大城市的生活价值传送进各偏远地区的小城镇中，人与人之间、地区与地区之间的界限在迅速地缩短。如果今天文明的压力令你感到难过，那么再也没有轻易摆脱的方法了——至少在一个人口稠密的国家里是没有办法的。但是不要因此而感到绝望，因为这并不表示你自己的"疆界"也将宣告结束。你用不着把你的疆界缩小，在你心中，有力量击败所有前面所描述的各种现象。这些力量就像一粒粒种子，正在你内心深处冬眠，等着你在适当的机会发掘及培养。

（1）努力培养自己的特点

在这个世界上，没有两个人是完全相同的，如果你想发挥自己的特点，只有靠自己。在目前这个世界里，"复印本"的人太多了，你应该去作"正本"。但这并不表示你一定要标新立异，并不是说你一定要留胡子，或站到肥皂盒木箱上发表演讲。

艾森豪威尔将军是一个很受大众欢迎的人，人们很喜欢艾森豪威尔将军的原因之一在于，他是个很单纯的绝不矫揉做作的人。虽然他是世界著名的军事将领，却比普通人更谦虚。他的陆军部属马帝·史耐德在《我的朋友艾克》一书中，提到第二次世界大战结束之后，艾森豪威尔将军去拜访他所开设的餐厅的情形：

"艾森豪威尔将军从欧洲回国之后，来到餐馆用餐。我们一起进餐，我告诉他我很希望看到他成为美国总统，并且我已经向很多人谈到这件事。他听了之后哈哈大笑。他说：'听我说，马帝，我是军人，我只想安安分分当一名军人。'我说：'将军，我从来没想要当一名军人，但他们却征召我去当兵。我想到时候，他们也会征召你去竞选总统。'艾克回答说：'我深信不会有这种事。'"

正是由于艾森豪威尔将军的纯真和谦虚，使得他一生都备受人们爱戴。

（2）不要人云亦云

保持自己的个性首要一点就是：不要人云亦云。

事实上，我们要懂得如何去生活，那么要在现代社会中生活其实是可以很简单的。在某些地方，我们必须遵守团体规则，如果我们想被这个文明社会当做有用的一分子，就必须这样。同时在其他地方却可以自由表现我们的特点，而显得与众不同。

人们在现代生活中最容易犯的一项重大错误就是，一开始就将自己的能力估计得过高或行动过度：有许多人之所以购买最新型的汽车，是因为看到他们的邻居买了这样一部新车；或是为了相同的原因而搬入某种型式的新屋居住。这种现象极为普遍，大家称之为"向琼斯一家人看齐"现象。

著名作家范锡·培卡德在他的畅销书《争名夺利之辈》中，对这种现象有一段很精彩的描述："我参加了1958年在芝加哥举行的美国全国建筑商大会，在会中我听到一位房地产市场的顾问作报告说，他和他的助理在8个城市里进行了411次'深度访问'，希望发现人们在买房子的时候究竟有何想法？他发现许多中年人买房子，都是希望替自己买一栋成大事者的象征，并且他详细说明了如何在出售房子时，增加一点'派头'的吸引力。其他许多的房地产专家最近也指出，'派头吸引力'是房地产销售的最佳秘密武器。这位专家说，其中一个方法就是在你的广告中加入一些法国文字。他说法文就是代表派头。果然我们不久就在报上看到很多夹着法文的房地产广告。"

如果你也急着向别人看齐，那你将无法获得快乐的生活，因为你所过的不是你的生活，而是模仿某个人的生活，因此你只是你自己的一部分而已。

（3）训练使你与众不同的方法

当你在一次社交场合上发表一项意见，别人却哈哈大笑时，你是否就会马上沉默不语，甚至干脆就退缩起来？如果真是这样，那你要把下面所说的这些话当做一顿美餐好好吸收消化。它们将赐给你一种神奇的力量，可以使你在面对别人的嘲笑时也仍然能坚持自己的观点。

①承认你有"与众不同"的权利。我们都有这种权利，但许多人却不懂得如何去运用它。当你的意见与大部分人不同时，可能有人会批评，但是即便这样你也不要盲

从；一个思想成熟的人并不会因为别人皱眉就感到不安，也不会为了争取少数人的赞许而出卖自己。

②支持你自己。你必须成为自己最好的朋友。只有你自己充分支持自己，增强你的自信心，才能使你在人群中保持独特的风格。

③不要害怕恶人。有些所谓的"恶人"，有时会用一些不正当的手段争名夺利；有些人利用别人的自卑感，以漂亮的空话控制人群，或恫吓竞争者。你要学习怎样去应付那些讥笑与怒骂，坚守自己的权益，大大方方地表达你的信仰与感觉。记住，恶人的内心深处其实很空虚，他的攻击只是防卫性的掩护而已。

④想象你的成就。有时你会觉得跟某些人相处不来，或者心情不好，觉得自己像个外人。这个时候，不要沮丧，这种情形任何人都会偶尔遭遇到。只要你想象出更快乐的时刻，使你感到更自由、更活泼，那就能够恢复信心。如果你的脑中无法立即浮现这些情景，请你继续努力，它值得你继续努力的。

世界重量级拳王乔路易，小时候在美国南方尝到了贫穷的滋味；伟大的政治家艾尔·史密斯也是从贫民窟里努力奋斗，最后终于获得权力与荣耀；杰出的黑人投手派吉在棒球尚是一种种族隔离的运动时，默默无闻地度过了很多年的痛苦岁月；才能卓越的电视名艺人贾吉·格里森小时候的生活十分困苦；另外一个电视明星狄克·范·戴克也曾度过一段不名一文的日子。

还有许许多多的人，他们都是经过艰苦奋斗，最后终于获得成功的，他们最可贵的精神就是，在奋斗过程中都能保持自己的个性。

一个人要有足够的勇气，才能独力挺身对抗所有邪恶的势力。最典型的例子就是电影《日正当中》的那位男主角。这位小镇警长在友人全部背弃他的情况下，毅然决然地挺身而出，对抗那些回到镇上的凶恶杀手。他虽然也很害怕，但最后还是克服了恐惧感，打败了那批不法之徒。电影虽然是虚幻的——却道出了生活中的真谛。

还有谁能够像杜鲁门总统那样，能在面对批评的时候还可以安然自处的吗？他坚持自己的理想，拒绝妥协，不理会批评者对他的攻击。报纸侮辱他的能力，甚至连政治家也怀疑他，但他仍然对自己保持信心。

杜鲁门这种"坚强的个人特点"，所面临最大的考验就是他和杜威竞选总统，结果他获胜了。虽然全国的民意测验以及报纸都预测他无法获胜，但他仍然坚持自己一定会获胜的信心。

10. 良好的心理生态环境有助于事业成功

心态不好，有心理疾病的患者，需要有良好的环境和其他人的帮助。

为什么有些人就是比其他的人更成功，赚更多的钱，拥有不错的工作，良好的人际关系，健康的身体，整天快快乐乐，拥有高品质的人生，似乎他们的生活就是比别人过得好，而许多人忙忙碌碌地劳作却只能维持生计。其实，人与人之间并没有多大的区别。但为什么有许多人能够获得成功，能够克服万难去建功立业，而有些人却不行?

不少心理学专家发现，这个秘密就是人的"心态"。一位哲人说:"你的心态就是你真正的主人。"一位伟人说:"要么你去驾驭生命，要么是生命驾驭你。你的心态决定谁是坐骑，谁是骑师。"

托尔斯泰在他的散文名篇《我的忏悔》中讲了这样一个故事:

一个男人被一只老虎追赶而掉下悬崖，庆幸的是在跌落过程中他抓住了一棵生长在悬崖边的小灌木。此时他发现，头顶上那只老虎正虎视眈眈，低头一看，悬崖底下还有一只老虎，更糟的是，两只老鼠正忙着撕咬悬着他生命的小灌木的根须。绝望中，他突然发现附近生长着一簇野草莓，伸手可及，于是，这人拽下草莓，塞进嘴里，自语道:"多甜啊!"

生命进程中，当痛苦、绝望、不幸和危难向你逼近的时候，你是否还能顾及享受一下野草莓的滋味?苦中求乐才是快乐的真谛。

第二次世界大战期间，一位名叫伊莉莎白·康黎的女士在庆祝盟军在北非获胜的那一天收到了国际部的一份电报，她的侄儿——她最爱的一个人死在战场上了。她无法接受这个事实，她决定放弃工作，远离家乡，把自己永远藏在孤独和眼泪之中。

正当她清理东西准备辞职的时候，忽然发现了一封早年的信，那是她侄儿在她母亲去世时写给她的。信上这样写道:我知道你会撑过去。我永远不会忘记你曾教导我的:不论在哪里，都要勇敢地面对生活。我永远记着你的微笑，像男子汉那样，能够承受一切的微笑。她把这封信读了一遍又一遍，似乎他就在她身边，一双炽热的眼睛望着她：你为什么不照你教导我的去做。

康黎打消了辞职的念头，一再对自己说：我应该把悲痛藏在微笑下面，继续生活，因为事情已经是这样了，我没有能力改变它，但我有能力继续生活下去。

1994 年秋，美国普林斯顿大学数学家纳希博士成为当年诺贝尔经济学奖的获得者。这位经济数学学者在 1955 年前后正是出成果的黄金时期，然而，他不幸产生了严重的心理障碍，被送进了精神病院，那时他刚满 30 岁。在以后的 10 多年中，他的病情反反复复，总不见彻底治愈，于是他成了这家医院的常客。他常在校园中徘徊游荡，烦躁地在图书馆中进进出出，在黑板上涂写一些莫名其妙的数学公式，成了学校中孤独的"幽灵"。

纳希在严重的心理困扰中，得到了周围人们的热情关照和呵护。学校的同事们常热情邀请他参加讲座、研讨会等学术活动。人们一点儿都不歧视他，对他亲善、友好，这使他逐渐地远离了孤独。

置于被人关心的氛围中，纳希感到自己是被承认的"社会的人"。他从自我抑郁的阴影中走了出来，开始主动与同事和学生们接触交谈了。他社交面越来越广，对事业的倾注之情越来越深。他的心理障碍渐渐被化解，能正常地投入科研活动中，他在电脑的操作中，学会了编程等复杂的应用方法。周围人热情的关心和他对工作的迷恋，使他增强了生活的信心和勇气，他的心理障碍渐渐被排除了。

诺贝尔奖的获奖成果，必须要有该领域中的积极支持者、推荐者。当该奖评委会调查时，库思教授高度肯定了纳希的成果，而且力陈己见，认为若因其曾经患有心理障碍而剥夺了他获奖的机会，那是极为不公的。

纳希走向诺贝尔奖殿堂的经历启迪我们：心理病症患者所在单位、集体和友人的"爱心"，是治疗这种疾病的"特效药"；周边良好的"心理生态环境"，是心理康复导向事业成功的保证。

第三章

自信是成功的第一秘诀

——相信自己，天生我材必有用

　　每一个人成就的大小，永远不会超出于这个人自信心的大小。假如拿破仑自己以为此事太难，那么他的军队决不会越过阿尔卑斯山。同样，在你的一生中，如果你对于自己的能力心存重大怀疑或不自信，也绝不可能成就伟业。

1. 自信的人，才不会被别人打败

人的各部分的精神能力，也应像军队一样，要对主帅充满信赖——它是一种不可阻遏的"意志"。你要相信一个道理：拥有自信，才不会被别人打败。

据说，拿破仑只要一亲临战场，士兵的战斗力量就会增加一倍。军队的战斗力，原来大半寓于军士对于其将帅的信仰中。如果统领军队的将帅显露出疑惧慌张，则全军必陷于混乱与军心动摇之中；如果将帅充满自信，则可增强部下英勇杀敌的勇气。

如果具有坚强的自信，往往可以使一个平庸的人成就神奇的事业，甚至成就那些虽则天分高、能力强，但是疑虑与胆小的人所不敢涉及的事业。

成功的先决条件，就是充满自信。另外，还要敢于承担责任。只有敢于负起责任的人，才能成功；只有说什么做什么、相信自己一定能够得到的人，才能达到目的。要负责做一件事，首先必须要有坚定的信念，始终相信自己能够做成任何要做的事。

有许多人，稍受挫折便心灰意冷，提不起精神，他们以为自己的运气不好，再挣扎也没有用。其实，只要你常常留心，就可以看见不少成功的人都曾经失败过，甚至于破过产，但因他有勇气、有决心，始终没有跌倒，而是更加努力地工作，希望早日从失败中恢复过来。任何人任何时刻都要保持住自己的勇气和毅力，无论遭遇怎样的挫折，也不要意志消沉。一个人如果老是拿不定主意，畏畏缩缩地做事，无异是拦住了自己的前途，这好像浮在水面的死鱼，任凭水势东漂西荡一般。而一条活鱼，则是能够逆着急流，直冲而上的。

试看世界上那些之所以会失败的人，大多数并不是由于物质上的损失，而是因为没有自信力的缘故。人生最大的损失莫过于失掉自信心。当一个人失去自信心时，一切事情都将不会再有成功的希望，这正如一个没有背脊骨的人，永远挺不起腰无法站直一般。

一个人只要有勇气、有决心，就没有什么困难能够阻挡得住他。班扬被关进了监狱，他仍然写出《天路历程》；弥尔顿被挖掉眼睛之后，仍能写出《失乐园》；派克门也靠着他一往直前的坚韧之心，写成《卡里夫尼亚和奥里更的浪迹》；英国邮政总局局长夫奥西特之所以能获得今日的地位，也是因为他有坚韧不拔的毅力。像这一类的前例，不知有多少，他们的成功都是本着坚韧不拔的信念换来的。

一个人的能力，好像水蒸气一般，没有限制，不受任何拘束，谁都无法把它装进固定的瓶子里；要把这种能力充分发展出来，非有坚决的自信力不可。正如演戏一般，一个人可以改变他自己的性格和态度，让自己扮演各式各样的角色。

一个有眼力的人，能够从过路人中识别出成功者来。因为一个成功者，他走路的姿势和举止，无不显出充分的自信。从他的气势上，可以看出他是能够自己做主，有自信和决心完成任何工作的人。一个能自主，有自信和决心的人，绝对拥有成功的资本。一个有眼力的人，也能够随时指出一个失败者来。因为从这个人走路的姿势和态度，可以看出他没有自信力和决断力。从他的衣饰、气势上也可以看出他一无所长，而且他那怯懦拖拉的性格也通过他的举动充分显示了出来。

一个具有成功潜质的人，在处理任何事时绝不会吞吞吐吐、模棱两可，而是全身都充满了魄力，他能独立自主而不必依靠他人。那些毫无成就的人既无自信力，本身的能力又空虚异常，他的姿态总是一副日暮途穷的样子，从他的谈吐和工作上处处表示他已无能为力了。

如果把自信心用在创造事业上，可以创造一种奇迹，有了它，你的才干就可以取之不尽，用之不竭。一个没有自信心的人，无论有多大本领，也不能抓住任何机会。他遇到重要关头，总是不肯把所有的本领都表现出来，因此明明可以成功的事，却往往因为他的不自信而以失败告终。

一件事业的成功，固然需要才干，但是自信心也是不可缺少的。你之所以缺乏这种自信心，是因为你不相信自己具有这种自信力的缘故。你必须从心里、从言行上、从态度上表现出你的自信心来，这样，在不知不觉之中，别人就会开始对你产生信任，而你自己也会逐渐觉得自己的确是可以信赖的人了。

一个成功的商人在生意兴隆、一帆风顺的时候，固然很容易喜形于色、春风满面。但在生意不顺利，市面不景气，入不敷出时，一切艰难困苦都向你袭来，这时如果你仍能鼓起勇气，从不烦恼，待人和气，才算得上是难能可贵。当你的经营濒临危险，多年来辛苦积攒的资产渐将消失殆尽时，你还是应该保持心情平稳，而不要露出气馁的样子。

2.自信与成功的关系

心存疑虑，必然会失败；相信胜利，才可能成功。相信自己能够移山的人，会成就事业；认为自己无能的人，将一辈子一事无成。

自信就是"信自"，即相信自己。

自信的人，有如天上的一轮太阳，永远放射着光芒，给人一种温暖的感觉，让人不由自主地以他为中心。自信的人，还未开始做事情时，就已成功了一半。

有一位中国学生，到澳洲留学，好不容易找到一份工作，主管问他："你有车吗？你会开车吗？这份工作没车不行。"从未摸过方向盘的他竟毫不犹豫地点头说："有，会。""那好吧，4天之后你开车来上班。"

第一天，这位留学生向朋友借钱买了一辆二手车。第二天，向朋友学习，练习。第三天，他竟开车上路了。第四天，他奇迹般地开车上班。如今，这位留学生已成为澳洲电信的销售主管。

看到这个故事，你会想到什么？是这位留学生狂妄，说大话，还是骗人？其实都不是，应该看到的不是这些而是自信。因为他的自信，他说自己会开车，因为他的自信，他成功地找到工作，因为自信，他抓住了走向成功的机会。

请相信自己吧！世间万物都有自己独特的价值，即使是流星也能划破夜空的沉寂，即使是一滴水也能折射太阳的光辉，无论怎么样，相信自己！

自信，是打开成功之门的一把钥匙，杨希有一句名言："你想成功吗？那么，相信你自己吧！"

成功是人生的终极目标。成功意味着许多美好、积极的事物。每个人都希望自己能够成功，都想获得一些美好的事物。每个人都希望自己是自己人生的主宰，而不是看别人的脸色，也没有人喜欢自己被迫进入某种状态。

人生最实用的成功经验，就是"坚定不移的信心能够移山"。可是，在我们的生活中，真正相信自己能移山的人并不多，能够真正移山的人就更少了。其实，我们虽然无法靠希望移动一座山，也无法靠希望实现你的目标，但只要我们有信心，就能移动一座山，只要相信能成功，就会赢得成功。

你可能会说，我很勤奋，但就是对自己缺乏信心，不相信自己能够成功，这的确是一种消极的力量。当你心里怀疑或不以为然时，就会想出各种理由来支持你的"不相信"。怀疑、不相信，潜意识要失败的心理倾向，以及不是很想成功的心态，都是失败的主要原因。

那么，在生活中，应该怎样培养自信心呢？

（1）在聚会、开会等场合，你要专挑前面的位子坐

可能你已经注意到，在这种场合，后面的位子总是先被坐满。大部分占据后排座位的人，都希望自己不会太显眼，怕受人注目，这就是一种缺乏自信心的外在表现。坐在前排能建立你的信心，你可以把它当成一个规则试试看，从现在开始就尽量往前排坐。坐前排是比较显眼，但成功又何尝不显眼呢？

（2）用你的目光正视别人

眼睛是心灵的窗户，一个人的眼神可以透露出许多有关他精神世界的信息。面对一个不正视你的人，你可能就会产生疑问：他在害怕什么呢，他想隐瞒什么呢，他会对我不利吗？如果你不正视别人，你的眼神就意味着：我怕你；我感到我不如你；在你旁边我感到很自卑。而如果你的眼神总是躲躲闪闪，那么这种情况更糟，它通常告诉别人：我有罪恶感；我做了或想了我不希望你知道的事情；我怕一接触你的眼神，你就会看穿我。但是，如果你正视别人，就等于告诉他：我很诚实，而且光明磊落，正所谓"君子坦荡荡"。

（3）把你走路的速度加快25%

心理学家将懒散的姿势、缓慢的步伐跟对自己、对工作以及对别人的不愉快感受联系在一起。但是，姿势和速度是可以改变的，你可以借着这种改变来调整你自己的心理状态。如果仔细观察你就会发现，身体的语言是心灵活动的结果。那些屡遭打击、被排斥的人，连走路都拖拖拉拉，一副完全没有自信心的样子。使用这种走路速度加快25%的方法，抬头挺胸走会使你感到你的自信心在滋长。

（4）经常练习当众发言

你会发现，在生活中，有许多天资很高、思路敏捷的人，却无法发挥他们的长处参与讨论，不是他们不想参与，而是因为他们缺乏自信。当众发言会增加信心，下次发言就更容易一些。所以，从现在开始，你不要放过任何一个发言的机会，不要怀疑自己，你要相信你的发言很精彩。

（5）经常性地放声大笑

笑能给自己很实际的推动力，它是一副医治信心不足的良药，不仅如此，笑还可以化解别人对自己的敌对情绪。放声大笑，你会觉得生活的美好。现在，请你就放声大笑一次，然后体会一下其中的滋味。

3.不要让自卑的心态挡住成功的路

成功来自信心和信念，自卑只会蒙住你的双眼。你不抛弃自信，你就站上了成功的起跑线。你选择自卑，自卑就会使你停步不前。

自信和自卑是一个人面对自己时的两种截然不同的心态。有的人无论在什么的时候，无论在什么条件下，无论在做什么事，都对自己充满信心，这种人就是那些一步一步正爬上成功尖峰的人。而有的人却恰恰相反，他们无论什么时候，在什么条件下，无论干什么事，都对自己完全失去信心，陷入自卑而不能自拔，这种人则永远登不上成功的顶峰。这两种人面对自己时之所以会产生两种截然不同的判断，这完全是由于两种不同的心态。任何事物都有两面性，成功者更喜欢积极向上的一面，平庸者往往只能看到消极悲观的一面。成功者看见的是自己的优点，平庸者看到的则是自己的缺陷。

所谓"金无足赤，人无完人"，任何人不可能一生下来就很完美，及时通过努力仍然会有诸多遗憾。把任何人放在一群人中，群体中总会有人在某些方面非常显眼。相形之下，你的很多方面都会不如人愿，使你不满。成者也亦然。然而成功者在群体中却展示自己的优点，不断增强自己成功的信念。平庸的人则把自己的缺点与别人的优点放在一起比较，这样只能更加强化自己的自卑感。

一个人能否成功，关键在于你的心态是否是一个成功者的心态。成功永远属于那些保持积极心态的人。能不能抛弃自卑，能不能建立自信，就是能不能成功的关键所在。那么，如何抛弃自卑，建立你的自信呢?

艾菲在《我不再羡慕……》这篇文章里讲述了一段自己的故事。艾菲16岁那年从山沟里跨进了大学，浑身上下飞扬着土气。她没有学过英语，不知道安娜·卡列尼娜是谁，不会说普通话，不敢在公共场合说一句话，不懂得烫发能增加女性的妩媚，第一次看到班上男同学搂着女同学跳舞，她吓得脸红心跳……她上铺的丽娜是一个省城里的女孩子，见多识广，一口流利的普通话，一口发音准确吐字清楚的英语。丽娜用白手绢将柔软的长发往后一束，用发钳把刘海卷弯。只要在公开场合出现，男同学就前呼后拥地争献殷勤。

浑身土气的艾菲处处与洋气十足的丽娜比较，越来越觉得自己一无是处，越来越自卑。艾菲就这样被笼罩在自卑的阴影里难以自拔，整天只会重复着对他人的羡慕。

然而，有一次，当丽娜不厌其烦地描述着她8岁那年如何勇敢地从城西换一趟车走到城东时，艾菲突然想到，自己8岁那年独自翻越了几座大山，把自己养的一头老黄牛从深山里找回来的往事。从此艾菲不再羡慕丽娜，遗憾、自卑的阴影也渐渐消失，最后荡然无存，艾菲又恢复了往日在大山中的自信。

我们总喜欢拿自己和他人相比较，总会觉得有很多方面不如别人，和别人存在着差距，就像艾菲和丽娜一样。两个人生长在截然不同、差异很大的两种环境下。丽娜具有的东西，艾菲未必会有。但反过来想，艾菲拥有的东西，丽娜也未必有。所以我们并不必为自己的缺陷而遗憾、自卑，正确的心态就是既了解自己的短处，更要清楚自己的长处。不要让自己的缺陷为自己制造自卑，要尽量多想想自己的优点，使自己充满自信。

自卑是用别人的优点惩罚自己的愚蠢行为，千万不要被自卑蒙住了你的双眼。

4. 信念的力量是无穷的

人生到底是喜剧落幕，还是以悲剧收场，是丰富多彩的，还是无声无息的，全在于人们所持有的信念。

有一宗著名的安慰药研究病例，研究对象是一群患有溃疡病的病人。这些病人被分为两组，研究人员告诉第一组的人，他们即将服用一种有绝对疗效的新药；研究人员又对第二组的人说，他们即将服用一种尚不知疗效的实验药。然后，在不告诉病人实情的情况下，研究人员给两组的病人服用一种完全相同的没有任何疗效的药。实验结果，在第一组，大部分病人觉得有效；而在第二组，只有少数一部分病人认为有效。

之所以有如此大的反差，就在于两组病人的信念不同。如果你的信念是积极的，结果也可能就是积极的；而如果你的信念是消极的，其结果也可能是消极的。

上面的例子，说明了一个事实，那就是影响结果最大的是一个人的信念。信念不断地把信息传给大脑的神经系统，造成期望的结果。所以，如果你相信自己能成功，信念就会不断地鼓舞你去实现；如果你总认为会失败，信念也会让你经历失败。

在我们的生活中，有很多人就是被自己的信念所打倒的。他们会不断地说"我无法获得另一种较好的工作"，"我肯定会失败"，"整个社会都在和我作对"，"我的领导从来就没有看重过我"，"我的老板压根儿就没把我当回事儿"，等等。剥去笼罩在语言外壳的迷雾，这种心理状态我们可以将其概括为一句话："我命里注定了要失败。"

冷静地想一想，有这种心理的人，都有一种极其不利于自我成功的意识。他们认为自身的力量非常渺小，无法改变自己面对的世界，也无法透彻地看清他们自己。

信念本身就能左右事情的发展。例如：自认为丑陋的人将会变得越来越丑陋；自认为美丽的人将会变得越来越漂亮；如果一个足球队在一场比赛前全队上下自认为肯定会被对手打败，最后反而胜利了，这倒是奇迹了；想要戒烟的人如果不断地告诉自己说，我肯定无法戒烟，那么他就永远也戒不了。

信念的力量就是如此巨大。世界上没有任何力量能够像信念这样，对我们的影响如此巨大。人类的历史，从根本上说就是信念的历史。像哥白尼、哥伦布、爱迪生、爱因斯坦等人，他们是改变了历史，也改变了我们信念的人。如果你想改变自己，那就要首先从改变信念开始；如果你想效法伟人，那就首先要效法他们立志要成功的信念。

而眼下你要做的，就是首先改变"我命里注定会失败"的这种消极观念。这里提供几种对你可能有用的方法：

(1)跟自己的心灵交谈时，保持一种积极的态度

哲学家爱默生在谈到有关个人的种种问题时，他说："一个人往往会在不经意中将自己的种种创意抛弃掉了；只因为这些创意是属于自己的，所以就不那么刻意地珍惜它了。"

(2)想着"我将要成功"，而不会是失败

当你想到你将成功时，你的心灵就会神奇地马上开始行动，去寻找各种有助于使你成功的方法。

(3)经常想着"我是一位胜利者"，而不是"我是一个失败者"

一位伟大的哲学家为我们树立了一些哲学典范。他曾经在一段颇为漫长的日子里，不停地告诉他自己，我是最伟大的人物，每次都"已经使自己确实感觉到如此为止"；同时，别人也不得不相信"他正是那种唯一伟大的人物"。这是因为，在你已经使你自己相信是这样的时候，其他的人就会因而自然而然地相信你真是很了不起的伟大人物了。

5.让信念鼓动你成功的风帆

人的潜能是取之不尽的宝藏，开启宝藏大门的钥匙就是信念。我成功，是因为我志在成功。人的所作所为除了极少部分受制于他人外，绝大部分都是受制于自己的，其中信念就是调控自己情绪和行为的一个阀门。

信念是什么?信念就是自己认为可以确信的看法。信念之所以可以调控一个人的情绪和行为，就在于当你相信了什么事情后，你就确信了那个你确信的事情的真实性，这样就等于你自己给自己的大脑下达了一道不容置疑的命令。你的大脑接受了这道命令后，就会指挥你的情绪、行为，甚至感觉。你或许有过这样的感觉，当你认为一种预期的好结果一定会出现时，你的整个身心会处于一种非常惬意的状态之中，而且你会千方百计、身体力行地朝你所预期的那个好的结果去努力。

相反，当你相信一种坏结果出现时，厄运也许就会来敲你的门。一位医学专家接待了一个病人，这位病人一次在市场上买了一块肉，他把肉买来时，就觉得肉不新鲜，心里就有些不舒服。但出于节俭，他还是把买来的肉给吃了。吃了肉之后，他越想越不对劲，很快，他的肠胃就觉得不舒服。于是就到医院去检查，检查的结果是他一点儿病也没有，可他不相信，他认为自己一定得了病。就这样，这位病人一连折腾了两年，原来健壮的身体也一天天垮了下来。最后，他神情沮丧地对那位专家诉说了自己的病史。专家听了病人陈述后，做出了正确的诊断:这位患者患的是心病。于是，专家告诉病人说他确实吃了不新鲜的肉，而且患上了肠胃疾病，但只要稍加治疗就可治愈。专家就给病人开了一些滋补的药，并告诉他吃了这种药即可药到病除。这位病人吃了药之后，病很快就好了。

这位病人的病之所以能治好，原因不在于专家给开的药疗效好，而在于他相信那个专家能够治好他的病。而别的医生不能治好他的病，是因为别的医生都将实情告诉了他。

信念不但主导着你的思想，也主导着你的行为。信念并非活生生的东西，它什么都不是，只是你的一种感受或对事物的一种主观看法而已，是你对事物未来的一种预期和把握。虽然信念只是主观性的东西，但它对人的影响力量却是不容忽视的，它不但能左右你的思想和行为，并且通过对你的思想行为的决定，使你身上的潜能发挥出来，使你朝着你所预期的结果行动。就如一位哲人所言："信念就是眼睛尚未看见便相信，最终它会让你真正看见以为回报。"

懂得信念的作用，并非我们的目的。我们的目的是在明白了之后，正确地使用信念的威力，让信念引导你走向成功的道路。每个人的身体都如同一个巨大的宝库，里面蕴藏着取之不尽的宝藏，你从这宝库里取出的是一把锋利无比的宝剑，你就能所向披靡；如果你取出的是一把生锈的刀子，就可能注定了你人生的失败结局。信念就是你宝库里的武器，你的信念不同，人生的结局也就不同。

所以，一定相信你自己，相信你一定行。你把自己看成了什么，你就将成为什么。相信自己是一条龙而不是一只虫，这就是你的信念。

6. 怎样培养自信心

我们已经了解到，自信是每一个成大事的人必备的素质，那么，怎样培养你的自信心，这是一个首要的任务。

(1)相信自己是独特的

当然，我们都不是某个国家的国王或王后，但是，我们每个人仍然都是独特的人。如果能让这世界上所有的小孩子都知道自己是独一无二的，那不是一件很好的事情吗？当我们克服了贫困和疾病之后，下一步就是让自己知道，这个社会里最重要的，就是我们挂在自己身上的那块牌子。

拿破仑·希尔曾经做过一个实验，有一次，他召开了一个讨论青少年自尊的研讨会。在会上，他请8个自愿者上台，给他们每人发一个标明自己身份的牌子，让他们挂在胸前，牌子上的身份，是他们假想的社会身份：太空人、工人、歌星、棒球选手、母亲、婴儿、医生和律师。最后，他让这些人按自以为重要的次序，排成一排。

但是，这个他们本来认为只是"好玩"的游戏，最后却演变成了"星球大战"。这8位学员很严肃地展开了一场身份争夺战，他们每个人都认为自己很重要。"太空人"说："我该站在最前面，因为我曾去过你们谁都没有去过的地方。还有，这里太拥挤了，我能给你们找到另外一个适合居住的星球。"

"歌星"却走上来，推开了"太空人"说："我早就去过太空了，而且我有的是钱，我能把你买下来，让你当我私人飞机的驾驶员。"

这时，"棒球选手"走了上来："我觉得我应该站在最前面，我和歌星赚的一样多。而且，在每个球季，我都在观众的面前表演健康活动，对你们都有好处。"

轮到"医生"上场了，他说："我应该站在最前面，你们中如果有人受伤或者是生病了，我都负责治疗，而且，我赚的钱也很多。"

律师说："我代表一个国家的法律，代表人间的一切正义，我才是最重要的。"

"母亲"走上来说："不，我才是最重要的，因为是我给了你们生命。"

"婴儿"也说："我应该排在最前面，因为无论你们是什么样的地位，都走过婴儿这个阶段。然后才能成为其他任何人。"

最后，还有一位"工人"。但是担任"工人"的这位学员好像知道自己根本不用去和别人争名次，他知道，只要他一说话，一定会引来一阵嘲笑。当然，这只不过是一场游戏而已，"工人"明知道自己不可能排到第一名，于是，就自动地站到队尾去了。

在游戏结束之后，拿破仑说出了自己对他们的要求："我确实希望你们能根据自己的重要性来排好位置，但是，我并不希望你们相互攻击，争霸称王。我只是想让你们拉起手来，共同组成一个新生的圆圈，站在大家面前。无论他的外表怎样，也无论他是什么样的工作，你们中的任何一个人，都和其他人的价值相同。"

在现代社会里，人人都以自我为中心，这是一种"自我陶醉"的现象。从以自我为中心到以"我们"为中心，这是一种艰难的转变。

（2）用积极的心理暗示来建立自信

①切忌说"反正"和"毕竟"，那是失去斗志的先兆。对于任何有自觉的和优美的情操的人来说，用"反正"和"毕竟"来表达自己的心情是很自然而然的。

当工作遇到麻烦，或者学习不顺心的时候，一般人都会说，"反正已经这样了"、

"毕竟已经这样了"，或者"反正我知道是不行了"、"总之我无能为力"，等等，这是一种被拒绝后很正常的心理活动。当这些话说出口，好像就已经卸下了一个很重的心理重担，本来还能做好的事，最后也半途而废了。这些词的同义语就是放弃，或停止思考。所以，说完了这些话之后，自己的缺点就被认同了，再也无法向前跨出一步，从此就被困在自己定义的模式里。

如果你正好是这种情况，那你必须立刻把这些消极的悲观的词语从你的词典里删出去。就算它们后来偶尔还会出现在你的脑海里，你也要避免去运用它，这样才有助于建立你的自信。

②培养自信，多用肯定的表达方法。有位水果商无意中谈起了他的生意经。因为有的水果很难从外表来判断是甜还是酸，所以，有的客人在购买的时候就会问："你的西瓜甜吗?""你的桔子甜吗?"如果这个时候水果商用这样的语气回答说："可能是甜的。"或者"应该不酸吧。"那么十之八九，客人会转身就走。

但是，如果你很肯定地回答："我的西瓜要是不甜，就没有甜西瓜了。""我的瓜是最甜的。"那么你的西瓜很快就能卖出去。当然，这只是市场上的一种推销手段，运用顾客心理，让他们相信自己的瓜是最甜的，以便推销出去。让顾客相信你，一般情况下，就能达到畅销的目的。同样的道理，你想要培养起自信，就要先肯定你自己，这是一个先决条件。要说："当然不酸。"而不说："也许不酸。"这就意味着你已经跨出了迈向成功的第一步。

③对己不利的一些措辞，去掉或换掉。用自我暗示的方法来治疗疾病，这是精神治疗法的创始人、法国的艾米尔·库恩博士告诉我们的。自我暗示的秘诀，就在于不要反复使用负面的词汇。"痛苦消失，消失，消失"要比"痛苦消失，痛苦消失，痛苦消失"的效果好得多，因为后面的一句话给人一种本能的厌恶之感。尽量少用甚至不用负面的词汇，其心理暗示的效果会更好。

这种方法不仅适用于心理治疗，也适用于我们的日常生活。我们经常能看到有些学生担心自己的考试成绩，开口闭口提到自己可能会不及格，结果果真如此。所以，这样有负面效应的词汇，还是不说为好。如果你真的不幸，名落孙山，你还不断地重复说："留级，惨了。"那你有可能真的成为人生的落后生。就算真的遇到了非说不可的情况，你最好也用"那件事"来代替，这样自然就能消除不愉快的情绪了。

④把问题抽象化，让讨厌的事情变得不那么讨厌。很多时候，我们会被一个问题

缠住，心情郁闷，或者惶恐不安。有一位叫哈亚长的"意识论"学者，向我们介绍了一种很有效的办法，那就是运用"抽象阶梯"或"旁观"的方式来解除苦恼。

比如，你有一位很不好相处的主管A，那么你可以把他抽象化，A＝压迫者、哺乳动物、脊椎动物、动物，用这个抽象的推导阶梯来消除他身上那让你讨厌的味道。以后，你把A看成是一个动物，你心里就会舒服得多。如遇到让你讨厌的工作，你也可以想象这是为了以后享受生活，这样，你做起来就更加心平气和了。

⑤改变单位，给心理上一种轻松的暗示。在日常生活里，因为使用的单位不同，在表达同一件事物时，给我们心理上带来的负担也不同。比如说，还有半年就参加升学考试了，如果说还有6个月，就好像时间还很漫长，这个考生可能就会想，还有足够的时间呢，慢慢地复习吧。但是，如果以天数来计算，就只有180天，时间似乎逼得很近，于是，这个学生就会抓紧时间准备。

一般的人都以为，公里比公尺要长，小时也要比分钟长，就算是同一件事，如果换了一个单位，心理上的负担也会发生一些微妙的变化，我们称这种情况为"心理换算"，这也是控制心理的一种方法。

⑥凡事都做最坏的打算。一般情况下，一个人如果遇到不顺心的事，可能无意中会说出"真糟糕"这几个字，但是这个时候他的心里可能并不是这么想的。他的内心里也许还保留一个可以和别人说话的余地，所以他只能用"最坏"这个词来守卫自己最后的防线。就是说，他还不想让自己认为自己陷入了最恶劣的境况中。嘴上说最坏，其实还不到最糟糕的境地。

碰到这种情况时，心里总会有点丧失信心的感觉，有的人甚至会悲观失望。事实上，这样胡思乱想，还不如直接承认这就是最糟的情况了，也许反而会获得一种轻松的感觉。因为他一想到："现在的情况是最糟的，以后再坏也不会坏到哪里去，稍微变化一点儿，也只会往好的方向转变。"心理上就会平静下来，这是促使事情向好的方面转变的动力。

⑦克服自卑的诀窍是把"我"想象成"我们"。在心理学上，都称这种情况为"心理扩散"，"我"是完全承担责任的，而"我们"则由两个或更多的人一起来承担责任的。用"我们"来取代"我"，数字也就不一样了，这是把我分成一个无限的意思。每当你想到"我的脑子很笨"，你总是有种自卑的感觉，但是你如果想，"我们大家都这么笨"，那你心理上自卑的压力就会大大减轻。在这种情况下，你把自己的自卑感也

分担到了你的同伴的头上，这就把你心理上的苦恼转移开了。

⑧天无绝人之路。失败是一种很常见的事情，如果因为一次失败就心灰意冷，这是很不好的。但总是有人在遭遇失败时，就觉得到处都那么黑暗，好像前面已无路可走了。这是因为，失败会引起一个人的挫折感，而挫折感也就引发了人类的各种负面情绪反应和退行现象。退行现象是指一个人随着年龄的增长而行为反应却越来越退化，可以退化到小孩的模样。这个时候，由于他对周围的环境反应缺乏柔韧性，所以对周围的状况不能表现出适当的准确的判断。

如果想要避免这种退行现象发生在你的身上，不妨试试下面这种方法。当遇到失败的时候就对自己说："此处不留人，自有留人处。"当然，你肯定有自己的选择，只要你想到还有其他的机会，就会心平气和，而不再悲观。

⑨哀莫大于心死，首先要振奋精神。拿破仑·希尔认为在做任何事时都不应在行动之前先产生畏惧心理，这样，无异于还没行动就已认输，丧失了斗志和动力，那就无可救药了。

⑩在头脑中删掉那些时限用语，就会产生斗志。在日常生活中，我们经常会听到"截止"或"时间到了"等时限用语。在一定的时间限制下，人在工作或读书的时候都会进行得更顺利。但如果一个人的意志被限制得太紧，反而会削弱他自己的注意力，心理上陷入不安的境地。所以，我们称这种现象为作茧自缚，要想避免这种境地，就不要让这种词汇进入你的脑海。

⑪用卑俗的称呼，自然会消除掉疑惧意识。有一些政治漫画，把某位部长画成动物，或把某国的首相画成一位小姐，以博得读者的欢笑。一般人都认为，掌握政权的都是一些很复杂的人物。一方面，我们会对这种人产生亲近感，因为他们是伟人，而同时，我们也会在心里产生一种劣等感，或恐惧感。这个时候，政治漫画通常会稳定我们的情绪。

同样的道理，一个人的绰号也会产生这样的效果。通常，对那些给我们在心理上造成压迫感的人，我们会给他们起个滑稽的外号，以冲淡我们心理上的压迫感。比如在初中或高中的时候，那些有外号的人通常都是让人讨厌的老师，社会上，也都是些身居要职的人才会有绰号。

"昨天我被经理训了一顿"和"昨天那个老顽固削了我一顿"必然会给人不同的心理感受。也就是说，如果我们能给自己的强敌一个粗俗的搞怪的名字，反而会纠正和改进彼此的关系。

从另外一方面来说，给对方加一个动物的名字，就好像是给他加了个"愚蠢"、"迟钝"的帽子，于是，也就相应地在你的心理上减轻了他对你的压迫感。

⑫在对自己的成功尚无把握时，把自己的目标广为传播。美国的职业棒球全垒打王贝普·鲁斯，在球场上曾经是举世无敌。他一生中有不少轶事，其中最有名的是，有一次他指着对方的中心方向说："注意了，我要打出一个全垒打。"果然，他真的在他指定的方向打出了一个全垒打。事实上，无论贝普·鲁斯有多高的天分，他也不会有100%的把握，可正因为他没有这样的信心，所以，他就把自己的目标大声地说出来，以驱走内心的不安。

实际上，我们在要完成某种目标时，不妨大声宣布出来，这样能增强效果，这叫宣扬效果。在大家面前大声地宣布了自己的目标后，我们就不敢再懒惰，只有努力拼搏。这时，必然会精力充沛。

⑬怯场时，说出原因，结果反而稳住了心神。实验心理学之祖威廉·华特曾提出了一种观点——内观法。就是说，要冷静地观察自己的内心，然后把观察结果毫不保留地说出来。如果随时准备把自己内心的秘密说出来，那么就没有烦恼的余地了。

比如，当你刚到一个陌生的地方的时候，难免会感到疑惧。这时，不妨直白地说出自己内心的不安："当时我都呆住了，我的心扑通扑通跳个不停，感到自己眼前发黑，喉头干涩。"这样，不但有助于你驱散内心的紧张，而且还能获得心理上的平静。

⑭不顺利时，就对自己说话。有很多侨居国外的人，最后都得了神经衰弱症。原因就在于：外语不够流利，不愿同外国人接触，结果说话的机会越来越少。也就是说，他们没有畅所欲言的机会。语言就是用来表达内心思想的，但是因为讲话的机会不多，所以语言的功能不能发挥出来。

而也有一些人很快就能适应在国外的生活，他们单独留在公寓里的时候，就尽量同自己说话，以减轻内心的挫折和苦闷感。事实上，就算住在国外，也不一定要讲外国的语言，如果能巧妙地运用本国的语言，是不至于得神经衰弱症的。

这个方法同前面说的，在别人面前直陈心事的情形完全不同。如果心里又装了很多的心事，没有说话的对象，自己不愿大声宣告，那么不妨试试自言自语的方法，这有助于放松你的情绪。

⑮给你的朋友或情人写信，这也能有效地消除烦恼。那些从事心理学分析工作的

人，他们的工作就是为别人排忧解难，在工作的过程中，有一点很重要，那就是制造气氛。让倾诉心事的人在舒缓的环境下，缓缓地说出自己的心事。如果能做到这一点，就已经解决了一半的问题，也就是给心中的怨气找到了正确的出口。

写信的最大好处，就是看不到对方的表情和反应，所以能毫不顾忌地说出心中所有的烦恼。文字能让自己的烦恼具体化，以便于把烦恼的原因也说个清楚。而且，写信还能让人客观地认识到自己烦恼的本质，这也是写信的一大好处。有时写完了信之后，心情也变得开朗，甚至也找到了解除烦恼的具体方法。写信的目的达到了，如果你不愿意寄出去，也可以丢在一旁，就像丢掉了自己的烦恼一样。接下来，就可以顺利地展开下面的工作了。

⑯闷闷不乐时，写出原因。拿破仑·希尔有一个很有效的治疗烦恼的方法，就是在烦恼的情绪影响到自己的工作时，就尽可能把自己烦恼的原因具体地罗列在纸上。就算是鸡毛蒜皮的小事，也写清楚。如：邻居的猫叫声实在让人讨厌；想听新买的唱片；必须赶紧决定下次演讲的题目等。整理一下，就会发现：烦恼，或让你烦恼的原因其实就这么简单。只要你能客观地抓住让你苦恼的原因，你也就找到了解决这些问题的办法。有的时候，你不妨记下先后顺序，然后分别写上解决方法。等到事情都处理完了，你的苦闷和无聊也已经消失了。

这是拿破仑·希尔转变情绪的一种方法，写字这个动作本身就能缓解你的紧张情绪。有的人喜欢在试卷上胡乱地写点什么，或在开会时随手画些漫画，这些下意识的活动都有助于缓解心里紧张的情绪。

7.相信自己是有用之材

只要相信自己是有用之材，就会精力充沛，豪情万丈。

自信是要有一定资本的，没有真才实学，盲目自信是狂妄自大的表现。而如果一个人背上沉重的思想负担，相信他自己正患上某种想象中的疾病，那么这种精神上的压力可以彻底摧毁这个人的自信。每个人都要相信自己是有用之材，否则，枉在世上活一遭。一个坚强的人是从来不会被他人所打败的，而能打败他的只有一个人，那就是他自己。因此你要想成大事，就必须充分地相信自己是有用之材。那么，如何建立自信心呢？

首先你要自信自己是个有用的人，只要你相信自己是有用之材，就能有所成就。胸无大志，自认为是多余的人，甚至自暴自弃，破罐子破摔，这等于是精神自杀，这样的人怎么会有一个成大事的人生呢。

每一个人都有自己的长处，都有其存在的价值，作为普通人，即使想做一个为国家、民族作出巨大贡献的人，机会或许很少，能力也许不够，但因为我们的存在，世界才变得如此丰富多彩，因为我们的努力，事业才变得如此辉煌。你的真心付出，令家庭幸福，让亲情维系，这不就是生活吗?你的工作、劳动创造了财富，得到了回报，这不就是贡献吗?

现实生活中，大多数人才能并不出众，表现平平，安分守己，这或许是没有理由可以骄傲，没有资格可以狂妄的。可恰恰因为如此，就反而成为我们通往成大事脚步的障碍，成大事之路由此被自己截断，殊不知，平凡不等于平庸。伟大出自于平凡，我们的信心多一分，成大事就近一步，其实成大事者就是那些拥有坚强信念的普通人。

美国第40任总统罗纳德·里根就是一个充满自信的人，在成为总统之前，他只是一个很普通的演员。从22岁到54岁，里根一直在演艺圈中，对于从政完全是陌生的，更没有什么经验可谈，这可以说是个拦路虎，但他立志要当总统，并相信自己一定可以竞选成功。当机会到来时，共和党内的保守派和一些富豪们竭力鼓励他竞选加州州长时，里根毅然决定放弃大半辈子赖以为生的原职业，坚决地投入到从政生涯中。结果大家都知道，里根成为美国第40任总统。

消极的、破坏性的心态则将毁掉所有的成大事的可能性，如果继续下去，它最后还终将破坏你的身体健康。

这里有一份惊人的资料，在所有病人当中，将近75%的病人患有"忧郁症"。这是一种不正常的心态，会引起自己无谓的烦恼。用简单的话来说，"忧郁症患者"就是指，一个人本来没有病或者病情很轻，但是由于他的思想负担太重，认定自己患上了某种疾病。"忧郁症"是所有不正常症状的开端。

拿破仑·希尔讲述这样一个生活案例：

有一位先生的妻子得了肺炎，当希尔赶到他家中时，他见到希尔的第一句话就是："如果我妻子死了，我将不相信有上帝存在。"他请希尔来，是因为医生已经对他说，她活不了了。妻子把丈夫和两个儿子叫到床边，向他们道别。

希尔赶到之后，发现这位先生在前厅中啜泣，两个儿子则在安慰他。希尔走进那位先生妻子的房间时，她已经呼吸困难，护士告诉希尔说，她的情绪很低落。希尔很快就发现，这位太太请他过来，原来是要拜托他在她死后，照顾她的两个儿子。这时候，希尔对她说："你绝对不能放弃希望，你不会死的。你一向就是一位强壮而健康的妇人，我不相信上帝会要你去世，而把你的儿子托付给我或任何人。"希尔这样鼓励她，希尔告诉她，要对上帝有信心，以全部的意志及力量来对抗每一种死亡思想。并作了一次祈祷，祈祷她早日康复。然后，希尔离开了。离开之前，希尔说："教堂礼拜结束后，我会再来看你，到时候，我将会发现，你比现在好得多了。"

那天下午，希尔又去拜访。那位先生面带微笑迎接希尔。他说希尔早上一离开之后，他太太就把他和儿子们叫进房里，说道："希尔博士说，我不会死；我会康复，我感觉现在真的好多了。"

最后，那位太太完全康复了。是什么样的力量使她战胜了病魔呢?这就是自信的力量，这就是自信创造的奇迹。

如何才能提高自己的自信心呢?作为现代职业人，仅仅具有一定的工作能力显然是缺乏竞争力，你需要适时亮出你的杀手锏——职业人所独有的自信魅力。你可以不漂亮，可以不英俊，但你一定要非常自信!自信的人最有魅力。而自信的人也常常可以事半功倍，以最高的效率做出最完美的事。

(1)默念"我行!我能行!"

默念时要果断，要反复念，特别是在遇到困难时更要默念。只要你坚持默念，特别是在早晨起床后反复默念9次，在晚上临睡前默念9次，就会通过自我的积极暗示心理，使你逐渐树立信心，逐渐有了心理力量。

(2)调整心态，多想开心的事

每个人都有自己开心的事，开心的事就是你做得成功的事，那是你信心的产物，力量的产物。每个人多回忆自己开心的事，将使你正确估价自己的力量。

(3)面带微笑，始终如一

笑是快乐的表现。笑能使人产生信心和力量;笑能使人心情舒畅，振奋精神;笑能使人忘记忧愁，摆脱烦恼。没有信心的人，经常是愁眉苦脸，无精打采，眼神呆板。雄心勃勃的人眼睛闪闪发亮，满面春风。

（4）挺胸抬头，阔步向前

人的姿势与人的内心体验是相适应的，姿势的表现可以与内心的体验相互促进。一个越有信心、越有力量的人便越昂首挺胸。成功的人，得意的人，获得胜利的人则意气风发。一个人越没有力量，越自卑就越无精打采，垂头丧气。学会自然地昂首挺胸就会逐步树立信心，增强信心。

（5）主动交往，放弃冷漠

在与人微笑的问候中，双方都会感到人间的温暖，人间的真情，这种温暖与真情就会使人充满力量，就会使人增添信心。

（6）欣赏振奋人心的音乐

人们都有这样的情绪体验，当听到雄壮激昂的《义勇军进行曲》时，往往因受到激励而热情奔放，斗志昂扬；当听到低沉、悲壮的哀乐时，往往便悲痛，怀念之情涌上心头。健康的音乐能调解人的情绪，陶冶人的情操，培养人的意志。当人受到挫折的时候，情绪低沉的时候，缺乏信心的时候，选择适当的音乐来欣赏，能帮助人振奋精神。

自信心很大一部分取决于你的日常习惯，如果你对自己缺乏自信心，不妨试试这6条改变自己以往习惯的方式。

8.相信自己的判断

相信自己，绝不仅仅意味着拥有自信，更重要的是你要顶住外界的压力，如果你认为自己是对的，那么，就坚持下去，不必理会旁人。

在财富创造史中，投资家华伦·巴菲特与众不同。他白手起家，在40年内迅速积聚了150亿美元的财富，成为全美屈指可数的大富豪。他的致富之道不是在华尔街从事投机活动，而是靠旧式的长期投资。他的成功，主要在于坚毅、理性和自律的性格。巴菲特说，投资成功并不需要过人的智商。

巴菲特是证券经纪人之子，从小就生财有道。一名友人说，巴菲特5岁就在奥马哈老家前人行道上摆摊子卖口香糖。后来又从清静的自家门前移到行人较多的朋友家前面卖柠檬水。朋友说，他想的不只是赚零用钱，而是要致富。念小学的时候，他就宣布要在35岁之前成为富翁。

他曾在当地高尔夫球场上搜集可以卖二手的高尔夫球；他的朋友还记得跟他一起到奥马哈赛马场，在地上找人家无意中丢掉的中奖票根；他在祖父的杂货店批购汽水，夏夜里挨家挨户地去推销。青少年时他送报纸，每天早上要送近500份，每月收入175美元（当时许多全职工作的成人也不过赚这么多），他把每个月的薪水都存起来。他经常埋首苦读《赚取1000美元方法1000种》。

他迷恋股票，正如别的孩子迷恋飞机模型。他把股价制成图表，观察涨落趋势。他11岁首次买股票，买了3股每股38美元的"城市服务"优先股，升到40美元时脱手，扣除手续费后，净赚5美元——这是他首次在股市的收获。他14岁时，用1200美元积蓄买了内布拉斯加州16万平方米的农地，租给一名佃农。21岁时，巴菲特从各项投资中攒了9800美元，他日后赚进的每一块钱，几乎都源自这笔资金。

不久，巴菲特在宾夕法尼亚大学华顿学院就读两年，后来又以优异的成绩转到内布拉斯加大学。他一面攻读商科和金融，一面不懈工作。后来他进入哥伦比亚大学商学研究院，得到著名教授本杰明·葛瑞翰的启迪，对投资之道就此开窍。葛瑞翰首开风气之先，以规律作为选择股票的依据，而不玩儿投机的把戏。

葛瑞翰认为，若仔细研究每一个公司发表的数据，分析它的收益、资产、成长率，就可以发现该公司市场股价之外的实际价值。诀窍是：在股价低于公司实际价值甚多时买进，并估计股价必会在市场里调整到应有价格。用巴菲自己的理解就是："别人小心谨慎的时候，你要贪，别人贪的时候，你要谨慎。"

1951年大学毕业后，巴菲特对《史坦德－普尔股市指南》爱不释手，寻找葛瑞翰所谓的"雪茄烟头"股，也就是几乎不用花钱就能买到，但还有一些赚钱能力的股票。他投奔葛瑞翰纽约的投资公司，至1956年，个人财产已从9800美元增至14万美元。

1956年，巴菲特和妻子苏西在他祖父的杂货店附近租了一幢房子，召集了7名近亲好友为小股东，以105100美元成立了巴菲特联合企业公司。1962年，他已拥有多家不同的企业，总资产将近720万美元，其中100万美元属于巴菲特夫妇。两年后，他管理的公司总值达2200万美元，他个人的资产净值近400万美元。

巴菲特的研究狂热，使他在投资人中显得卓尔不群。他常常阅读枯燥的企业书籍，有如小孩看漫画一样起劲。看报纸的金融版，他每一行都不放过。朋友对他的股市知识心悦诚服，认为没有人比得上他；有人向他请教的时候，他总是谦和而言简意赅。

巴菲特从来不信理财顾问说的话，他说："假设手上有100万美元，如果尽信内线消息，一年之内就能破产。"考虑哪种股票值得投资时，巴菲特认为首先得说服自己。他很早就体会到相信自己判断的重要性。

9. 自信的人生才美丽

要养成乐观自信的好习惯，这样才能使自己在事业的跋涉途中勇于面对困难，并战胜困难，在人生的考验面前，才能从容不迫，轻松应对。

每一个人的一生都会碰到很多麻烦、悲伤与苦恼，每个人面对这些麻烦和困苦时都会有不同的态度，乐观的人会自信地面对这一切，从而走过去，寻找另一片天空；而另一些人则是悲观面对，最终陷入苦恼的沼泽中不能自拔。

一位40多岁的教授，在考入北大之后，格外珍惜来之不易的机会，满怀感激地踏上了这条布满荆棘但又钟情已久的文学研究之路。想到已是人到中年，他便有"一万年太久，只争朝夕"的豪情。然而，光有豪情是不够的，内心根深蒂固的空虚感使他在初期也曾步履维艰。而对自我的超越，是一个研究者必备的基本素质，促进持久的研究心理，甚至比研究本身更重要。由"我怎么赶得上别人"到"我也不比别人差多少"，获得这个意识，他身上的能量似乎有了新的释放口。他外表温和，甚至有些柔弱，而内在的倔强需要激发和调动。在这之前，他习惯于顺从并接纳他人的观点。如今，他却常起反叛之心，这给他带来从未有过的"独立"的畅快。他天性豁达，现在更加小心地维护它，在众多英才行列中奋争才会不使自己萎缩，他不再相信"宁为鸡头，不为凤尾”的虚假的自信哲学。“我珍视健全的学术自信心。”他说。也正是这种自信，使他埋头苦干，终于打出一方天地，作出一番不逊于其他人的成绩。也正是缘于这种自信，才奠定了他独特的学术风格，独树一帜的学术追求和学术思想。

环境确实会对人们产生影响，但这并不代表全部，只要你稍微改变自己的想法，随时都会有一条大道展现在你的面前。因此，要学习适时纠正自己的想法与观念。

从现在开始，改变你的观念和想法，你的立场和情况自然就有天壤之别。冷静分析一下自己所处的状况，并且细心列举出自己的长处与短处来，这样你就可以发现自己过去不曾注意到的优点了。

信心可以带给人类力量，这是许多人都知道的道理。成功者与失败者的信念是截然不同的，而我们现在对自我评价的信念往往就支配了我们的未来。如果我们相信，未来就会过着美妙的日子；如果我们自行设限，转瞬之间那些限制就在眼前。

有些人虽有热情，但对自己的能力怀疑或期许不高，因而从未采取实际行动。成功者不然，他知道所追求的并且相信能够获得，他们有足够的自信让自己成功。自信犹如汽油，推动你的人生之车驶向卓越之境。你自信，你就会有成大事的机会，你就会有快乐的源泉。乐观的人是自信的，自信的人才可以成就一番大事业。

第四章

好习惯的巨大力量

——拥有好习惯，就成功了一半

习惯是一个人经过长时间重复做某一件事而形成的一种不自觉的或者自发的行为。一个良好的习惯可以帮助我们的事业走向成功，所以我们要想成大事，就要有一个良好的习惯。

1.习惯对事业的影响

良好的习惯可以帮助我们取得事业上的成功，使我们的人生更加丰富多彩。

为什么说好习惯可以帮助我们取得事业的成功呢?生活中，每天要洗手、刷牙、洗脸，这些最平常的事到底给了我们什么启示呢?它给了我们生活中最重要的东西——秩序，还有健康。有良好习惯的人办事有条理，不会手忙脚乱，这实际上就节省了时间。节省了时间也就等于是延长了生命，你就可以看更多的风景，做更多的事情，想更多的问题，享受更多的快乐。政治家的思考要有秩序，否则国家管理会出现混乱;军事家的指挥要有章法，否则军队如同一盘散沙;教师的思考要有秩序，否则学生便不知所云;律师的思考要有秩序，否则就不能伸张正义。一个人思维的品质是由良好的学习习惯造成的，一个人的办事条理是由良好的生活习惯造成的，一个人品格的好坏也是由他的习惯所决定的。

一位著名的音乐教授，退休后想把自己的小提琴演奏艺术奉献给社会，他也确实做到了。当人们问到他为什么能把曲子拉得如此流畅时，他说，每当练习曲目前，必定先了解曲目是由几小节构成的。比如:准备练习30小节，一天练习1小节，一个月即可练习完毕，不过，我并非从头到尾依次练习，而是从最简单的一小节开始。第二天，再从所剩的29节中挑选最简单的练习，而用这种方法练完整首，不但轻松自如，而且在练完之后还找到了各个小节之间的相互呼应关系，从整体上理解了这首曲子的境界。

他的这种练习法从管理上来讲是十分合理并且十分有效的，因为每个人都有惰性，会找借口逃避工作，碰上困难的工作，更不敢面对现实，而这位教授的方法正好可以满足人的成就感，给人增添信心。每完成一小节，就增一分信心，这可以说是巧妙的解决办法。

"天下大事必成于细，天下难事必成于易。"从最简单的事情做起，可以逐步为你增添成就感和自信心，同时也会使你的工作、学习热情逐渐高涨，注意力更加集中，能够取得好的成绩。不管是在工作中，还是在学习中，最重要的是一定要有热情，而且要能专心致志。

世界如此之大，而有才者却寥寥无几，天才与凡夫两者之间的区别在哪里？天才对未知领域怀有宗教般的热情，对自己从事的研究全身心地投入。从最简单的做起就是培养天才品质最有效的途径。

现代生活千变万化，速度之快难以想象，我们不得不每天面对生活对我们的挑战，你也许会因为整日的奔波而心力交瘁。难道我们就永远只有一个新而不美的世界吗？不，我们要用良好的习惯来迎接生活及事业给我们的压力和变化。

习惯可以认为是相对稳定的，是生活中不变的那部分，我们每天要读书、跑步、听音乐、打球，这些都会是在某个相对固定的时间来做的，其他的时间所做的事可能每天都有所不同。当你忙碌了一天后，想起自己的书本和球拍，心中犹如点燃了一盏明灯，尽管很累，但它们能让你摆脱日常生活的喧嚣，寻找到属于自己的片刻宁静，犹如一艘远航的船可以停泊靠岸，这是一种别有情调的生活。

习惯的生成与环境有很大关系。以相同的方式一而再、再而三地重复做相同的事情、不断地重复，不断地思考同样的事情，而且，当习惯一旦养成之后，它就像在模型中硬化了的水泥块，很难再被打破。我们所有的人都是习惯的产物，习惯是一条电缆，每天在它外表编织一条铁线，到后来它变得十分坚固，使得人们再也无法把它拉断。习惯是一条"心灵路径"，大家的行动已经在这条路上旅行多时，每经过它一次，就会使这条路径更深一点儿。如果你曾经经过一处田野或一处森林，你一定会很自然而然地选择一条最干净的小径，而不会去走一条荒芜小径，更不会横越田野，或从林中直接穿过，让自己走出一条新路来。心灵行动的路线也是如此，它会选择最没有阻碍的路线来进行。

坏习惯会阻挡我们前进的步伐，所以我们需要克服坏习惯，使坏习惯不再统治及强迫人们遵从它们的意愿、欲望、爱好，抵制新的思想和事物，人类的历史就是在与习惯和偏见的斗争中展开的。

要改变旧习惯，最好的方法是培养新习惯。开辟新的心灵道路，并在上面重复多次地走动，旧的道路很快就会被遗忘，而且，随着时间的推移，那条旧的道路已经被荒草所埋没了。而新的习惯慢慢地就被培养了起来，每一次你走过良好的心理习惯的道路，都会使这条道路变得更深更宽，也会使它在以后更容易走。

下面就来教你如何建立良好习惯：

(1)为新习惯的建立铺好路，让你的感情饱含力量和热忱

对于你所想的，要有深刻的感受。你开始建造新的心灵道路的最初几步至关重要，一开始，就要尽可能地使这条道路既干净又够宽，下一次你想要寻找及走上这条小径时，就可以很轻易地看出这条道路来。

(2)全神贯注地修建这条新路

要全神贯注，使你的意识不再去注意旧的道路，以免使你又走上旧的道路。不要再去想旧路上的事情，把它们全部忘掉。

(3)拟订走上新习惯计划

一开始，你就要拟订一个计划，准备走上新的习惯道路。要多次尝试享受你新建的这条路，你要自己制造机会走上这条新路，不要等机会自动出现在你眼前。你在新路上走的次数越多，它们就能越快被踏平，更有利于行走。

(4)勇往直前，拒绝诱惑

拒绝诱惑是很重要的，你必须在一开始就证明你的决心、毅力和意志力。人天生是有惰性的，过去走过的道路比较好走，你每抵抗一次这种诱惑就会变得更坚强一点，下一次你就更容易抗拒这种诱惑。相反，你如果向这种诱惑屈服一次，你下次就会更容易屈服。

(5)相信自己选择的正确目标

相信自己的选择是正确的并把它作为明确的目标，毫不畏惧地前进，不要犹豫不决。"着手进行你的工作，不要往回走。"

习惯与自我暗示之间存在着非常密切的关系。根据习惯而一再以相同的态度重复进行的一项行为，将会成为永久性的，到最后，大家将会不知不觉地、自然而然地进行这项行为。一个钢琴演奏家可以一边弹他熟悉的曲子，一边想他脑中的事，就如同你可以一边同别人谈话，一边清扫地上的灰尘一样。

"自我暗示"是挖掘心灵道路的工具，"专心"是握住这个工具的手，而"习惯"则是这条心理道路的路线图。想把某种想法和欲望转变成为行动或事实之前，必须忠实而固执地将它保存在意识之中，一直等到习惯将它变成永久性的形式为止。利用自我暗示，促使自己养成习惯，可以使自己的事业大放光彩，灿烂无比。

2.成功始于良好的习惯

每个人都渴望成功，希望自己做任何事情都可以成功，而习惯是成功的基石，习惯对你的成功影响很大，好习惯助你成功，而坏习惯阻止你成功。

习惯因为它的一贯性，而对我们的生活产生重大的影响。在不知不觉中，这些习惯经年累月地影响着我们的品德，流露出我们的本性，左右着我们的成败。

在现代社会，要想做一名成大事者，创造卓越的成就，就必须从培养良好的个人习惯入手。

习惯形形色色，在日常生活中的表现也是各式各样的。如果单从表面来看，这是一件不引人注意的小事，但是很多人失败就失败在不良习惯上。美国成功学大师拿破仑·希尔说："习惯能够成就一个人，也能够摧毁一个人。"这说明习惯的力量是巨大的。

·现实生活中总有一些人在失败时怨天尤人，都归咎于没有得天独厚的条件和环境。其实，我们在失败时，有没有认真反省一下，检讨一下我们日常生活中的习惯，把这些习惯归归类，哪些是好习惯，比如：比较守时；做事有主有次；有效抓紧时间；对人和蔼……哪些是坏习惯，比如：工作间混乱；做事不分主次；不能自我控制情绪；随便指责别人等。小习惯也能影响大事情，为了帮助有志于成功人士提高效率，更加完善自己，这里概括了已成大事者的6个做事习惯：

积极主动，别指望谁能推你走；要始终如一，忠于自己的人生计划；要事第一，选择当前该做的事；追求双赢，远离角斗场；善于沟通，换位思考的原则；不断更新，全方位平衡自我。

现实生活中，绝大部分人都不希望自己平平庸庸，碌碌无为，然而，要怎么样做才能脱颖而出，成就一番大事呢？答案就是：培养良好的习惯，从个人做起，从小事做起，慢慢积累，良好的习惯一旦形成，你就会发现一个全新的自我，这时候，你离成功就越来越近了。

你要相信，拥有良好习惯对一个有志于成功的人一定有很大的帮助，它将会使你从小事做起，从最基本处做起，最终业有所成。大事始于习惯，培养自己的好习惯，为今后的事业成功打下基础吧！

3.让良好的习惯带你走入成功之门

习惯本身就是一种巨大无比的力量，良好的习惯是你成功的推动力，是你成功的保障，建立良好习惯，可以使你顺利取得事业的成功。

都说好习惯难养，坏习惯易成。但也并非是绝对的，主要还是看一个人的毅力而定。事实上，习惯就是习惯，并没有合理的推论来说明养成好习惯比养成坏习惯要难。

动作敏捷或缓慢只是习惯问题。一个人如果不能够养成准时的好习惯，就是养成迟到的坏习惯。

（1）准时习惯，对一个人有很大的好处

不管是赴约、还钱还是兑现诺言，都与准时习惯有着密不可分的关联。对商人来说时间是分秒必争的东西，错失一分一秒就会损失惨重。俗话说"时间就是金钱"，这个道理永远都是正确的，尤其是在现在这个时代比以往更重要。现代企业的步调更是一日千里，分秒必争，每一个人的日程和工作必须排得满满的，因为谁都负担不起生产时间的浪费，就像负担不起生产线上的耽搁一样。

今天美国公司的飞机就有3.4万多架，仅通用汽车公司就有22架。美国之所以现在有飞机的公司越来越多了，是因为他们能迅速地把他们的职员准时地送到任何地方。

蒙哥马利华德百货公司承认：公司利用自己的飞机运送职员，比让他们自己去搭乘民航客机，费用要高出1/3。但是，使用自己公司的飞机，职员的旅行时间节省了将近60%。而蒙哥马利华德跟许多其他的公司一样，都了解节约时间的重要性。

一个人说他什么时候要到某地方而准时到达的话，不但给人一个极好的印象，他

还替自己或他的公司节省了时间，节省时间也就等于是节省了金钱。

(2)节俭是使任何事业成功的因素

我们常说"勿以善小而不为"。节俭也是一样，不论大小，都是十分重要的。

一旦事业开始，对天性节俭的人而言，其成功机会较才华相同者要多。而习惯节俭的人知道只有减少开支和成本才有赚钱的机会，而在今天高度竞争的市场里，即使在小东西方面去节俭，聚少成多，也是很可观的，甚至造成赚钱和赔钱的天壤之别。

另外，对一个有节俭习惯的人而言，他似乎永远有一笔积蓄，以备不时之需，紧要关头可使他渡过难关；或使他有扩张和改进的机会，而不必去借钱。

准时和节俭是对自身发展起重大帮助的两个因素，聪明的人都知道这个道理。如果你能在生活中做到准时、节俭，直到把这些变成你的第二天性，你就会在事业上，收到由这些习惯为你带来的利益。

(3)养成思考的习惯，可使你飞向成功

霍英东就是因为惯于思考而成为富豪的。霍英东是个颇有心计的人，他时时都在留心寻找能够大展宏图的事业。1953年，霍英东独具慧眼，看出了香港人多地少的特点，认准了房地产业大有可为，于是毅然倾其多年的全部积蓄，投资到房地产市场。1954年，他着手成立了立信建筑置业公司。他每日忙于拆旧楼、建新楼，又买又卖，用他自己的话说，他"从此翻开了人生崭新的、决定性的一页！"

霍英东早年经营航运业仅仅是他创业初期的练兵，在经营房地产业的过程中，则充分显示了他过人的经营头脑。在他之前的房地产业，都是先花一笔钱购地建房，建成一座楼宇后再逐层出售，或按房收租。霍英东思之再三，不停地问自己：怎样才能获得更好的效益呢？他最终将房产界的这一游戏规则"变了个戏法"，即预先把将要建筑的楼宇分层出售，再用收上来的资金建筑楼宇，来了一个先售后建。这一先一后的颠倒，使他得以用少量资金办了大事情。原来只能兴建一幢楼宇的资金，他可以用来建筑好几幢新楼，甚至更多；同时，又使他有较雄厚的资金购置好地皮，采购先进的建筑机械，从而提高建房质量和速度，降低建造成本。他还以比同行低得多的价格出售那些地点较优越的楼宇，有时他还采用分期付款的预售方式，使得人人都能买得起住房。霍英东开创了大楼预售的先河，他的戏法真是高招。为了推广先出售后建筑的"戏法"，霍英东率先采用小册子及广告等形式广为宣传。他说："我们开展各种宣传，以便更多有余钱的人来买。譬如来港定居或投资的华侨、侨眷、劳累了毕生略有积蓄的职员，及做其他小生意涨满了荷包的商贩，都来投资房地产。谁不想自己有房住？只要有众多的人关心、了解并参与，我们的事业就有希望。"霍英东的广告宣传十分奏效，立信建筑置业公司在短短的几年里所营建、出售的高楼大厦就布满了香港、九龙地区，打破了香港房地产买卖的纪录。这个既不是建筑工程师出身，又非房地产经营老手的水上"穷光蛋"，一下子成了香港房地产业的巨头。现在，霍英东名下的公司已经有六十余家，大部分都经营房地产，或经营与房地产关系密切的业务。由他担任会长的香港地产建筑商会，占有香港 70%的建筑生意。

霍英东惯于思考，成就了成功创富的大业，他的成功经验值得我们学习和借鉴。

任何人变成商人的那一刻都应该停下片刻，迅速回顾他的推理。这种最后的检查，也许会耽误你几秒钟或者几分钟，但收获却非常大。这可以让人有一次合理地整理自己的思绪的机会，或回想自己为什么或怎样会有这种决定。这个简单的过程，可以大大地增加一个人迅速而有效地去处理可能碰到的难题的能力。这有点像世界上某些最佳演员所养成的习惯一样，虽然他们可能对所扮演的角色已经熟透了，但是在开幕之前，仍会迅速地把剧本或他们自己的那一部分过目一遍。由此可见，不管任何人，最好养成下决心之前留下几分钟来冷静地整理思绪的习惯。

（4）养成遇事应保持镇定的习惯

任何一个在事业上成功的人，遇事都能保持从容的态度，甚至在陷入逆境的时候，他也会保持沉着、冷静的状态，从而随时准备好捕捉和发掘新机会，以及寻找解决那些问题的办法。

要想成为高明的商人就要遇事保持镇定，就得像一个够格的橄榄球员一样。当球员传球的时候假如球意外地落到他的手中，他并不胆寒或惊慌。而高明的商人也是一样，面对突发的新情况，并不会手忙脚乱，能灵敏地反应，他有办法掌握或应对新情况，他会紧抱着球跑过去，或者警觉而放松地转个方向，以免对手扑过来。有些刚开始做生意的人，就已具备这种轻松从容的内在能力，但是大多数的生意人，只有经过多次经验，才能养成这种习惯。

"随时都要把你自己看成是一个在湖中翻了船的人！"一个资深的石油商人在盖蒂事业刚开始的时候忠告盖蒂，"如果你能保持镇静，你就可以游到岸边，至少在浮起时有人来救起你。假如你失去冷静，你就完蛋啦。"

刚开始创业的人就像一个沉溺在湖中央的人。如果他保持镇静，生存的机会就较大，否则就很可能被溺死。刚开始做生意的人或年轻的职员，都应该常常把这警句牢记在心里，只有保持这种良好的习惯，才能想出各种办法来应对任何情况的发生。

不管在哪种场合，如果你都能够保持从容不迫顺应自然的态度，那么，任何事情都能应对自如。如果你感到慌张，你的大脑就失去正常的思考能力，你就会头脑混乱，语无伦次。许多人掉了重要东西，或者说话说漏了嘴，就是因为心里有"鬼"，慌里慌张。你要有意地放慢你动作的节奏，越慢越好，并在心里说："不要慌！千万不要慌！"动作和语言的暗示会使你慢慢镇静。你的大脑就恢复正常的思考，以应对周围发生的事情。

有许多人不适应大场面，一到人多的场所，就会觉得不自在。克服这种心理的方法就是把所有的人都当做朋友，点点头，打声招呼，别人自然也会给以礼貌的回报。虽然他可能永远也无法想起曾经在哪儿见过你，但是你可以借此消除你的紧张情绪。所以，一有机会你就主动当众讲讲话，自我考验，就会养成从容不迫的习惯。

(5)养成敬业精神，可以使你一生受益

你可以听见一些年老的同事有些感慨:现在的年轻人敬业精神不如以往,工作漫不经心，犯了错受了批评，还不服气，要求严格了，便一走了之。真正能虚心学习、苦干实干、认真负责的实在不多。

我们暂且不讨论这些老同事的观点是否正确，但其中有一点至关重要，那就是一个人的敬业精神。这也是现代人应该具备的职业道德，如果你能把敬业变成一种习惯，你会从中受益一辈子。

很多年轻人初入社会时都有这样的感觉，自己做事都是为了老板，所做一切都是在为老板挣钱。其实，这也并无什么关系，你出钱我出力，理所当然的事。再说，要是老板不赚钱，你怎么可能在这个公司好好待下去呢?但有些人认为，反正为人家干活，能混就混，公司亏了也不用我去承担，甚至还扯老板的后腿，做些不良之事，稍加细致地想想，这样做对你自己并没什么好处。工作敬业，表面上看是为了老板，其实是为了你自己，因为一个真正敬业的人能从工作中学到比别人更多的经验，而这些经验便是你向上发展的踏脚石，就算你以后换了地方、从事不同的行业，你的敬业精神也必会为你带来莫大的帮助。因此，把敬业变成习惯的人，从事任何行业都容易成功。

有些人的敬业精神是天生就有的,具体表现为:任何工作一接上手就废寝忘食。有些人的敬业精神则需要培养和锻炼，如果你自认为敬业精神不够，那就应趁年轻的时

候强迫自己敬业——以认真负责的态度做任何事，经过一段时间后，敬业就会变成一种习惯。虽然养成这样一种敬业的习惯，并不一定意味着你就会在自己的事业上取得成功，但可以肯定的是，如果你养成了一种"不敬业"的不良习惯，你的成就相当有限，你的那种散漫、马虎、不负责任的做事态度已深入你的意识与潜意识，做任何事都会"随便做一做"，结果不问可知。特别是到了中年还是如此，很容易就此消极一生了！

敬业的人还有以下的好处：

第一，容易受人尊重。就算工作绩效不怎么突出，至少别人也不会去挑你的毛病，甚至还会受到你的敬业精神的影响。

第二，容易受到提拔。每一个上司都喜欢有敬业精神的人，因为这样可以帮助他们减轻工作压力，事情交给你放心。你如此敬业，他们求之不得！

养成好习惯，可以让你在工作中得到重用，帮助你走向事业的更高峰，助你成就大事业。

4.好习惯和坏习惯都具有很强大的力量

好的习惯可以让人立于不败之地，坏的习惯则可以让人从成功的宝座上跌下来。拿破仑·希尔认为，保罗·盖蒂的这句话非常有道理。

下面有一则故事，讲述了习惯的力量对一个人的影响。

盖蒂是一个有烟瘾的人，有一段时期，他抽烟抽得很频繁。一天，在他去法国度假的途中，晚上，天下起了大雨，地面上都是水和泥，特别泥泞，开了好几个钟头的车之后，盖蒂实在是累了，在一个小旅馆投宿。吃过晚饭，他就回到自己的房间里，睡着了。但是清晨时分，盖蒂突然醒了过来，他很想抽支烟，于是他就打开了灯，很自然地伸手去摸平时都会放在床头的烟，但是他没有摸到。他下了床，到衣服的口袋里去找，也没有。于是他又在行李袋里找，结果他又一次失望了。他知道这个时候旅馆的酒吧和餐厅早就关门了。他想，这个时候把不耐烦的门房叫过来，实在是不可能的。现在他唯一能得到香烟的方法就是穿好衣服，到火车站去自己买，但是走到那里要穿过6个街道。

看来情形并不是很好，外面还下着雨。他的汽车也停在离旅馆还有一段距离的车房里。而且，在他住店的时候，别人也已经提醒过他了：车房的门是午夜关，第二天早上6点才会开门，现在能叫到出租车的几率也相当于零。

显然，要是他真的需要一支烟，那么他只能冒着大雨走到黑暗中。抽烟的欲望不断地折磨着他。他下了床，穿好衣服，准备出去。正在他伸手拿雨衣的时候，他突然感觉自己的行为多荒唐可笑，感觉自己很傻，于是就笑了起来。盖蒂站在那里，心里不停地想着，一个知识分子，一个商人，一个认为自己有足够的智慧可以对别人下命令的人，居然在三更半夜要离开舒适的旅馆，仅仅是为了满足自己抽烟的欲望而冒着大雨走上好几条街去买香烟。而这个抽烟的习惯并不是一个很好的习惯。

盖蒂生平第一次认识到，他现在早就养成了一个坏习惯，那就是为了一个不好的习惯，要放弃极大的舒适。看来，这个习惯对他并没有什么好处，于是，他的头脑立刻就清醒了过来，很快他就做出了决定。他走到桌子旁边把那个烟盒团起来扔出去，然后重新换上睡衣，回到舒服的床上。心里怀着一种解脱，甚至是一种胜利的感觉，关上灯，合上了眼睛。在窗外的雨声里，他进入了一个从来没有过的深沉的睡眠。自从那个晚上之后，他再也没抽过一根烟，也再没有想过要抽烟。盖蒂说，他并不是想用这件事来指责那些有抽烟习惯的人。但是他经常回忆那天晚上的情形，他只是为了表示，按照他当时的情况，他差点当了一种恶习的俘虏。

既然人有可能养成一种习惯，那肯定他也有能力改掉这种习惯。还有些人说，养成好习惯很难，但是一个坏习惯却在不知不觉中就已经形成了，这是一件很奇怪的事情。事实上，这并不奇怪，这还要看你这个人的毅力，看你有没有这个决定和毅力去改掉坏习惯，而代之为良好的习惯。

5.好习惯的报酬就是成功

经常重复地做一件事就会形成习惯，而习惯的力量是很多人都难以抗拒的。但是人类还有一种潜藏的缓冲能力，也不容忽视。

拿破仑·希尔的一位好朋友，成功学家曼秋诺曾经提出过一项培养好习惯的心理暗示的活动，他要求他的学员对自己说："今天是我生命的新开始，我要脱去我的旧衣，因为失败早已让它伤痕累累。""今天是我再生的日子，葡萄园是我的出生地，欢迎大家来品尝我的水果。""今天，在这个葡萄园里，我要从那些最高、结的果实最多的葡萄藤上摘下智慧的果实。这些是我职业生涯里最值得尊敬的那些人，一代一代地种下来的。""现在，我要品尝这些果实的滋味，我还要吞下每一颗果实的种子，让新生的力量在我的心里发芽。""我选择的这个行业，充满了机会，从来没有失败和失望。而那些已经失败了的一批人，如果他们像叠罗汉那样叠起来，肯定比金字塔还高。""但是，我是另外一批人里的，我是不会失败的。因为我的手里有方向图，带领我走出扑朔迷离的大海，离开波涛汹涌的海面，踩到成功的彼岸。过去的不过是一场梦。""我的奋斗不再以失败告终，因为失败就像是痛苦一样，不适合我的生活。过去，我接受它，那是因为我需要磨炼，现在我拒绝它，是因为我的能力和智慧都有了提高。过去那些失败的经验会指引我走出黑暗，走向光明和幸福。在那里，金苹果也不过是我的报酬里的一个小部分而已。""要是人能长生不老，那他就可以学到更多的东西，但是我们不能，所以，我学的东西都是有限的。我要学会忍耐的功夫，因为上帝做事的时候，从来都是按部就班的。创造橄榄树花了他100年的时间，曾经的我不过是一个小小的洋葱，我曾经像一个洋葱一样卑微地活着，现在我不想过洋葱那样的生活了，我要成为一棵橄榄树。实际上，我一定要成功。"

（1）良好的习惯是打开成功之门的钥匙

如果你没有做伟大事业的抱负，你也没有经验，而且你还经常处于一种无知的状态，甚至还曾经堕入过自怜自艾的深渊。那么，你应该怎样做才能养成良好的习惯呢？

这个答案其实很简单，只要你在没有知识的前提下，开始你的旅程就好了。因为上帝已经给了你比这个原始森林里的任何其他动物都多的知识和本能，只是有时候人们把自己的经验估计得过高了。

经验其实本质上就是对教训的总结，但是，要想获得经验，就必须牺牲很多的时间。而且，等人类知道了它的知识的时候，它的价值已经退步了。结果就是：人有了丰富的经验，可是人也死了。而且，经验也只是一时的，那些在今天可能还很有用处的措施或者经验，到了明天可能就没有效果了。

只有原则可以永远不变，而这些原则都掌握在你的手里，因为，这些能带你走向伟大之路的原则，都已经写在这里了。它会引导你避免失败，进而走向成功。

事实上，失败了的人和成功的人唯一不同的地方就在于他们的习惯不同，良好的习惯就是开启成功之门的钥匙，坏习惯是开启失败之门的钥匙。所以，你要遵循的第一个原则，就是一定要养成一个良好的习惯，并且还要全心全意去坚持下去。在你还是孩子的时候，你可能会为了一点小事而冲动，在你已经过去了的岁月里，你也有过受感情、环境、偏见、贪婪和习惯支配的经历，而这些里，最坏的就是习惯了。必须将所有的坏习惯都丢掉，准备在新的田地里播种，种下成功的希望。你最好大声地对自己说："我要养成良好的习惯，我要全心去实行。"

那么，怎么样才能完成这伟大而又艰难的事业呢？答案就是要革除你生活上的坏习惯，换成一个能帮助你走向成功的好习惯，因为一个习惯可以起到遏制另外一个习惯的作用。

（2）凡事变成习惯就好做了

养成了好的习惯又有什么用呢？这里实际上还隐藏着人类本能的秘密，当你每天都重复做一些事情的时候，它们很快就会成为你内心的一部分。而最重要的是，它们还会溜进你的心灵，变成奇妙的源泉，永无止歇，为你创造环境，并做出让你自己都难以相信的事情。当有些话语被你的心完全吸收的时候，每天早上，你会带着一种从来没有过的活力从梦里醒来。你会觉得自己精力旺盛，热情高涨，你迎接新世界的欲望将会帮助你克服一切困难和恐惧。紧接着，你会发现自己有了应付一切的办法。你惊奇地发现，你能轻松自如地运用这些方法。因为任何方法只要经过了练习，就是熟能生巧，就算再难，也会变得比较容易了，一个好习惯就这样养成了。当一种习惯经常被你反复地练习而逐渐变得容易的时候，你就会喜欢去做。而你一旦喜欢去做，你就愿意经常去做，这是人的天性。当你愿意经常去做的时候，这就是你的习惯了，你也就是习惯的奴仆了。

（3）今天是我新生命的开始

你现在要郑重地对自己说："今天是我新生命的开始，没有人能阻止我的成长。我不能一天不读书。因为损失了就再也没办法补救了，我也不会找别的事情来代替，因为我坚持每天阅读的习惯，实际上，在这新习惯上花费几分钟的时间，对将要属于你的那些快乐不过是一点微小的代价而已。"

当你阅读本书里的这些字句的时候，你一定不要错过任何一个字，也不要简化任何一句话，以免忽视了这里的寓意。这些智慧的葡萄已经被挤压到了一个瓶子里面，残渣都已被剔除了，剩下的都是精华，都是些纯净的真理。

今天，你的昨日已随风而逝，你要在众人面前昂首阔步，不管他们是否认识你。因为，你已经是一个拥有新生命的人。不断地对自己重复这些心理暗示，就能培养出良好的心理习惯。

6.努力改变坏习惯

现实生活中，我们的想法和习惯往往都在不断地变化着，其中一方改变了，另一方也会自动地跟着改变，所以我们要有意识地谨慎地培养新的好习惯，改变不适当的旧的坏习惯，让好习惯成为我们成就一番大事的捷径。

很多坏习惯都是由于我们长期积累而形成的，或许刚开始的时候是一些小小的不起眼的坏习惯，但是这些坏习惯随着时间的推移在慢慢地扩大，就像滚雪球似的越来越大，直到最后难以自拔，所以，适时改掉坏习惯是十分必要的。

提到改变习惯性行为或者形成新的行为模式，直至它们成为自动反应时，很多人都开始退缩了。他们把习惯和癖好混为一谈，癖好是指你觉得有强迫性的行动，它会引起严重的萎缩症状。相反，习惯是不需要我们思考的，而完全是下意识的自动行为。

比如说，我们的表现、感觉和反应有95%是习惯性的。钢琴家用不着"决定"该触哪一个琴键，舞蹈家也用不着"决定"脚该往什么地方移，他们的反应是自然而然的、不假思索的。同样，我们的态度、情感和信念也容易变成习惯。

我们只要费费心思做个决定，再练习或"形成"新的反应或行为，习惯就能被修正、改变，甚至完全扭转。钢琴家要加以选择的话，可以有意识地决定按另一个琴键，舞蹈家可以有意识地"决定"学会一个新的舞步——而且完全没有什么苦恼。完全学会新的行为模式需要的是不停地注意和不停地练习。

再比如，你穿鞋时，习惯上不是先穿右脚就是先穿左脚；你系鞋带时，习惯上不是把右手的鞋带从左手的鞋带背后绕过来，就是反过来绕。明天早晨，你想好要先穿哪只鞋、怎样系鞋带，然后你有意识地下决心形成一个新的习惯，先穿另一只鞋、以相反的方向系鞋带。像这样，每天早晨以特定的方式穿鞋系带，用这种简单的举动提醒自己：在这一整天里都要改变其他的习惯性思考、感觉与行为。在系鞋带时对自己说："今天我以一种新的、更好的方式开始。"然后，一整天内都要有意识地下这样的决心：

第一，我要精神愉快；第二，我要对别人友善一些；第三，我对别人的错误、失败和过失要多容忍，要尽可能从最好的角度来解释他们的行动；第四，我要有自信的表现，觉得现在的自己就是我所希望的个性，我要练习在"行动"和"感觉"上都像是这个新的个性；第五，我要理智看待事实；第六，我要练习每天至少微笑3次；第七，不论发生什么情况，我的反应要尽可能地冷静和有理智；第八，拒绝悲观和否定的事实。

成就一番大事业对我们每个人来说，可能是一种可望而不可即的事情，但同时你也得清楚这种可望而不可即的局面是由于你自身的一些坏习惯造成的，而不是别人和外在环境造成的。

其实你自己十分清楚，要去做些什么才能抓住获得成功的机遇。你必须改变自己的行为方式，而这种改变对你来说也是一种挑战，你必须放弃一些已经习惯了的东西，而去经受一些你所陌生的东西。

改变一种坏习惯对每个人来说都不是一件很容易的事情，这是因为，这些坏习惯是我们所熟悉的思想、感情，当要除去它们时，我们都会本能地加以抗拒，尽管我们也清楚自己身上那些习惯是有害的。

改变不可能很快就实现，它是一个循序渐进的过程。如果我们试图在一夜之间变得成功，我们将只会再一次面临失败。一次改掉多个习惯的企图，也将势必分散我们的精力，并彻底毁掉我们改掉坏习惯的能力。改变自己那些妨碍成功的坏习惯是我们值得庆贺的第一个成功。

在尝试改变的最初阶段，我们往往会觉得十分困难，甚至难以坚持下去。但是，你要相信，一旦我们成功地改掉第一个习惯，改掉坏习惯就将变得越来越容易。事实上，随着一个个坏习惯被好习惯逐个取代，我们将变得越来越善于改变自己的习惯。改掉坏习惯虽然不容易，但是一旦我们改掉它，养成好习惯，那我们就会像一列无法停止的火车一样大踏步地不断向前，直冲向我们的理想。

7.成就事业的必要素质

习惯可以决定命运，良好的习惯给人好的印象和感觉，能在很大程度上帮助你在职场取得成功，好习惯成就你的事业。

虽然你有才能和抱负，或者你有自己的专长，同时拥有一份理想的工作，然而你的事业却总不能如自己所预期的那样顺利进行。虽然你工作努力，能及时完成任务，然而却一再错过晋升的机会。你可能在为这些问题苦恼，你可能会思索到底哪里出错了?其实，你的失败可能与你的工作毫无关系，常常被忽视的工作习惯才是关键所在。

习惯可以决定一个人的命运，这是人人都知道的道理，却未必人人都可理解透彻。良好的工作习惯给人好的印象和感觉，能在很大程度上帮助你在职场取得成功。

一些企业在招聘时就特意把良好习惯这一项列入其招聘要求中。

（1）**部门主管要求**

①做事踏实，有较强的组织、协调能力；

②注重工作效率，有良好的工作习惯，懂得管理时间；

③具备良好的沟通能力，团队合作精神较强；

④对工作充满热情，能够适应较大的工作压力。

（2）**平面设计师要求**

①具备良好的团队协作精神及沟通能力；

②有独立负责指定客户项目的设计与制作能力；

③艺术感觉与形式感敏锐，悟性好；

④具有良好的工作习惯。

这些都是一些普通的招聘广告，然而在其普通背后却蕴涵着对人才多方面的素质要求。几乎所有的人事经理在招聘员工时，都会很在意地将"工作习惯"作为一条重要的选才依据。

每一个公司都有自己的企业文化，通俗地讲，企业文化就是企业的做事习惯，不注意这些习惯，就会与其他人格格不入，甚至影响你在其他员工乃至老总心目中的印象。

因此，职业化的人才必须具备良好的工作习惯，无论是生活还是工作，都要时刻保持自己的良好习惯。养成职业化的行为习惯，会使你的一举一动都能体现出个人的职业风采。

有很多刚走出学校的大学生，学生时代养成的一些陋习依然存在，甚至在办公室里将其"发扬光大"，因而失去了原本属于自己的职位。

有一个年轻人，天生有一副大嗓门，在学校时，站在操场发言几乎可以不用麦克风，要是哪个同学的朋友来了，只要他在楼道里一喊，整层楼都听得清清楚楚。工作以后，他这种喜欢大嗓门说话的习惯依然没改。他经常在办公室跷着二郎腿大声打电话，还时不时地发出爽朗的笑声，影响了别人的工作，同事对其很有意见。结果，这个年轻人就是因为这个习惯，从办公室助理的职位被调到营业部当了一名店员。

可见，良好的工作习惯会对一个人的事业形成好的影响。可能你认为没有那么严重，然而事实就是这样的，一个并不起眼的坏习惯却可以断送你的锦绣前程，这绝对不是危言耸听。现在很多年轻人太过张扬，个性又强，喜欢我行我素，没有仔细想过陋习所带来的严重后果。

站在企业的角度来看，每个老板都希望被录用的人具有良好的工作习惯，否则进门之后光是改掉陋习这一项就会浪费他们太多精力和时间，因此把良好的工作习惯作为选才标准之一，是企业对人才素质的全面考虑。

每一个企业都愿意组建一支有良好工作习惯的团体，这是毋庸置疑的，这样的人会为企业创造财富；相应地，每一个企业都不欢迎有着满身陋习的求职者，因为这样的人是不可能为企业创造财富的。

8.学习成功人士管理时间的方法

那些忙忙碌碌的管理者总觉得时间不够用，而他们的下属却总是好像无事可做，这是因为"成大事者"的时间管理方法是"猴子"式的管理方法，是一种不合理的时间管理。

为什么总是有些经理人抱怨时间不够用，而他们的下属却老是觉得没有工作?这就是时间管理得不当的问题。有些所谓的成功人士最善于运用的管理方法就是"猴子管理"。这种管理方法是不合理的管理方法。

"猴子"这一概念是由美国的柯尼·普兰查德、威廉·奥克与赫尔·伯罗斯在其名著《一分钟经理遇见猴子》一书中提出的。这个概念已经成了"接管他人的当然责任"的代名词。

书中大概是这样描述的:

有个经理人在回答"为什么有些经理人总是觉得时间不够用，而他们的下属却老是没有工作做"这个问题时是这么说的:"也许我不应该抱怨别人总是离不了我，也许是我想让自己变成不可或缺，来获得工作上的安全感。"

一分钟经理笑着解释说:"不可或缺的经理人会对组织构成伤害，而不是组织内的重要人物，尤其是当他们阻碍到别人的工作时，自认为自己是不可取代的人，通常都会因为他们对组织所造成的伤害，而丢掉官位。此外，高级经理人不能够冒风险提升在其目前工作岗位上不可或缺的人，因为他们并未培育接班人……你的问题就是猴子。"

那么，究竟是谁托着"猴子"?

一分钟经理以一个极其生动、充分反映生活的例子，来解说这个定义。他是这么说的:

"经过走廊时，我碰到手下的一个人，他说:'老板，早安!我能不能和你谈一下我碰到的一个问题?'"

"我必须去了解下属的问题，于是我就站在走廊上听他详细叙述事情的来龙去脉。替人解决问题一向是我的最爱，所以我很专心地听他述说。当最后我举起手来看手表时，原以为短短5分钟的时间，竟然已经过了30分钟。走廊上的讨论，耽误了我到达目的地的时间。我对这个问题所了解的，只能让我决定，我必须介入这件事，但我所获得的资讯并不足以做出任何决策。"

"于是我说：'这是个很重要的问题。但是我现在没有足够的时间和你讨论。让我先考虑一下，回头再找你谈。'"

"然后，我俩各自离开公司。"

一分钟经理停顿了一下说："很显然，现在你作为一个旁观者，可以很清楚地看到故事中所发生的事情。然而假如你身在其中，要看清楚真相就比较困难了。当我俩在走廊见面之前，猴子是在我的下属的背上。就在我们谈话的时候，由于彼此的互相考虑，此时，猴子的两只脚分别搭在我俩的背上。但是当我表示'让我考虑一下，回头再找你'时，猴子的脚便由我的下属的背上，移转到我的背上，而我的部属则像是减轻了30磅的负担，轻松地走开了。因为，这时候，猴子的两只脚都放在了我的背上。现在，让我们假设，当时所考虑的事情归我下属工作的一部分。让我们再进一步假设，如果他有能力对他自己所提出的问题提出一些解决方案。如果事实果真如此的话，当我允许那只猴子跳到我的背上时，我等于自告奋勇去做下属应该做的两件事：

"（1）把问题的责任由对方手上移到我这里来。"

"（2）答应对方要向他提出进度报告。"

"每一只猴子都需要人照料、监督。"

"在我刚才所描述的状况下，你可以看到，我接下了员工的角色，而我的部属则扮演监督者的角色。而且为了让我弄清楚谁是新的老板，第二天，他到我的办公室好几次，提醒我：'老板，事情办得怎样了？'假如我的解决方法不能让他满意，他会强迫我去做这件原本该他做的事。为此，管好猴子要注意以下几点："

"（1）猴子生病了，要找出治病的方法。"

"（2）这是谁家的猴子，猴子应该由执行者喂养。"

"（3）替猴子买保险，给予建议，立即行动。"

"（4）定期检查猴子的身体。"

很显然，这些所谓成大事的这种时间管理方法是不合理的。他们在无形中使"猴子"跳到自己身上，从而增加了自己的工作量，于是出现文章开头他们所抱怨的话语。因此，那些真正想要成大事的人都应该具有合理利用时间的习惯与能力，合理利用时间往往使成大事者的事业更进一步。

9. 做大事要善于合作

想成大事者需要与人合作，同时要善于与人合作。与人合作需要技巧，因为，如果合作不当，则会事倍功半，收获甚少。

一个人若要想获得成功，那么就必须懂得尊重他人，接受别人的帮助，同时也要乐于帮助别人，这是因为只有这样做才能赢得别人的合作，而之所以与人合作，则是因为我们在人生路上，谁都不可能是一座孤岛，一个人的力量是不能完成所有事的。

在生活中"1＋1＝2"是不成立的，有时因为某些原因1＋1会小于2，有时1＋1甚至会大于2，大凡在事业上成功的人都是后者。成大事的人善于合作，因为任何人都不可能是一座孤岛，一个人要成大事，必须学会与别人一道工作，并能够与别人合作。如果他想领导一个企业朝着明确目标前进，他需要一支有效的队伍做后盾。

集体工作意味着协调一致的工作氛围。人与人之间有时会发生冲突，这是再正常不过的了，但不应该把矛盾延续下去，以致发展到无法共事的地步。而且，合作应该从自身做起。

一个人要在成大事之前，必须得到人们的尊敬，否则，他就无法赢得与别人合作的机会。犀利的言辞，冷漠地对待他人的权利和感情，有意无意的怪癖——所有这些，都将使这个人得不到人们的尊敬，至少很难得到人家的尊敬。

合作不能靠命令来维护。如果人们仅仅是因为害怕，或者出于经济上的不安全感而合作，那么，这种合作是不会令人满意的。因为，这种做法把合作的精神忽略了，而正是这种精神——心甘情愿的合作态度——对企业的成败具有重要的影响。

如果你想得到别人的支持与帮助，就必须吸引别人与你合作，使他们直接或间接地看到自己的利益。得到最佳合作的关键，是给予人们与他们才能相称的、有意义的工作，并且承认和肯定他们迈出的每一步。

历史上有很多成大事的人，都是因为受到一个心爱的人或一个真诚的朋友的鼓励而成就事业的。如果没有一个信心十足的妻子苏菲亚，我们也许在伟大的文学家中就找不到霍桑的名字。

帮助别人成大事，是追求个人成大事的最安全的方式。每个人都有能力帮助别人，一个能够为别人付出时间和心力的人，才是真正富足的人。

如果一个人顶尖的成就让你感到其中也有自己的一份，你能够说："是我让他有今天。"这将是你最值得骄傲的经验。

帮助别人不仅对别人有利，同时也能提升自身生命的价值，不论对方是否接受你的帮助，或是否感激你。想想看，如果每个人都帮助另外一个人，世界将变得多么和谐与美好!因为，我们每个人也都会得到别人的帮助。

世上现存的植物当中，最雄伟的，当属美国加州的红杉。红杉的高度大约是100米，相当于30层楼高。科学家深入研究红杉，发现许多奇特的现象。一般来说，越高大的植物，它的根就应该扎得越深。但科学家却发现，红杉的根只是浅浅地浮在地面而已。那么为什么红杉会长得如此高大，且屹立不摇呢?大量研究发现，红杉必定生长在一大片的红杉林中，并没有独立壮大的红杉。这一大片红杉彼此的根紧密相连，一株接着一株，结成一大片。自然界中再大的飓风，也无法撼动几千株根部紧密连接，占地超过上千公顷的红杉林。除非飓风强到足以将整块地掀起。

红杉的浅根，也正是它能长得如此高大的利器。它的根浮于地表，方便它快速而大量地吸收赖以成长的水分，使红杉得以快速苗壮，同时，它也不需耗费能量像一般植物扎下深根，用扎深根的能量来向上成长。

造物主在世界各地为人们留下成大事的启示，只看我们是否能拥有细心的智慧去体会与领悟。红杉提供给我们一个很好的方向，可以让我们广泛地伸出自己的学习触角，和广大的资讯网络结合，去吸收更丰富的成功知识及经验，来供应自己赖以迅速成长的养分，而不需耗费能量于独自盲目地钻研。要想成就一番大事，不能只靠自己的强大。成大事需依靠别人，只有能帮助更多人成功，你自己才能更成功。如红杉林根部相连，以充分而紧密的合作关系，创造出屹立不摇的伟业。如果你尚未壮大，不妨伸出你学习的根，与成大事者紧密联结，加入成功、积极的团体，阅读成大事者撰述的书籍，吸收他们的经验，了解成功者的态度，以便让自己更快速地成长。

只要你熟谙这项借力与合作的诀窍，很快地你将会成为成功之林的雄伟巨木。

开诚布公，坐下来讨论，接受别人的评价。耐心地讨论，是与人合作的表现方式，小洛克菲勒就是依靠这种方式平息了罢工。1915年美国工业史上最激烈的罢工时期，小洛克菲勒是科罗拉多燃料钢铁公司的负责人。由于群情激愤，公司的财产遭受破坏，军队前来镇压，因而造成流血事件，不少罢工工人被射杀。小洛克菲勒用了好几个星期来结交一些朋友，并向罢工者代表发表谈话。那次的谈话可谓不朽，它不但平息了众怒，还为他自己赢得了不少赞赏。演说的内容是这样的：

"这是我一生当中最值得纪念的日子，因为这是我第一次有幸能和这家大公司的员工代表见面，还有公司行政人员和管理人员。我可以告诉你们，我很高兴站在这里，有生之年都不会忘记这次聚会。假如这次聚会提早两个星期举行，那么对你们来说，我只是个陌生人，我也只认得少数几张面孔。由于上个星期以来，我有机会拜访整个南区矿场的营地，私下和大部分代表交谈过。我拜访过你们的家庭，与你们的家人见面，因而现在我不算是陌生人，可以说是朋友了。基于这份互助的友谊，我很高兴有这个机会和大家讨论我们的共同利益。由于这个会议是由资方和劳工代表所组成，承蒙你们的好意，我得以坐在这里。虽然我并非股东或劳工，但我深觉与你们关系是十分密切的。从某种意义上说，也代表了资方和劳工。"

这一番演讲多么的出色，多么的精彩，这是化敌为友的一种最佳的艺术表现形式。假如小洛克菲勒采用的是另一种方法，与矿工们争得面红耳赤，用不堪入耳的话骂他们，或暗示错在他们，用各种理由证明矿工的不是，你想结果会如何？可以想象，这样只会招惹更多的怨愤的暴行。

商界人士都应该知道，对罢工者表示出一种友善的态度是十分必要的。举例来说，怀特汽车公司的某一工厂有250个员工，他们因要求加薪被拒绝而举行罢工。当时的公司总裁罗伯·布莱克没有采取动怒、责难、恐吓或发表霸道谈话的做法，而是在报刊上刊登了一则广告，称赞那些罢工者"用和平的方法放下工具"。由于发现罢工工人无事可做，布莱克便买了许多球棒和手套让他们在空地上打棒球。有些人喜欢保龄球，他便租下了一个保龄球场。布莱克先生这种富于人情味的举动，得到的当然是富有人情味的反应。那些罢工者找来了扫把、铲子和垃圾推车，开始把工厂附近的纸屑、烟头、火柴棍等垃圾扫除干净。大家想得到吗，一群罢工工人在争取加薪、承认联合公会成立的时候，同时清除工厂附近的地面。这在漫长、激烈的美国罢工史上是绝无仅有的。这次罢工在一星期内获得和解，并没有留下任何不快或遗恨。

我们要善于与人合作，因为与人合作使我们事业有成，并能成就大的事业。我们要在与人合作的同时掌握好技巧，合作不当，则会事倍功半，收获甚少。

10. 同心协力才能成就大事

我们生活在一个十分现代、十分摩登的世界里，各技术部门的分工使我们个人的能力相形见绌，要做大事除了合作，别无他法。

世界是瞬息万变的，而且变化的速度之快，令人想不到。或许就在今天，红色还很流行，但是过不了多久，黄色就开始流行了，这个世界每天都有许多新现象、新知识、新事物出现，事物之多，使得我们每个人都无法把全部信息装入自己大脑中。一位诗人说我们现在生活的社会是"网"，一张无边无际、大得难以想象的网。每个人在这张网中都显得无比的渺小，只是其中一个结点，甚至连结点都算不上。

因此，能够成大事的人并不会自己孤军奋战，他们的成功必定是在借助他人之力下实现的，也许是现有的成果，也许是共同的思考，也许是"微不足道"的服务，总之，还是那句老话说得好"一个篱笆三个桩，一个好汉三个帮"。

大家都知道，一支筷子很容易就被折断，而想把10双筷子折断，却不是一件易事。一个集团，如果有一个好的领导者，他就懂得把每个人的机智、耐心、毅力、自信、知识都集结在一起，让他们相互结合、相互补充，发挥出更大的力量来。一个集体所迸发出来的那种积极向上、勇敢无畏的精神大有乘风破浪之势，是任何力量都不能阻挡的。

人的大脑就像是一块电池，长期消耗，就会失去电力，畏缩不前，想重新恢复电力，再去使用就需要充电。因此，随时与头脑有活力、精力充沛的人保持联系，互相充电，能激励我们的智慧，变得积极和机智，爆发出更多的活力和激情。

在社会大生产的前提下，社会分工越来越细，从工业上讲就是行业和部门越来越多，一件产品的最后成型必须依靠很多厂家对各个零部件的生产，还需要特定的组装，需要特别的经销商。它凝结着无数人合作的智慧和汗水，一个人生产一件商品的时代已经过去很久了。可以说，整个社会的大趋势就是合作，只有合作才会在竞争中取得胜利。如果一个人还不懂得合作的重要性，那么他就难免太不懂得时务了。

从社会上讲，我们每个人懂得的东西越来越显得狭窄和苍白无力，于是我们迫切地需要与人合作，相互交流，才能更有效地发挥各自的能力。反过来说，人处在集体中，集体的进步在很大程度上反作用于个人的进步，使个人的能力提高，更上一层楼。可以说，没有集体的总体进步而只是个人的发展是不能持久的，甚至是容易被忽视的。现代社会进行竞争的不只是个人的素质，更多的是国际间集团的竞争，只有紧密而有效地合作才能在竞争中立于不败之地。

"与人合作，成就自我"，"一个篱笆三个桩，一个好汉三个帮"，想成就一番大事的人要懂得合作。

第五章

行动是治愈恐惧的良药

——抓住时机，果断出击

阿·安·普罗克特说："梦想一旦被付诸行动，就会变得神圣。"一面镜子，只有天天被人擦拭，才能时刻保持光洁如新。人生也是一样，只有行动，才能获得机遇。

1.心动不如行动

心动不如行动！100次心动不如一次行动！成功的秘诀，就是经常看光明快乐的一面，而去积极行动起来。

"生涯规划"在人的印象中好像只限于文字，所以给人的感觉一般都是刻板的、很难做到的、有压力的及不实用的。但是，如果大家愿意以较轻松的心情、实际的方式去学习"生涯规划"，它将可以使生活与生命"同床共枕"而非"同床异梦"，大家是否愿意试试看？

若把社会上的人如金字塔形图案那样划分成六等份，那么，在尖塔顶端的是成功者，人数最少，却皆为国家、社会最优秀、最杰出的人士，如企业家、哲学家、政治家等。他们可以把经验传承下去，让后人受益。接下来便是成功人士，他们较成功者略逊一筹，但在其专业领域中却有出类拔萃的一面，如很多老的艺术家。第三层是为工作而生活的人，他们热爱工作、不计较收入，只为实现理想。第四层是为生活而工作的人，这种人比比皆是。譬如许多人在同一个工作岗位上工作了三四十年，有一天早上醒来，突然发觉何以能如此一成不变地工作那么漫长的岁月而不变化？他很可能会这样安慰："没办法，为了生活嘛！"为了年年调涨的薪资，为了怕换工作不适应，为了一家老小的安定生活，把人生规划的意义全给模糊掉了。第五层则是"随便"的人。曾经有一个人在采访时，偶然听到这样一段对话：某甲和某乙是好友，两人都在同一家计算机公司上班，下班时，某甲突然和某乙说："我这个工作再做下去定是前途有限，没什么意思。"某乙说："既然没意思，那就换工作吧！"某甲随即接口："随便。"这种人是不是很可悲？

金字塔最下面一层的人是放弃的人，他们在生活中不断放弃、自甘堕落。最明显的，便是在天桥上、地下通道中伏地行乞的人，每次看到这种人大家应该都很难过，因为他们空有好手好脚却不思振作，只想博得行人的同情怜悯而施惠，比起那些手足残疾，却还能利用剩余劳力赚取生活费的人，是不是太惭愧了？

因此，每遇后者，人们应该上前对他说："你这样做是不对的，为什么不好好地找份工作，用自己的力量养活自己？"不知道这样的做法是否有效，但是，真的应该为这种自我放弃的人感到悲哀。

看完金字塔6种类型的分析，你觉得你属于哪一种人？或者你期望自己做哪一种人？

只要你愿意向上攀爬，一定可以爬上去，社会是公平的。每一个人的人生都应妥善规划出自己想要的，而不是别人想要你做的。

有这样一个真实的故事：有个四十几岁的中年男子，在20多岁进入一家银行时，因薪水不错，所以很满意。但到工作进入第三年时，他不免也因固定的事务性工作而弹性疲乏，开始有换工作的念头。这时他结婚了，开始有经济压力了，于是他便想：换工作后未必能拿这么好的待遇，还是忍忍吧！等几年再走也不迟。

过了两年，他有了孩子，家庭的开销更大了。他便又告诉自己：再熬几年吧，等孩子大了，那时我再离开！

过了10年，他的孩子长大了，但孩子上学需要钱，学费的压力随之而来。这时，他只好安慰自己说：没关系，生活嘛，等我退休了，一切都会转好的，为了这个家，反正我已没指望了，所有梦想也被摧毁殆尽了；等我退休后，起码我可以不再为工作烦心，我也可以带太太去各地走一走，说不定那时还有余力换栋好一点的房子。

他快退休的时候，有一天逛商场，看到一套很喜欢的西装，想买，但一看标价，要4300元，太贵了。他想：唉，反正家里还有两套西装，算了，退休后何必还要穿那么漂亮。继续逛下去，又看到一件纯羊绒背心很喜欢，但是，售价600元。他随即念头一转：冬天还能冷几天？两个月很快就过去了，何必浪费呢？

这个故事的结局用不着再描述了，想想就应该知道。

许多眼高手低的年轻人一心期望自己的未来能功成名就，甚至轰轰烈烈地创出一番丰功伟业。但是，你要明白一个道理，那就是你永远只能活在现在，不可能活在你自己幻想的将来里，做好眼下的事情才是最实在的。如果你只是个胸怀大志，却无法立即去规划的人，那么理想也只是空中楼阁、海市蜃楼而已。画饼充饥式的空谈，有什么用？

不要假设人生将来一定会如何，虽然做计划是十分必要也是十分重要的，可是在现实环境下，你的条件、压力，往往有很多的不得已。不容许你去完成那么多计划。因此，把握现在，立即去做才是生涯规划最重要的原则。

2.把握现在

"现在"是成就万事的里程碑，就是万里长征的第一步，你想拥有一个灿烂辉煌的未来吗？请抓住"现在"！

早上的闹钟响了，新的一天开始了。你规划好今天要做的事情了吗？当指针指向了午夜，今天的事情你做完了吗？

在人的一生中，每一个"今天"都是非常重要的，是你最有权力发挥或挥霍的。寄希望于明天的人，是一事无成的人，到了明天，后天也就成了明天。今天你把事情推到明天，明天你就把事情推到后天，今日复明日，事情永远没个完。只有那些懂得如何利用"今天"的人，才会在"今天"创造成就事业的奠基石，孕育明天的希望。

时间可以分为三个阶段：过去、现在以及未来。"过去"是已经逝去的时间；"未来"是尚未到来的时间；"现在"是现实的时间，存在的时间。应该说，"现在"这个部分的时间最宝贵、最重要。因为"无限的'过去'都以'现在'为归宿，无限的'未来'都以'现在'为渊源"。"过去"是"现在"发展的基础，"现在"又是向"未来"发展的起点，现在把握不住，将来更无从谈起。谁放弃了现在，谁就葬送了将来。"现在"的重要性还在于因为它最容易丧失，所以倍加可贵。俄国文学家赫尔岑认为，时间中没有过去和将来，只有现实的现在。一个"现在"过去了，另一个"现在"立即来到。时间也可以说是许多个现在的整体集合。只有抓住了一个个现在，才可以积成一天、一月、一年……所以，从这个意义上说，"现在"是成就万事的里程碑。我们每一个人，只有抓住"现在"，才能有辉煌灿烂的未来。

抓"现在"，要克服惰性心理。由于人都有一种惰性心理，往往今天得过且过，而把一切决心付诸的行动推到明天，而到了明天又推到后天，周而复始。正如俄国著名作家冈察洛夫笔下的奥勃洛摩夫虽有宏大志向，而问题在于他从来不起来行动，只是躺在床上空想，仅此而已。你看，"突然产生一些思想，像大海里的波浪似的在他的头脑中起伏奔腾，随后发展成为一种企图，使他的血液沸腾，于是企图又变成志向；他受到精神力量的激动，一分钟内迅速地改变了两三次姿态……"可是，"早晨闪逝了，白昼已经转向黄昏，奥勃洛摩夫疲劳的精力也随之转向平静……""他这样地目送日落有多少回了啊！"就这样，他躺在床上，什么也没有做成。

古往今来，立志者芸芸，遂志者寥寥，有无抓"现在"就是其中一大原因。

富兰克林说："把握今日等于拥有两倍的明日。"今天该做的事拖延到明天，然而明天也无法做好的人，占了大约一半以上。应该今日事今日毕，否则可能无法做大事，也不可能成功。所以应该经常抱着"必须把握今日去做完它，一点也不可懒惰"的想法去努力才行。歌德说："把握住现在的瞬间，把你想要完成的事物或理想，从现在开始做起。只有勇敢的人身上才会赋有天才、能力和魅力。"只要行动就好，在行动的过程当中，你的心态就会越来越成熟。有了行动便是最好的开端，能够有这一个开端，那么，不久之后你的工作就可以顺利完成了。

3.优胜劣汰是自然法则

物竞天择，势必至；不优则劣，劣则亡。

大家或许都听说过这个小笑话：两个人在树林中急急地赶路，突然从树林里跑出一头大黑熊来，其中的一个人忙着把鞋带系好，另一个人对他说："你把鞋带系紧有什么用?我们反正跑不过熊啊。"忙着系鞋带的人说："我不是要跑得快过熊，我是要跑得快过你。"

这虽然是一则笑话，但是说明了一个道理：你面临的世界，是一个充满变数并且竞争非常激烈的世界。因此，比跑得快不快，很可能成为决定成功和失败的关键。

在现实生活中，我们也不难发现许多有严重惰性的人，他们甚至不分事情的轻重，一再拖延，这其实是他们性格上的弱点。有些事情的确是你想做的，绝非别人要你做，然而，尽管你想做，却总是一拖再拖。有些人对采取行动望而却步，因为他们害怕自已做得也许不那么完美。假设你这一生仅仅还有6个月的时间，你还会做自己目前所做的事情吗?如果不会的话，你最好尽快调整自己的生活，现在就去做你最紧迫、最需要做的事情。

从某种程度上讲，拖延与惰性是一样的，是很多人的性格弱点。你也许经常会说类似这样的话:"我要等等看，情况会好转的。"这种话表明，你已经陷入了一种生活的惰性。对于有些人来讲，这似乎已经成为他们习以为常的一种生活方式。他们总是明日复明日，因而也就总是碌碌无为。

马克结婚已经快30年了，现在是一位50多岁的人了，在与咨询专家的交谈中，他表示早已对自己的婚姻生活感到不满。他说:"我们的婚姻一直就不理想，从一开始就是如此。"医生问他怎么不早离婚，而拖延了这么长时间，他坦率地回答说:"我总是希望情况会逐步好起来。"可悲的是，他已经"希望"了近30年，而他们的夫妻生活依然很糟糕。

在与咨询专家的进一步交谈中，马克承认自己在10多年前就患了阳痿症，而他也从来没有看过医生。他总是回避妻子，同时希望这一病症会自然消失。用马克自己的话说就是:"当初认为自己身体肯定会好起来的。"

马克的婚姻生活也影射了现代人的生活，这是生活中常见的一种典型的惰性方式。很多人都对问题采取回避态度，并为之辩解说:"如果我暂时不采取行动，问题可能会自行消失的。"但是，正如马克发现问题从不会自然消失一样，它们总是保持原状。即使事物有时会变化，一般情况下也不会向好的方向发展。如果没有外界因素的推动，事物本身（环境、情况、事件以及人）是不会有好转的。要使生活变得更加充实，必须做出积极的努力。

对于拖延的坏习惯，我们每个人还可以进一步自省，看看可以采用哪些方法消除这一误区。要消除这一误区，并不需要你在精神上做出很大的努力，因为这一误区与其他误区不同，这些问题完全是由你自己造成的，丝毫没有任何外在环境的影响。然而，拖延时间却是一种极其有害于人们日常生活与事业的恶习。那么你呢?是否经常拖延时间?如果你同大多数人一样，就会说:"是的。"不过，你也许已经讨厌自己的这种不好的习惯，并希望在生活中消除因拖延而产生的各种忧虑。但是，你总是没有将自己的愿望付诸实施的行动，其实，你所推迟的许多事情都是你曾经期望尽早完成的，只是由于某种"原因"而一拖再拖。有时你甚至每天都要对自己说:"我的确应该做这件事了，不过还是等一段时间再说吧。"

有一位新闻记者将拖延时间的行为生动地喻为"追赶昨天的艺术"，这里，我们可以在后面再加半句——"逃避今天的法宝"，这就是拖延时间的作用。你不去做现在可以做的事情，却下决心要在将来的某个时候去做。这样，你便可以避免马上采取行动，同时你安慰自己说，你并没有真正放弃决心要做的事情。这种巧妙的思维过程大致如下："我知道自己必须做这件事，可我真的自己做不好或者不愿做，所以准备以后再做。这样我也不必说今后不做此事，因而可以心安理得。"每当你必须完成一项艰苦工作时，你都可以求助于这种看似实用，实际上却站不住脚的逻辑。

如果你一方面坚持自己的生活方式，另一方面又说你将做出改变，你的这种声明没有任何意义。你不过是缺乏毅力的人，到最后还是一事无成。

4. 行动，可以让你从痛苦中找到机遇

假如你真想克服自己拖延的性格，那么，就从现在开始，不再拖延，赶紧列出自己的行动计划吧。

日本人中田修曾经在驻日美国军队中当过仆役，做过黑市小贩，做过印刷公司职员，走马灯似的换了十几次工作。每个工作不是被辞退就是工作待遇不太好，他经常流落街头。一次，他徘徊在东京的一条街巷，感到万念俱灰，决心卧轨自杀以结束自己的无限烦恼和痛苦。

他躺到街巷中间，等待死神的召唤。正在这时，一辆黑色的小车急速地驶来，却在就要轧上他时刹住了车。车上的人朝他大喊了一声："站起来，到一边去！"

"真是不走运，连就近结束自己生命的方便都不给。"中田修暗骂一句，晃晃悠悠地站了起来，准备到一街之隔的河边去完成这件事情。正在他站起来要走到河边的时候，他突然发现旁边不远有一块写着"垒泽设计研究所"的招牌。这块招牌唤醒了他——我为什么不能回头再去当一名印刷公司的职员呢？就在这一瞬间，他打消了自杀的念头。

原来，中田修在印刷公司工作时，就被公司职员优厚的待遇吸引了。为了摆脱饥饿，中田修下决心做个设计师，开一家属于自己的公司。当时并没有学习设计的学校，中田修便利用工作的空余时间，把设计公司的作品带回家研究，自学设计方面的书籍，坚持了半年，他终于学会了设计技术。后来，中田修认真地想办法完成自己的心愿。没有雄厚的资金，他通过报纸的"读者栏"招收学生。开始只办"周日教室"，以后又租借公共场所作为教室，以容纳更多的学生。为筹措办学资金，他把"前金制"引入学校的建设之中。所谓"前金制"就是预收款。一个正式的设计学校就这样慢慢地形成了。

到1959年4月，"东京设计所"在大阪成立。起名东京，是为了纪念东京那间挽救了中田修性命的设计所。后来，在中田修苦苦经营下，"东京设计所"终于成了日本一流的设计研究所。

5. 没有行动就没有一切

只想不做的人只能生产思想上的垃圾。思想是好东西，但要紧的是付诸行动。人生本来就是要在行动中实现的。我们这个世界从来不缺少空想家，而缺少的是实干家。

著名作家海明威小的时候很爱空想，于是他的父亲给他讲了这样一个故事：有一个人向一位思想家请教："你成为一位伟大的思想家，成功的关键是什么？"思想家告诉他："多思多想！"这人听了思想家的话，好像很有收获，回家后躺在床上，望着天花板，一动不动地开始"多思多想"。一个月后，这个人的妻子跑来找思想家："求您去看看我丈夫吧，他从您这儿回去后，就像中了魔一样。"

思想家跟着那个人的妻子到他家中一看，只见那人已变得形销骨立。他挣扎着爬起来问思想家："我每天除了吃饭，一直在思考，你看我离伟大的思想家还有多远？"思想家问："你整天只想不做，那你思考了些什么呢？"这个人说："想的东西太多，头脑都快装不下了。""我看你除了脑袋上长满了头发，收获的全是垃圾。""垃圾？""只想不做的人只能生产思想垃圾。"思想家答道。

在父亲的教导下，海明威后来总是喜欢实干而不是空谈，终其一生都是这样，在其不朽的作品中，他塑造了无数推崇实干而不尚空谈的"硬汉"形象。作为一个成功的作家，海明威有着自己的行动哲学。"没有行动，我有时感觉十分痛苦，简直痛不欲生。"海明威说。正因为如此，读他的作品，人们发现其中的主人公们从来不说"我痛苦"、"我失望"之类的话，而只是说"喝酒去"、"钓鱼吧"。

海明威之所以能写出流传后世的名著，就在于他一生行万里路，足迹踏遍了亚洲、非洲、欧洲、美洲，是个不折不扣的实干家。他的文章大部分背景都是他曾经去过的地方。在他实实在在地行动的基础上，他取得了巨大的成功。

那些爱空想的人，总是自诩有满腹经纶，或许他们都是思想上的巨人，然而却是行动上的矮子；这样的人，只会为我们的世界平添混乱，自己一无所获，也不会为社会创造任何的价值。

6.用行动展示你的不同凡响

真正的成功者，是从他的实际行动中，让人见识他的不同凡响。

如果你有许多美好的理想与渴望，你有许多远大的目标，同时你又具备非凡的能力，那么，赶快行动，凭实力说话，没有真正的行动就不可能会成功。生命中充满了各种机遇，需要我们主动地争取。只是充满对成功的遐想，没有行动，那么我们终将碌碌无为，平庸一生，什么事情都做不了。

为实现你人生的目标，你必须要全力以赴，从目标那里获得行动的动力，投入自己的人生之路。你的生命会因为你的行动而大放异彩，你的行动带来了很多结果意想不到的成功或者各种失败。失败并没有什么可怕之处，它会成为你人生的经验与教训，这些经验和教训会指引你前进的方向，会让你少走弯路，每一次失败，就意味着你向成功靠近了一步。

全心全意地向你的目标冲刺吧！把你的目标当做你生活的最高准则，从目标走向行动，在行动中完善目标，这就是生活的法则，这就是成功的经验。

勇敢面对自我，接受生活的挑战，完全可以不必在意别人的指责、讪笑、谩骂，一如既往地向着我们的目标行动，努力实践一切人生的履历，认真地生活，善待自己，拓展自己的视野。你会发现，世界因你的努力而在改变着，你的目标因你的行动而越来越美，越来越近，你会因此成为人人都羡慕的成功者。

用心生活，用心追求自己的目标。在忙碌的日常生活中付诸行动，在匆忙的工作之时付诸行动。能够付出，才会有健康的身心，才能创造人生的最大财富。

说服自己要完成某项活动，就要赶快行动。拖得越久，开始就越难。一旦开始实施，我们发现事情原本是这样的简单。

在现实中，平凡的主意只要付诸实施，要比埋藏在心底的绝妙计划来得有价值。要养成付诸行动的习惯，一开始很艰难，但是熟能生巧，只要勤加练习，就会变得很容易。为了自己的人生目标，全力以赴地行动起来吧！

7.行动可以改变你的人生

有句话说得好："劳动的人生是美丽的人生。"所以，只有付出行动，付出劳动，才能收获甜美的果实。

劳动可以使一个乞丐变成富翁，反过来说，不劳动则可以使一个富翁变成乞丐。一个成功人士说起了他小时候的一个故事：一个乞丐来到我家门口，向母亲乞讨。这个乞丐很可怜，他的右手连同整条手臂断掉了，空空的袖子晃荡着，让人看了很同情。我以为母亲一定会慷慨施舍的，可是母亲却指着门前的一堆砖对乞丐说："你帮我把这堆砖搬到屋后去吧。"

乞丐生气地说："我只有一只手，你还忍心叫我搬砖。不愿给就不给，何必刁难我？"

母亲也不生气，而是俯身搬起砖来。她故意只用一只手搬，搬了一趟才说："你看，一只手也能干活。我能干，你为什么不能干呢？"

乞丐怔住了，他用异样的目光看着母亲，尖突的喉结像一枚橄榄上下滑动两下，他最终俯下身子，用他唯一的手搬起砖来，一次只能搬两块。他整整搬了两个小时，才把砖搬完，累得气喘吁吁，脸上有很多灰尘，几绺乱发被汗水浸湿了，斜贴在额头上。母亲递给乞丐一条雪白的毛巾，乞丐接过去，很仔细地把脸和脖子擦了一遍，毛巾马上就变成了黑色。

母亲递给乞丐20元钱。乞丐很感激地说："谢谢你。"母亲说："你不用谢我，这是你自己凭力气挣的工钱。"乞丐说："我不会忘记你的。"然后对着母亲深深地鞠了一躬。

过了不久，又有一个乞丐来到我家门前，向母亲乞讨。母亲让乞丐把屋后的砖搬到屋前，之后像上次那样也给这个乞丐20元钱。

我不解地问母亲："上次你叫乞丐把砖从屋前搬到屋后，这次你又叫乞丐把砖从屋后搬到屋前。你到底想把砖放在屋后，还是放在屋前？"

母亲说："这堆砖放在屋前和放在屋后都一样。"我说："那就不要搬了。"

母亲摸摸我的头说："对乞丐来说，搬砖和不搬砖可就大不相同了。"

几年后，有个很体面的人来到我家。他西装革履，气度不凡。美中不足的是，这个老板右边是一条空空的衣袖，一荡一荡的，原来他只有一只左手。

老板用一只独手握住母亲的手，俯下身说："如果没有你，我现在还是个乞丐；因为当年你叫我搬砖，今天我才能成为一家公司的董事长。"

独臂的董事长让我们一家人迁到城里去住。母亲说："我们不能接受你的照顾。"

"为什么？"

"因为我们一家人个个都有两只手。"

董事长坚持说："我已经替你们买好房子了。"

母亲笑一笑说："那你就把房子送给连一只手都没有的人吧。"

这位成功人士讲完以后热泪盈眶，他说："我一直铭记着母亲的话：'劳动改变人生。'我今天的成就得益于母亲的这句话。"

8.戒掉拖延的陋习

拖延时间是一个将导致许多误区的恶魔，世界上有太多的人都因为拖延时间而一事无成，因此，我们要克服这个陋习，要行动起来。

一天有一天的理想和决断，昨天有昨天的事，今天有今天的事，同样，明天有明天的事。放着今天的事情不做，非得留到以后去做，其实在拖延中所耗去的时间和精力，就足以把今日的工作做好。决断好了的事情拖延着不去做，还往往会对我们的品格产生不良的影响。受到拖延引诱的时候，要振作精神去做，决不要去做最容易的，而要去做艰难的，并且坚持做下去。

美国哈佛大学人才学家哈里克说："世上有93%的人都因拖延的陋习而一事无成，这是因为拖延能杀伤人的积极性。"

你是一个办事拖拉的人吗?如果你像大多数人一样，那么答案肯定为"是"。拖延是人性的一种弱点，它在生活中不仅强大而且令人讨厌。如果你每次遇到糟糕的情况，总是说"我应该做它，但应付它现在已经太晚"，那么，你的"拖延"误区的形成则不能归咎于外在力量的影响，它完全是由你自己造成的。

拖延是一个将导致许多误区的恶魔。很少有人能坦率地承认他们是从不拖延时间的，虽然这种心态从长远来说是不健康的。正如前面已经探讨过的其他误区所表明的后果一样，拖延时间这一行为本身也不可能带来健康的后果。当然，实际上，拖延是不存在的，因为你只是没有做你打算做的事而已。如果你觉得你拖延并喜欢这样做而且又没有负疚感、焦虑感或忐忑不安的感觉，那么，你就继续那样做下去好了。然而，对大多数人来说，这样做的后果就是会使他们期待已久的幸福迟迟不能到来。

我们每个人在自己的一生中，有着种种的憧憬、种种的理想、种种的计划，如果我们能够将这一切的憧憬、理想与计划，迅速地加以执行，那么我们在事业上的成就不知道会有怎样的伟大!然而，人们往往有了好的计划后，不去立即去执行，而是一味地拖延，以致让一开始充满热情的事情冷淡下去，使幻想逐渐消失，使计划最后破灭。

希腊神话告诉人们，智慧女神雅典娜是在某一天突然从丘比特的头脑中一跃而出的，跃出之时雅典娜衣冠整齐，没有凌乱现象。同样，某个高尚的理想、有效的思想、宏伟的幻想，也是在某一瞬间从一个人的头脑中跃出的，这些想法刚出现的时候也是很完整的。但有着拖延恶习的人迟迟不去执行，不去使之实现，而是留待将来再去做。这些人都是缺乏意志力的弱者，而那些有能力并且意志坚强的人，往往趁着热情最高的时候就去把理想付诸实施。

拖延会消灭人的创造力，这就是为什么我们常说拖延的陋习往往会妨碍人们做事的原因。其实，过分的谨慎与缺乏自信都是做事的大忌。有热忱的时候去做一件事，与在热忱消失以后去做一件事，其中的难易苦乐要相差很大。趁着热忱最高的时候，做一件事情往往是一种乐趣，也是比较容易的；但在热情消失后，再去做那件事，往往是一种痛苦，也不易办成。

今日的事情拖延到明日去做，实际上是很不合算的。有些事情在当初来做会感到快乐、有趣，如果拖延了几个星期再去做，便感到痛苦、艰辛了。比如写信就是一例，一收到来信就回复，是最为容易的，但如果一再拖延，那封信就不容易回复了，相信大家都有过这方面的体会吧。因此，许多大公司都规定，一切商业信函必须于当天回复，不能让这些信函搁到第二天。

命运常常是奇特的，好的机会往往稍纵即逝，有如昙花一现。如果当时不善加利用，错过之后就会后悔莫及。

决断好了的事情拖延着不去做，这种习惯还会对我们的品格产生不良的影响。唯有按照既定计划去执行的人，才能增进自己的品格，才能使其人格受到他人的敬仰。

事实上，我们每个人都能下决心做大事，但只有少数人能够一以贯之地去执行他的决心，而也只有这少数人是最后的成大事者。

当一个生动而强烈的意念突然闪现在一个作家脑海里时，即所谓灵感突然来临时，他就会生出一种不可遏制的冲动，提起笔来，要把那意念描写在白纸上。但如果他那时因为有些不便，无暇执笔来写，而一拖再拖，那么，到了后来那意念就会变得模糊，最后，就会完全从他思想里消逝了。

一个神奇美妙的幻想突然跃入一个艺术家的思想里，迅速得如同闪电一般，如果在那一刹那间他把幻想画在纸上，必定有意外的收获。但如果他拖延着，不愿在当时动笔，那么过了许多日子后，即使再想画，那留在他思想里的好作品或许早已消失了。

灵感往往转瞬即逝，所以应该及时抓住，要趁热打铁，立即行动。

拖延有时会造成悲惨的结局。恺撒大将只因为接到报告后没有立即阅读，迟延了片刻，结果丧失了自己的性命。事情的经过是这样的：曲仑登的司令雷尔叫人送信向恺撒报告，华盛顿已经率领军队渡过特拉华河。但当信使把信送给恺撒时，他正在和朋友们玩牌，于是他就把那封信放在自己的衣袋里，等牌玩完后再去阅读。读完信后，他才知道大事不妙，等他去召集军队的时候，时机已经太晚了。最后全军被俘，连他自己的性命也丧在敌人的手中。就是因为几分钟的延迟，恺撒竟然失去了他的荣誉、自由和生命！

现实生活中有很多人身体有病却拖延着不去就诊，不仅身体上要受极大的痛苦，而且还会造成病情恶化，甚至成为不治之症的严重后果。

没有别的什么习惯比拖延更为有害，更没有别的什么习惯比拖延更能使人懈怠、减弱人们做事的能力。

人应该极力避免养成拖延的恶习。受到拖延引诱的时候，要振作精神去做，决不要去做最容易的，而要去做最艰难的，并且坚持做下去。这样，自然就会克服拖延的恶习。拖延是最可怕的敌人，它是时间的窃贼，它还会损坏人的品格，败坏好的机会，劫夺人的自由，使人成为它的奴隶。

要医治拖延的恶习，唯一的方法就是立即去做自己的工作。要知道，多拖延一分，工作就难做一分。

"立即行动"，这是一个成大事者的格言，只有"立即行动"才能将人们从拖延的恶习中拯救出来。拥有争抢时效的方法——绝不拖延，立即开始行动！

9.珍惜时间

凡在事业上有所成就的人，都有一个诀窍：变"闲暇"为"不闲"。也就是不偷清闲，不贪逸趣。

在生活和工作中，你可能会经常听到这样的说辞："等我有空再做。"这句话通常表示"等手上没什么重要的事情时再做"。但事实上，没有所谓"空"的时间。你可能有"休闲"时间，却没有"空"的时间。在休闲的时候，你也许会躺在游泳池边尽情玩乐，但这绝不是"空"的时间。你的每一分钟都很值钱。

在生活中，有各种各样的度过闲暇时间的方式。

人们对待时间有两种态度：一视之为金钱，二视之为废品。时间如流水，一旦流失，就再也无法回头了。有效率的能成大事的人之所以能做出比别人辉煌的业绩，就是因为他们克服了别人不善于利用时间的弱点，成为了时间的主宰。

爱因斯坦曾组织过享有盛名的"奥林比亚科学院"，每晚例会，与会者总是手捧茶杯，边喝茶，边议论，后来相继问世的各种科学创见，有不少产生于饮茶之余。据说，茶杯和茶壶已列为英国剑桥大学的一项"独特设备"，以鼓励科学家们充分利用余暇时间，在饮茶时沟通学术思想，交流科技成果。"闲不住"的人们还在闲暇时间里积极开创自己的"第二职业"。在概率论、解析几何等方面有卓越贡献的费尔马，他的第一职业是法国图卢西城的律师，而数学则是他的"第二职业"。哥白尼的正式职业是大主教秘书和医生，而创立太阳系学说却是他的"第二职业"的研究课题。富兰克林的许多电学成就是当印刷工人时从事"第二职业"的成果。这类人还在闲暇时间里虚心向社会上的能人贤者求教，托尔斯泰曾在基辅公路上请教有丰富生活经验的农民，达尔文曾在科学考察途中，拜工人、渔民、教师为师。因此，不甘悠闲，不求闲情的生活态度，已被许多成大事者视为生活的准则。

在生活中，人们有各种各样的度过闲暇时间的方式。有人利用闲暇时间博览群书，汲取知识的甘泉;有人利用闲暇时间游历名山大川;有人利用闲暇时间广交朋友，撒下友谊的种子;有人利用闲暇时间进行美术创作，摸索篆刻艺术;有人利用闲暇时间放飞自己的思想……

当然，也有一些人的闲暇时间是白白流逝的。他们或沉溺于一圈又一圈的纸牌"漩涡"，或陶醉于"摩登"、"时髦"的家具摆设，或无聊地徘徊于昏暗的街灯之下，这些人的人生是很悲剧的，因为最终他们将一事无成。

事实正是这样，不能做时间的主宰，无所事事、进而无事生非所造成的悲剧难道还少吗?有一个研究青少年犯罪问题的专家曾多次到监狱进行调查，让130名青年犯人回答有关闲暇时间的若干问题。结果89%的人说，他们作科犯案都是在闲暇时间进行的。63.9%的人说他们入狱前的业余生活是充满低级趣味庸俗无聊的，总想寻求刺激，折腾闹事。85%的人说，他们之所以犯罪，基本上是因为在闲暇时间结交了思想落后、品质恶劣的朋友。

史考特·亚当斯画过一本很棒的卡通《迪尔柏特》，卡通描述迪尔柏特努力撰写企管新书的情形。这本新书其中一章的标题就是时间管理，他的第一个建议是"延后与浪费时间的白痴开会"。一个看起来像白痴的人物站在迪尔柏特后面问:"你怎么做到的?"他回答:"我可以以后再告诉你吗?"

成大事的人会延后与浪费时间的人开会，或是干脆避免与他们开会。斯坦利·马库斯说:"我一定会准时，因为我的时间很重要，别人的时间也很重要。如果我发现有人不打算持有同样的态度，我就会想办法另找人打交道。"许多行业中的顶尖人物也都遵循这种原则，美乐达公司最优秀的一位业务员说:"真正好的业务员不会让别人等他们。"

然而很遗憾，很多时候你却会成为别人的时间人质。你可能是个业务代表，坐在一个买主的接待室里，而他却待在办公室里，而且他毫不在乎你转身离开;但是假如这个人对你很重要，除了等，你也无计可施。此时，你就可以运用消极的时间管理技巧，例如看书或看你带来的报告，或是打电话，如果电话不会被招待员听到的话。

如果你需要继续与权力大于你的人往来，你也许可以想办法与他的接待人员商量。(令人惊讶的是许多业务员、经销商等需要通过接待员联络人，但都不曾费心和他们打交道。)拿破仑·希尔曾经提起过他如何处理上述问题:"有一段时间，我必须与一位电视台的总经理和一位大学校长共事，他们两个都经常不能准时，而且会让别人等很久。借着认识他们的执行秘书，我可以事先打电话询问他们的时间表，将等候时间缩短至最少；有时，如果会面时间延迟太久，他们的秘书就会在确实可以见面之前的几分钟，打电话给我。"

在这种情况下，你可以采取一些积极方法应付。有一个业务经理说："我不会让医生或牙医让我等太久，我会等15分钟，然后告诉挂号人员：'医生已经准备好了吗？我约的时间是3点钟，如果他还有别的事，我要重新安排时间，因为我另外有约会……'他们通常都会让我进去。"一个大学的行政人员说，如果她的同事在他们开会时不停地接电话，而制造太多干扰，她就会写一张纸条给他："我看你很忙，请有空时再叫我。"然后起身离开。

有时候窃取时间的是你的亲戚或好友，他们经常会迟到，浪费了你的时间，或者可以说简直是抢劫你的时间，怎么办？你可以跟他们摊开来说，如果问题一再重演，等到下一次你们需要约时间时，你可以在你们敲定时间时说："你想我们可以在4点整碰面吗？（或是更精确的时间，例如：准4点10分如何？）我正在处理一些事情和计划，假如做不完，我的麻烦就大了。"

如果讲道理行不通的话，可以试试史奇勒的主意。史奇勒建议我们伺机在对方做了我们所希望的事时，比如在对方准时到达后，积极加深他的印象。所谓加深印象也许只是一些出自内心的肯定的话，如："真感谢你这么准时到。"通常真诚感谢的效果比你预期的还好。

最后一个防范"时间大盗"的方式是控制会面的地点。如果你在办公室或家里，当访客没有出现或是迟到时，你还是可以继续做其他的事情。对于突然来访的人，在不了解他们情况的情形下，一位善用时间的主管会在接待室而不是在他的办公室与他们见面，因为在接待室要中断谈话比在办公室容易得多。

为了更有效地利用时间，拿破仑·希尔建议经理将工作组织起来，使他们的时间可以分段或分区。在这些时间区段的时间里，经理应该完全不受打扰，专心工作。相对于创造时间区的另一个选择是"大杂烩"，就像电脑在程序与程序之间花了太多的时间的来回奔波，结果却一事无成一样。

听从这个建议并不容易，对多数人而言，被干扰其实就是一种生活方式。某些职业的员工甚至是"沐浴"在电话和旁人的打扰中，这其实是一种错误的方式。电视现场转播的制作人，或生意兴隆的餐馆经理，必须在短短几个小时内作上百个决定，但是只要有创意再加上自制，即使是这些专业人士也能在节目开播前或客户上门前创造时间区。

以下是创造时间区的几个建议：

（1）为重要的一对一会谈创造时间区

假如有一个非常重要的约会，要在约会前先告诉你的助理或秘书，除非有紧急事件或是非尽快处理不可的事情发生，否则你不希望被打扰。全美医院发展协会的前任主席，现任费尔基金的总裁约翰·奥尔森运用这个技巧已达数年，他称这种与部属之间的会谈为"固定时间会谈"。奥尔森形容他的处理方式："今天早上 10 点左右有一位职员来找我谈，我们都希望能腾出充实的时间。从他找我会谈的动机来看，他可以有 30 到 45 分钟属于他的时间。这种固定时间会谈让职员知道他们的重要性，没有任何事情可以中断这段时间，没有电话，没有任何干扰，同时也是做一些费神事情的好机会。"如果在这段时间内有电话打进来怎么办？奥尔森也是以时间区来处理。奥尔森只有在非固定时间会谈或是在做些较不重要的事情时才接电话，他选在两个时间区回复电话：一个在早上，另一个在下班前。奥尔森的结论："我尽力创造不受干扰的时间区，尽量在两到三个小时的时间区里工作。"

（2）在空当时间中创造时间区

艾莫礼大学医学院临床研究中心的董事达拉斯·霍尔博士在往来 3 个办公室之间的时候发现了他的时间区。他的一个办公室在校区内，一个在葛莱狄医院，另一个则是在附近的狄克市。"原先我以为有 3 个办公室真是没有效率，可是我惊喜地发现，我在 3 个办公室做的事比在一个办公室还多。"霍尔认为有另一个办公室是一扇很好的逃生门："我开车往来办公室之间所花的 15 分钟，是一天之中最棒的思考及整理思绪的时间。"

经常旅行的人往往能在飞机上找到他们的时间区。有人说："我非常喜欢坐飞机，那是完成工作最好的时间。"正如前面所说，对大多数人而言几乎完全损失的通勤时间，其实可以转化为宝贵的时间区。

（3）远离工作

有一些成功人士会专门留一到两天的时间在家里，目的就是创造时间区。当然，你需要有一个能容许你这么做的老板，或者说你自己本身就是老板。

（4）早到或迟退

很多高级主管会提早进办公室，是因为他们知道电话还不会开始响个不停、其他人也还没到，这正是凯·柯波洛维兹的技巧。此外，他们也会延长工作时间。因为朝九晚五的员工已经下班，而且在公司下班后也不会有电话打进来。（假如你希望过均衡的生活，除非偶尔为之，否则尽量避免早到迟退。）

对有些人来说时间是金钱，对有些人来说时间就是废品！你要想拥有争抢时效的方法——绝不拖延。

10.一次行动胜于百遍胡思乱想

一次行动胜于百遍胡思乱想，要想成就一番大事，行动是关键所在。

梦想是成大事者的起跑线，决心则是起跑时的枪声，行动犹如奔跑者全力的奔驰，唯有坚持到最后一秒，方能获得成大事者的锦标。

有这样一个故事：有一位名叫西尔维亚的美国女孩，她的父亲是波士顿有名的整形外科医生，母亲在一家声誉很高的大学担任教授。她的家庭对她有很大的帮助和支持，她完全有机会实现自己的理想。她从念大学的时候起，就一直梦想着要当一名电视节目的主持人。她觉得自己具有这方面的才干，因为每当她和别人相处时，即便是陌生人也都愿意亲近她并和她长谈。

她知道怎样从别人那里"掏出心里话"。她的朋友们称她是他们的"亲密的随身精神医生"。她自己也经常说："只要有人愿给我一次上电视的机会，相信我一定能成为一个优秀的主持人。"但是，她为达到这个理想而做了些什么呢？其实，她什么也没做！她在等待奇迹出现，希望一下子就当上电视节目的主持人。这种奇迹当然永远也不会到来。因为在她等奇迹到来的时候，奇迹正与她擦肩而过。

还有一则故事：有个落魄的中年人，每隔三两天就到教堂祈祷，而且他的祷告词几乎每次都相同："上帝啊，请念在我多年来敬畏您的份儿上，让我中一次彩票吧！阿门。"几天后，他又垂头丧气地回到教堂，又一次跪着祈祷："上帝啊，为何不让我中彩票？我愿意更谦卑地来服侍您，求您让我中一次彩票吧！阿门。"又过了几天，他又一次出现在教堂，同样重复他的祈祷，如此周而复始，不间断地祈求着。终于有一次，他跪着祈祷："我的上帝，为何您不垂听我的祈求？让我中彩票吧！只要一次，让我解决所有困难，我愿终身奉献，专心侍奉您……" 就在这时，圣坛上空传来一阵宏伟庄严的声音："我一直聆听你的祷告。可是，最起码，老兄你也该先去买一张彩票吧！"

你明白为什么这样的人注定不会成大事了吧?这些人光有梦想，这是远远不够的，要想成大事你必须有为自己的理想认真地铁定追求到底的决心，并且马上付出行动！

伟大的探险家哥伦布还在求学的时候，偶然读到一本毕达哥拉斯的著作，从而得知地球是圆的，于是他就牢记在脑子里。经过很长时间的思索和研究后，他大胆地提出，如果地球真是圆的，他便可以经过极短的路程而到达印度了。

在那个时候，许多有常识的大学教授和哲学家们都耻笑他的观点。因为，他想向西方行驶而到达东方的印度，岂不是痴人说梦吗?

他们告诉他:地球是平的，而不是圆的，然后又警告道，他要是一直向西航行，他的船将驶到地球的边缘而掉下去……这不是等于走上自杀之途吗?

然而，哥伦布对他自己的观点很有自信，只可惜他家境贫寒，没有钱让他实现这个冒险的理想，他想从别人那儿得到一点儿钱，助他成大事，他一连等了17年，还是失望。他决定不再等下去，于是启程去见皇后伊莎贝露，他穷得沿途竟以乞讨糊口。

皇后赞赏他的理想，并答应赐给他船只，让他去从事这种冒险的工作。

又有一个难题来了，没人愿意跟随他去，水手们都怕死，于是哥伦布鼓起勇气跑到海滨，捉住了几位水手，先向他们哀求，接着是劝告，最后用恫吓手段逼迫他们去。他又请求女皇释放了狱中的死囚，允许他们如果冒险，就可以免罪恢复自由。

一切准备妥当，1492年8月，哥伦布率领3艘帆船，开始了一个划时代的航行。刚航行几天，就有两艘船破了，接着又在几百平方公里的海藻中陷入了进退两难的险境。哥伦布亲自拨开海藻，才得以继续航行。

在浩瀚无垠的大西洋中航行了六七十天，也不见大陆的踪影，水手们都感到很失望，他们要求返航，否则就要把哥伦布杀死。

哥伦布一边鼓励，一边给他们施加压力，最终说服了船员。

天无绝人之路，在继续前进中，哥伦布忽然看见有一群飞鸟向西南方向飞去，他立即命令船队改变航向，紧跟这群飞鸟。因为他知道海鸟总是飞向有食物和适于它们生活的地方，他预料到附近可能有陆地。果然，哥伦布很快发现了美洲新大陆。

可以想象，如果哥伦布再等下去，必然会一生蹉跎，"空悲切，白了少年头"，美洲大陆的发现者可能就换成其他人了，成大事的桂冠永远不会属于他了。哥伦布最终成了英雄，从美洲带回了大量黄金珠宝，并得到了国王的奖赏，以新大陆的发现者名垂千古，这一切都是行动的结果。

还是那句话：一次行动胜于百遍胡思乱想！你要想拥有争抢时效的方法——绝不拖延。

第六章

坚持到底，赢在执著

——壮志恒久远，成功永流传

走自己的路，坚韧不拔地走下去，世界上什么也代替不了坚韧不拔的精神和毅力。唯有坚韧不拔，坚定信心，才能无往而不胜。

1.持之以恒才能成功

如果你在你选定的行业坚持 10 年，你一定会成为大赢家。这说明：目标不是轻易能够实现的，成功来自对目标的坚持。

麦当劳的创始人雷·克洛克最欣赏的格言是："走你的路，世界上什么也代替不了坚韧不拔：才干代替不了，那些虽有才干但却一事无成者，我们见得多了；天资代替不了，天生聪颖而一无所获者几乎成了笑谈；教育也代替不了，受过教育的流浪汉在这个世界上比比皆是。唯有坚韧不拔，坚定信心，才能无往而不胜。"

美国石油大亨约翰·洛克菲勒，标准石油公司的创始人，他同时也是世界上第一位亿万富翁。16 岁时，约翰·洛克菲勒为了得到一份"对得起所受教育"的工作，翻开克利夫兰全城的工商企业名录，仔细寻找知名度高的公司。每天早上 8 点，他离开住处，身穿黑色衣裤和高高的硬领西服，戴上黑领带，赶赴新预约面试。他一再地被人拒之门外，但是仍日复一日地坚持前往，一连坚持了 6 个星期。在走遍了全城所有大公司并都被拒之门外的情况下，他并没有像很多人想的那样选择放弃，而是"敲开一个月前访问过的第一家公司"，从头再来。有些公司他甚至去了两三次，但谁也不想雇个小孩子。可是洛克菲勒越受到挫折，他的决心反而就越坚定。

1855 年 9 月 26 日上午，他走进一家从事农产品运输代理的公司，老板仔细看了这孩子写的字，然后说："留下来试试吧。"并让洛克菲勒脱下外衣马上工作，工资的事提也没提。3 个月之后，洛克菲勒才收到了第一笔补发的微薄报酬。这就是洛克菲勒的第一份工作，是他自己都记不清被拒绝多少次后得到的工作。他一生都把 9 月 26 日当作"就业日"来庆祝，那种热情胜过他自己过生日。

相比洛克菲勒遇到的挫折，也许我们幸运得多。很少有人在找工作时，或者在推销自己的想法或产品时，会遇到几百次乃至上千次的拒绝。其实，拒绝本身并不可怕，可怕的是遇到几次挫折之后就畏缩不前，就怀疑自己是永远不会成功的。

2. 成功就是简单的方法重复做

越是看起来很复杂的事情，往往做起来就越简单，只要我们用简单的方法重复地做，坚持不懈，最终就会成功。

有一位著名的推销大师即将告别他的推销生涯。应行业协会和社会各界的邀请，他在该城最大的体育馆作告别演讲。

那天，会场上座无虚席，人们都在热切、焦急地等待着那位当代最伟大的推销员作精彩的演讲。大幕徐徐拉开，会场的正中央吊着一个巨大的铁球。为了这个铁球，台上搭起了高大的铁架。一位老者在人们热烈的掌声中走了出来，站在铁架的一边。他穿着红色的运动服，脚下是一双白色胶鞋。人们好奇地望着他，不知道他接下来要做出什么样的举动。

这时，两位工作人员抬来一个大铁锤，放在老者的面前。主持人对观众讲："请两位身体强壮的人到台上来。"转眼间已有两名动作快的年轻人跑到了台上。

老人请这两个年轻人用这个大铁锤去敲打那个吊着的铁球，直到把它荡起来。

其中一个年轻人抢着拿起铁锤，拉开架势，举起大锤，全力向那吊着的铁球砸去。一声震耳的响声，但吊球动也没动。他用大铁锤接二连三地砸向吊球，很快就气喘吁吁了。另一个人也不甘示弱，接过大铁锤把吊球打得叮当响。可是铁球仍旧纹丝没动。

台下逐渐没了呐喊声，观众好像认定如此敲打是没用的，就等着看老人怎样做了。

会场恢复了平静，这时候，只见老人不慌不忙地从上衣口袋里掏出一个小锤，然后认真地面对着那个巨大的铁球。他用小锤对着铁球"咚"敲了一下，然后停顿一下，再用小锤"咚"敲一下。人们奇怪地看着。老人敲一下，停顿一下，再敲一下，再停顿一下，就这样持续地做。

10分钟过去了……

20分钟过去了……

会场开始骚动，人们用各种声音和动作发泄着他们的不满。老人好像根本没有听见人们在喊叫什么，他仍然用小锤不停地工作着。人们开始愤然离去，会场上出现了大块大块的空席。留下来的人们好像也喊累了，会场渐渐地安静下来。

在老人进行到大约40分钟的时候，坐在前面的一位女士突然尖叫一声："球动了！"刹那间全场鸦雀无声，人们开始聚精会神地看着那个铁球。那球以很小的幅度摆动了起来，不仔细看很难察觉。老人仍旧一小锤一小锤地敲着。吊球在老人一锤一锤的敲打中越荡越高，它拉动着那个铁架子"哐、哐"作响，它的巨大威力强烈地震撼着在场的每一个人。场上爆发出一阵热烈的掌声。在掌声中，老人转过身来，慢慢地把那把小锤揣进兜里。老人开口讲话了，他只说了一句话："成功就是简单的方法重复做。"

3.只要有1%的希望，就一定要坚持

成功者的基本特征是永不言败的信念和善于对失败进行总结的习惯。在成功者的世界里不存在任何"应急解决办法"或免费午餐，唯有高度集中和坚持不懈的努力才能克服通往目标的路上所遇到的曲折和困难。

"许多人梦想成功，对我来说，成功只有在多次失败后和对失败进行反省才能取得。事实上，成功只代表着工作的1%，而99%意味着失败。"

这是本田宗一郎于1974年在密执安获得博士学位时的一段演讲词。他还曾经把这段话归纳为一个简洁而富有哲理的忠告送给那些渴望成功的企业家，他说："企业家必须善于瞄准不可能的目标和拥有失败的自由。"

1906年11月，本田宗一郎出生在日本荒僻的兵库县的一个贫穷家庭。他家离索尼公司创始人盛田昭夫的家不远。盛田出生在一个拥有一个网球场的优裕家庭，而本田却是一个在路边修理自行车的穷铁匠的儿子。后来证明，这种早期环境在本田最初试制摩托车的日子里对他很有好处。本田的父亲对他解决机械问题的培养在早期的训练中起到了很大作用。

由于家庭贫穷，9 个孩子中有 5 个因营养不良而早早地夭折了。本田上学的时候因为是个穷学生，经常逃课，他憎恶正规的教育。但他偏爱试验术，总是运用富有启发性的试验方法，他在这方面感觉最好。他一直喜欢机器和机械装置，当他在很小的时候第一次看到汽车，他就陶醉了，正如他在自传中展示的那样：

"忘掉了一切，我跟在车后跑……我很激动……我认为正是那时，虽然我仅是个孩子，我的将自己制造汽车的思想产生了。"

本田注定比其他人更能改变摩托车和汽车工业的命运。在 20 世纪 50 年代早期，本田公司终于挤进了拥挤的摩托车行业。并且 5 年内打败了 250 个竞争对手，使他实现了儿时的制造更先进的汽车的梦想。

本田也有犯错误的时候，他自己也承认这一点，正如他在密歇根技术大学接受博士学位的演讲中表明的那样："回首我的工作，我感到我除了错误、一系列失败、一系列后悔外什么也没有做。但是有一点使我很自豪，虽然我接二连三地犯错误，但这些错误和失败都不是同一原因造成的。"

本田宗一郎的事迹告诉我们：凡是经得起考验的人，都会因为他的毅力而获得丰厚的报酬，并最终走向成功之路。然而，大多数人都做不到这一点，只有少数人能从经验中得知坚韧不拔精神的正确性。这些人相信失败只是一时的，他们依靠不衰的愿望而使失败转化为胜利。我们站在人生的轨道上，看到绝大多数人在失败中倒下去，有的甚至永远不能再爬起来。对此，我们只能总结说，一个人没有毅力，那他在任何一行中都不会取得成就。

4. 一定要坚持下去

唯一可能之路延伸在那些看似不可能之中。

派蒂·威尔森在年幼时就被诊断出患有癫痫。她的父亲吉姆·威尔森习惯每天晨跑。有一天，戴着牙套的派蒂兴致勃勃地对父亲说："爸，我想每天跟你一起慢跑，但我担心中途会病情发作。"

她父亲安慰她说："万一你发作，我也知道如何处理。我们明天就开始跑吧。"

就这样，十几岁的派蒂与跑步结下了不解之缘。和父亲一起晨跑是她一天之中最快乐的时光；而且很令人惊讶的是，在她与父亲跑步期间，派蒂的病一次也没发作。

几个礼拜之后，她向父亲表示了自己的心愿："我想打破女子长跑的世界纪录。"她父亲替她查女子长跑的吉尼斯世界纪录，发现女子长跑的最高纪录是128.7千米（80英里）。

当时，派蒂已经读高一，但是她还是为自己制定了一个长远的目标："今年我要从橘郡跑到旧金山643.6千米（400英里），高二时，要到达俄勒冈州的波特兰2413.5千米（1500英里），高三时的目标为圣路易市3218千米（约2000英里），高四则要向白宫前进4827千米（约3000英里）。"

虽然派蒂的身体状况与其他人不一样，但她仍然满怀热情，坚持自己的理想。对她而言，癫痫只是偶尔给她带来不便的小毛病。她不因此消极畏缩，相反，她更珍惜自己已经拥有的一切。

高一时，派蒂穿着上面写着"我爱癫痫"的衬衫，一路跑到了旧金山。她父亲陪她跑完了全程，做护士的母亲则开着旅行拖车尾随其后，照料父女两人。

高二时，她身后的支持者换成了班上的同学。他们拿着巨幅的海报鼓励她，为她加油，海报上写着："派蒂，跑啊！"（这句话后来也成为她自传的书名。）但在这段前往波特兰的路上，她扭伤了脚踝。医生警告她，要立刻中止跑步："你的脚踝必须打石膏，否则会造成永久的伤害。"

她回答道："医生，你不了解，跑步是我一辈子的至爱，而不是我一时的兴趣。我跑步不单是为了自己，同时也是要向所有人证明，身有残缺的人照样能跑马拉松。有什么方法能让我跑完这段路？"

医生被她的精神所感动，表示可用黏合剂先将受损处接合，而不用打石膏；但他警告说，这样会起水泡，到时会疼痛难耐。

派蒂二话没说便点头答应。

派蒂终于跑到波特兰，俄勒冈州州长还陪她跑完最后一程。一面写着红字的横幅早在终点等着她："超级长跑女将，派蒂·威尔森在17岁生日这天创造了辉煌的纪录。"

高中的最后一年，派蒂花了4个月的时间，由西岸长征到东岸，最后抵达华盛顿并接受总统的召见。她告诉总统："我想让其他人知道，癫痫患者与一般人无异，也能过正常的生活。"

5.一生磨一镜

在人的一生当中，会遇到很多困难和挫折，每次当你以为这就是绝境的时候，坚持，坚持，再坚持的时候，你就达到了成功的目标。

有这样一个故事：在荷兰，有一个刚初中毕业的青年农民，来到一个小镇，找到了一份工作，这份工作就是替镇政府看门。他在这个岗位上一直工作了60多年，他一生没有离开过这个小镇，也没有换过工作。

也许是工作太清闲，他又太年轻，他需要找点事情来做，以打发时间。他选择了又费时又费工的打磨镜片当自己的业余爱好。就这样，他磨呀磨，一磨就是60年。他是那样的专注和细致，锲而不舍，他的技术已经超过专业技师了，他磨出的复合镜片的放大倍数，比专业技师都要高。借着他研磨的镜片，他终于发现了当时科技尚未知晓的另一个广阔的世界——微生物世界。从此，他声名大振，只有初中文化的他，被授予了在他看来是高深莫测的巴黎科学院院士的头衔。就连英国女王都到小镇拜会过他。

创造这个奇迹的小人物，就是科学史上鼎鼎有名的、活了90岁的荷兰科学家万·列文虎克，他用尽毕生的心血，只为了把手头上的每一个玻璃片磨好，致力于每一个平淡无奇的细节的完善，在他的细节里，终于看到了更广阔的前景。

一花一世界，一沙一天堂。如果你能执著地把手上的小事情做到完美的境界，你同样也可以成为一个了不起的人物。

6.赢在执著

自信心对于我们每一个人来说，都是非常重要的。成功赢在执著，赢在自信，赢在坚持不懈的追求，赢在自我的努力奋斗之中。

麦克是美国当代最伟大的推销员之一。麦克回想起他的推销生涯，最初是从一家报社当广告业务员起步的。当时，麦克从一开始便采取了与别的业务员截然不同的拉广告方式，别人总是哪儿容易拉到广告就往哪儿跑，麦克却专门给自己列了一份别人都招揽不成的客户名单，作为自己的业务对象。而在正式去见这些别人都认为不可能成功争取到的客户前，麦克总要先来到报社边上的一个公园里，把名单上的那个客户的名字念上100遍，然后这样对自己说："在本月之内，你将向我购买广告的版面！"

当然，实际情况远不是那么轻松简单。曾有一个商人，不管麦克如何做工作，在第一个月里，他就是很干脆地一口拒绝买麦克的广告版面。为此，在第二个月里，每天早晨那商人的商店开门后，麦克就进去向这位商人请求在自己的那家报纸上做广告，而每次那位商人态度坚决地回答说"不"之后，麦克就默默离开，但是，第二天照样继续前去……就这样，在那个月的最后一天，那位已经接连对着麦克说了30天"不"的商人，终于忍不住向麦克道："你已经浪费了整整一个月的时间来让我买你的广告版面，我很想知道的是，你究竟为什么要这样做呢？"

这时的麦克却回答说："不，在我看来，我并没有浪费时间。这一个月中，我等于是在上学，而你就是我的老师——你一直在训练我的自信。"

听了这话，那位商人不禁赞许地点了点头，然后接着麦克的话头感慨道："哦，我也得向你承认，这一个月时间里，我也等于是在上学，而我的老师则是你——你已经教会了我坚持到底这个道理。毫无疑问，对我来说这是比金钱更有价值的，因此，为了向你表示我的感激，我决定买你的一个广告版面，当做我付给你的学费。"

麦克就这样成功了。显然，麦克这一成功的最大、最深远的意义，便是它充分表明了自信是多么地重要。相信自己能成功，并为之坚持不懈地去努力，这是一个人取得成功的最基本也是最可靠的保证。如果缺乏自信，如果怀疑自己的能力，那么，即使成功就摆在你的眼前，你也终将因没有伸手去迎接的动力而与之失之交臂。

7.不要轻言放弃

千万不要让放弃成为你的习惯，因为放弃只是代表着你对困难的恐惧，不要因害怕困难而变成懦夫，当你尽你最大的努力还没有成功时，不要放弃，只要开始另一个计划就可以。

如果做一个调查，问你对自己这一生的评价，相信大部分的人都会摆摆手说："甭提了，庸庸碌碌，一事无成。"当我们皱着眉头回忆几十年来走过的路，能想起来的，或者说有意义的事情，实在是不多。更多的时候，我们把我们的生活看做是用过的纸巾，被弃若敝帚。

在一位外资企业的管理顾问的办公室里，有各种豪华的摆设、考究的地毯、忙进忙出的员工，这一切都告诉参观的人士，他的公司成就非凡。然而就是这位管理顾问成功的背后，隐藏着鲜为人知的辛酸史。他开始创业的头半年，把10年的存款全部用光。这位顾问因为付不起房租，一连几个月都以办公室为家。他因为坚持实现自己的理想，而拒绝了几家跨国企业的高薪诚聘。他曾被顾客拒绝过、冷落过，但是还有客户欢迎他并尊敬他，这些客户使得这位顾问最终坚持了下来。

8年艰苦卓绝的努力，8年拼搏挣扎的抗战，顾问没有一句怨言，反而对手下员工们说："我还在学习啊，我们做的本来就是一种无形的、捉摸不定的生意，竞争很激烈，实在不好做，但不管怎样，我还是要继续学下去。"有一位员工看到他的老总清瘦但刚毅的面容，忍不住问："这几年来您感到过疲倦吗？"顾问大笑，说："没有，我不觉得辛苦，反而认为这些是受用无穷的经验和财富。"

这是一个成功者平常心的深刻再现，他认真、踏实、肯干。我们完全有理由相信，彪炳的功业，无一不受过无情的打击，只是这些成功者能够最终坚持到底，才在最终获得辉煌成果。

天上不会有掉馅饼的好事，更多的时候，我们要面临重重困难和磨难，如果能利用种种困难与失败，决不应轻言放弃，那么你要相信你一定可以成功。不管做什么事，只要放弃了，就没有成功的机会；不放弃，就会一直拥有成功的希望。

有的人遭受困难之后很快就放弃了，或者是在两个月之后放弃，或者是在3个月之后放弃……这些人抱着这样的习惯和态度，是不可能成功的。因为，放弃本身也是一种习惯；放弃，代表你对困难的恐惧，也是对成功的恐惧。

希腊有一位名叫戴莫森的演说家，由于生来口吃，说话吐字不清晰而自感羞愧，于是他不敢见人，也不敢张口说话。戴莫森的父亲留下一块土地，希望儿子富裕起来。然而，希腊当时有一条法律规定，某人在向社会公众声明土地所有权之前，首先要在公开辩论中战胜所有人，否则，他的土地就会被没收，并且由政府公开拍卖。口吃，加上性格内向，戴莫森在辩论赛中惨重失败，失去了那块土地的所有权。然而，经过这次事件以后，戴莫森开始发奋努力，锻炼自己的口才与辩论能力，最终创造了希腊有史以来的演讲高潮。戴莫森成功了，他从此受到许多同样口吃的老人、青年和孩子的崇拜。

拿破仑·希尔说："放弃所控制的地方，是不可能取得任何有价值的成就的。轻言放弃本身就是意志的地牢，它跑进里面躲藏起来，企图在里面隐居。放弃带来迷信，而迷信是一把短剑，伪善者用它来刺杀灵魂。"

一个开始蹒跚学步的婴儿，最初的时候，他只知勾着头，弯着手，弓着腿，深一脚浅一脚地没有章法地乱踩，这样，婴儿的身体就会失去重心，于是就跌倒，或者摔个大跟头。此时，做父母的不能心疼孩子，应该让他继续尝试走路，摔了几次跟头后，他自己就会慢慢学会怎样把握走路的技巧，只要不放弃，他就能学会走路。

不管你做什么事情，如果你认为自己选对了行业，如果你切实渴望成功，那么，这时候，你只需要坚持下去，不轻言放弃，就会到达成功的彼岸。

有的人为了自己的梦想，可以坚持一年、两年，甚至10年、20年，有的人则能够坚持一辈子，至死不渝。在他们看来，多想想成功之后的样子，就不会放弃，因为放弃就一定不会成功。

你若不是逼迫自己走向失败、悲哀，就是正引导着自己攀向成功的最高峰，这完全取决于你怎样去想，怎样去做。如果你要求自己获得成功，并与之配合明智的行动，那么，你一定会获得成功。

8.只差一点点

俗话说："吃得苦中苦，方为人上人。"忍常人之所不能忍，方能成就别人之所不能。

这里举一个例子。有一位年轻人毕业后被分配到一个海上油田钻井队工作。在海上工作的第一天，领班要求他在限定的时间内登上几十米高的钻井架，把一个包装好的漂亮盒子送到最顶层的主管手里。他拿着盒子快步登上高高的狭窄的舷梯，气喘吁吁、满头是汗地登上顶层，把那个盒子交给主管。主管只在上面签下自己的名字，就让他送回去。他又快跑下舷梯，把盒子交给领班，领班也同样在上面签下自己的名字，让他再送给主管。

他看了看领班，短暂地犹豫了一下，又转身登上舷梯。当他第二次登上顶层把盒子交给主管时，浑身是汗、两腿发颤，主管却和上次一样，在盒子上签下名字，让他把盒子再送回去。他擦擦脸上的汗水，转身走向舷梯，把盒子送下来，领班签完字，让他再送上去。

这时他有些愤怒了，他不明白这么一个盒子这样送来送去究竟有什么意义。他看看领班平静的脸，尽力忍着不发作，又拿起盒子艰难地一个台阶一个台阶地往上爬。

当他上到最顶层时，浑身上下都湿透了，他第三次把盒子递给主管，主管看着他，傲慢地说："把盒子打开。"他撕开外面的包装纸，打开盒子，里面是两个玻璃罐：一罐咖啡，一罐咖啡伴侣。他愤怒地抬起头，双眼喷着怒火，射向主管。

主管又对他说："把咖啡冲上。"年轻人再也忍不住了，"叭"地一下把盒子扔在地上说："我不干了。"他看看扔在地上的盒子，感到心里痛快了许多，刚才的愤怒全释放了出来。

这时，这位傲慢的主管站起身来，直视他说："刚才让您做的这些，叫做承受极限训练，因为我们在海上作业，随时会遇到危险，就要求队员身上一定要有极强的承受力，承受各种危险的考验，才能完成海上作业任务。可惜，前面三次你都通过了，只差最后一点点，你没有喝到自己冲的甜咖啡。现在，你可以走了。"

承受压力是痛苦的，它压抑了人性本身的快乐，但是成功，往往就是在你承受常人承受不了的痛苦之后，才会在某个方面有所突破，并实现自己最初的梦想。然而，可惜的是，许多时候，我们总是差那最后一点点……

9.坚毅与尝试相结合

坚持不是守旧，不懂尝试创新的人，永远挣脱不了失败的牢笼，也永远找不到走向成功的道路。

一位文学顾问、作家兼文学评论家认为：如果想成为一名成功的作家，需要付出代价。他说："我非常严肃地看到，许多想当作家的人，写作态度却相当不严肃。他们试了试，发现写作不容易，就放弃了。我对这些人很失望，因为他们在寻找捷径，而写作没有捷径。"他接着意味深长地说："但我并不是说仅有耐心就够了。如果一个人有足够的天赋还差不多，但是一般来说不是这样。"

"现在我和一位写了62篇短篇小说却一篇也卖不出去的作家合作。显然，他有恒心成为作家。但是，这位仁兄的问题在于，他写任何东西都用相同的手法。他的故事已经发展成了套路。他从来不试试新的素材、情节、人物和文风。我正在帮他试。他有能力创新，我相信，如果他多试试，小说一定卖得出去。要是不接受教训，他会周而复始地遭受退稿的厄运。"

这位文学顾问的忠告非常好。当我们在面临困难时，我们必须有恒心，但是恒心只是成功的因素之一。我们必须将"无机的"恒心与"有机的"尝试相结合。

爱迪生曾经被誉为美国最有恒心的科学家。据说他在发明电灯泡之前，做过1000多次的实验。但是，请注意：爱迪生是在反复做实验，他坚持恒定的目标，将坚毅与尝试相融合，因此成功了。

坚毅，从某方面讲，并不能保证一定可以成功。坚毅只是成功的一个必备因素之一。但是坚毅与尝试相结合，成功的几率就非常高了。

一篇有关持续勘探石油的文章写道：石油公司在钻探油井前，要仔细地研究岩石的结构。然而，尽管他们所做的这些科学分析十分细致，但油井十有八九会变成干枯的洞。石油公司在勘探油井方面的确很有恒心，而且他们并不是随便挖一个深深的洞就了事，与之相反，当他们发现前一个油井产不出石油时，不是继续向下深挖而是寻找新的油井。由此，我们可以想象，无论要成就什么事业，恒心和技巧都是不可或缺的两个部分。

许多人有着惊人的毅力以及非凡的抱负，但是他们最终还是以失败而告终。这是为什么?因为他们总是拿旧方法去尝试，而不是试着尝试一下新的方法，于是就免不了功亏一篑。然而对于你，需要强调的一点是，即使尝试，也不要以头去撞墙，如果没有结果，就再试试新方法。

第七章

失败是到达佳境的第一步

——总结经验，跌倒了再爬起来

如果一个人把挫折看成是一种教训，那么，无论多大的挫折和困境，都不会在这个人的意识中成为失败。无论你信不信，事实就是这样的，每个暂时性的挫折中都包含着一个大教训。而且，这种教训不可能由挫折以外的任何其他方式获得。

1.失败是到达佳境的第一步

在一般情况下，"失败"往往都带有消极的意味，但是拿破仑·希尔却给了这两个字新的意义。因为这两个字经常被人误解，所以经常给那些不能承受失败的人很多不必要的忧虑和失望。

拿破仑说："现在，我们要先说明失败和暂时的挫折之间是有区别的。我们应注意到，那种我们通常所说的失败，不过是暂时性的挫折而已。有的时候，这种挫折甚至简直就是一种幸福，因为它能让我们更加振作，调整我们的心态，让我们向着另外一个不同的可是更加美好的方向前进。"

其实，挫折经常用一种哑语暗示我们，但是我们却往往注意不到。如果认为这样说不准确的话，那么我们为什么同样的错误一犯再犯，却从来不知道在这些错误中吸取教训呢？

也许，拿破仑想教你的是从失败中吸取教训的方式，就是把他自己这30年的经历介绍给读者，带读者一起回到他经历失败的那些日子里去。在他失败的时间里，他经历了人生的7次转折，每一次，他都以为自己是遭受了莫大的失败的打击。但是后来，拿破仑·希尔终于明白了，那些看起来像失败的，其实不过是一只你的肉眼看不到的仁慈的手，它阻止拿破仑走上错误的道路，反而用一种睿智的方式把他推向成功，推向真正能让他实现自己生命价值的目的地。

拿破仑·希尔从一所商业学校毕业之后，就一直从事着一个速记员兼簿记员的工作，并且在5年之内没做任何的变动，所以，他在这个职位上升得很快，所获得的薪水和被赋予的责任，也大大超过了他这个年龄所应该承受的极限，这个时候，有很多家企业想聘用他。

为了防止拿破仑被别的公司挖走，他的老板把他提升成该矿业公司的总经理，那个时候他以为自己已经到达了事业的顶峰。但是，这却成为了他命运中的悲哀，拿破仑也是后来才意识到这一点的。

现在，是命运之神伸手干预的时候了，拿破仑的老板因为经营上的失误，宣告破产。而拿破仑则失去了工作，这是他第一次遭受挫折。

他得到的第二个工作是在南部的一家木材工厂里担任销售经理。当时，他对木材一无所知，对销售管理知道的也不比对木材知识知道的多多少。但是，拿破仑懂得不计报酬，任劳任怨的道理，而且他也明白，应该主动干活，而不要等着别人吩咐自己做什么才去做。银行里的存款，加上他在工作中不断升职带来的优越感，让他对自己充满了信心。

拿破仑在新的公司里，仍然晋升得很快。第一年，他的薪水已经长了两次，他在销售管理方面的不凡表现，让老板开始考虑吸引拿破仑入股，同他合伙经营他的厂子。拿破仑接受了他的邀请，很快，他们就开始赚钱，拿破仑又一次感觉到自己是在事业的最高峰。

在世界的最高峰站着，那的确是一种很美好的感觉。但是，那里却也是世界上最危险的地方，除非你站得够稳。因为如果你站得不稳，你迟早会掉下来，并且，从那么高的地方摔下来，结果是可想而知的。

那时，拿破仑一直都没有意识到，成功不是用金钱和权势来衡量的。也许这是因为在当时他就拥有了大量的金钱和权力，他那时候不可能意识到这一点。

这时命运之神就在不远的地方等着，它正准备用一根棒子狠狠地敲在拿破仑的头上。

1907年的大恐慌同样也没有放过拿破仑，就在一夜之间，它给了拿破仑一个终生难忘的教训，它把拿破仑辛辛苦苦建立的事业全毁了，同时也拿走了拿破仑身上的最后一分钱。

这次大恐慌和它所带来的挫折感，让拿破仑感到前所未有的失落，于是，他转行去学法律。在这个世界上，除了挫折和失败之外，还没有任何其他的力量能给他这么大的影响。所以，拿破仑生命中的第三个失败，就像是一对翅膀一样，带着他走进了另外一个境界之中。

拿破仑开始白天给一个汽车厂推销汽车，晚上上法律班的夜校。他原来在木材厂里担任销售经理的经验在这个时候帮了他的大忙。很快，他的销售业绩直线上升，银行里的存款又多了起来。那时，拿破仑注意到汽车厂很需要受过专业训练的技术工人，于是，他就在工厂里开了一个训练部门，开始让一般的工人都接受培训，课程包括汽车装配和修理。这个训练班很快就吸引了大量的工人来报名，而拿破仑因此而得到的报酬也达到了每个月1000元以上。于是，拿破仑再次觉得自己已经成功了，而且当时他仍然以为，成功就是金钱加权势。

他存款的那家银行认为他的信誉好，于是就不断地贷款给他。拿破仑认为银行的经理很好，也就不断地从银行里贷款以扩展业务，于是，他慢慢地陷入了债务的陷阱中而不能自拔。最后，银行的经理很镇定地把拿破仑的事业都接收过去了，好像本来这就是他的，而事实上，这时候也确实变成了他的。

于是，拿破仑又一次从一个收入不菲者变成了一个不名一文的人。

所有美好的事物突然都离他远去了，金钱和权势也都变成了很遥远的东西。过了多年之后，拿破仑才意识到当时受到的这种暂时性挫折是一件多么幸运的事。正因为这个挫折，拿破仑不得不退出了一个不能给他带来任何好处的职业，而让他把努力转到了另外一个行业里，使他获得了他所需要的丰富的知识。

在拿破仑的一生当中，他这是第一次问自己，究竟成功是否只代表着金钱和权势，是不是成功还有除此之外的其他方面的补偿和满足呢？但是，这个疑问只是暂时性地出现在他的脑海中，而且他也没有从此就这样一直追踪下去，直到最后找到答案。

在经历了到目前为止最残酷的一场斗争之后，拿破仑终于接受了这场暂时性的挫折，而且当时他还错误地认为这就是失败。然后，他就进入了他一生中的第四个转折点。

在妻子的帮助下，拿破仑很快就又得到了一个新的工作，这次是在一家大的煤矿公司做首席法律顾问的副手。开始的时候，拿破仑认为自己得到的薪水实在是太多了，和他所付出的劳动实在是不成比例。但是因为别人的推荐，拿破仑还是顺利地工作着。不过，他想通过自己的努力，尽量弥补缺乏足够的法律常识这个弱点。

其实，拿破仑对这个工作完全可以胜任，而且可以说他已经拥有一个能保他一生的铁饭碗了，但是拿破仑却突然在没有和任何朋友商量的情况下就辞职了。

这是由拿破仑自己选择的第一个转折点，这个转折并非命运强加到拿破仑身上的。当他注意到命运之神又要伸出手来的时候，他抢先一步赶紧走上去，把它打倒在门口了。

他辞掉那份工作的真正原因，是因为这个工作对他来说太简单了。他很轻松地就能做好，而当拿破仑意识到自己快要养成懒惰的恶习的时候，他就毅然地辞职了。因为在他的周围都是他的朋友，他不用表现得多好，就能得到很好的待遇。所以，他根本不用努力工作，就能保证自己终生都不用再为吃穿发愁，于是他想："我还需要什么呢?"答案是:"什么都不需要了。"

就在这种情况下,拿破仑觉得自己在慢慢地退步,为了一些他自己也不是很清楚的原因,他做出了在当时很多人的眼里是很疯狂的举动——辞职。在那个时候,他对其他事务可能都还不太熟悉,但是,他却仍然庆幸自己当时做出的明智的判断和选择,用自己的奋斗和努力去赢得力量和成就,如果他停止了这种努力,他的生命就会从此腐朽了。

于是,他选择了芝加哥作为他事业的新起点,因为他相信,在芝加哥这个竞争非常激烈的地方,才能真正看出一个人是否具备了生存下去的能力,也能真正锻炼出一个人生存下去的能力。拿破仑暗自下定决心,如果自己能在芝加哥的任何一个行业中取得一点成就,那就证明了自己确实具有真正的潜能。

在芝加哥,拿破仑找到的第一份工作是在一所函授学校里担任广告经理。当然,他对广告知道得并不多,但是凭着他以前做推销员的经验,加上他勤奋刻苦的工作精神,他的工作表现仍然相当优秀。

第一年,他就赚到了5200美元。

很快,拿破仑的事业正式开展了起来,成功的光环又开始在他的周围闪烁着耀眼的光芒,他再次看到了触手可及的金钱和权势。但是,宴席过后往往是饥荒,历史上有过很多这样的事例,拿破仑偏偏又忽视了这一点,拿破仑刚享受到一顿丰盛的大餐,却没想到等待着他的正是大饥荒。他还沉浸在自我满足的情绪里,洋洋自得。

看起来,自我陶醉确实是一种相当危险的心理活动。

在这所学校担任广告经理期间,拿破仑的优异表现赢得了校长的赏识,校长设法说服拿破仑辞掉了这份工作,跟他一起经营糖果制造业。他们成立了"贝丝洛丝糖果公司",由拿破仑担任总裁。他们的事业进展得很顺利,甚至在18个城市都建立了连锁店,糖果制造业的利润很高,于是,拿破仑很快就又尝到了成功的滋味。

可就在一切都进展顺利的时候,拿破仑的其中一个合伙人和另外一个合伙人开始暗中勾结,他们的目的是吃掉拿破仑的股份。

从某种程度上来说,他们的确成功了,但是,拿破仑做的反抗远比他们想象中要来得顽强,他把他们告上了法庭。所以,他们不得不诬陷拿破仑做伪证以便能判他入狱。他们要拿破仑撤销他的控告,同时,条件是收购拿破仑的股份。直到这个时候,拿破仑才意识到人心原来如此险恶。

就在第一次开庭的时候，拿破仑的证人竟然不见了。但是拿破仑还是想方设法找来了他们，让他们站到了证人席上发表证词，结果拿破仑获得胜诉，同时他还向法庭提出了反诉，要求原告对他进行赔偿。

这个官司让拿破仑和他的合伙人之间的关系完全破裂了，他们最后还赔付了他在这个公司里的所有的股份，代价是很惨重的。

拿破仑受到的诬陷属于民事侵犯行为，他可以要求赔偿，同时，按照当地的法律，他可以要求诬告者入狱，直到他们付清了欠款才能被释放出来。这是拿破仑有生以来第一次对他的敌人进行反击，因为他现在已经拥有了一项新的武器，而这个武器正是他的敌人给他的。但是，拿破仑最后还是决定宽恕他们。不过在拿破仑还没有做出宽恕的决定之前，命运之神已经开始惩罚他的敌人了。这些人中的一个因为别的事情被判了长期的徒刑，而另外一个则沦落到身无分文。

在当时的人们看来，被警察逮捕是一件相当丢人的事，哪怕是被诬告也是一样被人看不起。拿破仑并不喜欢这种经历，但是拿破仑也不得不承认，这段悲惨的经历是值得的。它提醒拿破仑，有些行为并不像它表面看起来那样难以原谅，所以，他的敌人不但没有伤害到他，反而让他学会了宽容。

拿破仑在对一些伟大的人的经历做过研究之后发现：从伟大的人身上吸取力量，我们就不会产生恐惧或逃避的念头，在以后的人生中，就更有韧性承担生活的考验。因为伟大的人也都是经历了生活的重重考验的。这不禁让他想到，命运之神是不是故意在用很多的磨难来考验我们，然后再决定把重大的历史使命交到被考验的这些人们的手上呢？

在第六个转折点之前，拿破仑提醒我们一个有重大意义的事实，那就是：每一个转折点都让他更加接近成功，而且都会给他一些很有价值的经验和知识，这些知识成为他今后生活的不可或缺的一部分。

这第六个转折点与以往任何一个转折点都不相同，这个转折点让拿破仑感受到他比以往任何时候都更加接近成功的梦想。拿破仑转移到一家专科学校，为他们教授推销和广告课程。一开始，他的教学事业就很成功，他担任着一门课的主讲，同时还开了一门函授课程，几乎在每个讲英语的国家里都有他的学生。尽管经历了两次世界大战的破坏，但是他的教学事业仍然有声有色，这样看起来，拿破仑又一次离成功很近了。

但是，第二次征兵计划把学校的大部分学生都征走了，学校几乎无法维持下去。

那一次，拿破仑在损失惨重的同时也投入了为国家效力的行列。

这一次，他又身无分文了。

从来都没经历过贫穷的人是不幸的，就像波克所说的，贫穷是一个人能获得的最宝贵的经验，但是，他同时也说，一个人在经历过这样的日子之后，不能一直沉浸其中，一定要尽快地摆脱它。

拿破仑在事业到达最关键一步的时候，必须做出决定，如果他不想从此消沉下去，那么就必须得让这段经历变成下一次成功的机会，再一次东山再起。问题的关键就在于，他如何看待他原来获得的经验。如果拿破仑让自己的生活就在这里停止，那么他的生命就是毫无价值的，但是拿破仑继续向下写了很重要的一章，详细地向我们讲述了他生活里的最后一个，也是最重要的一个转折点。

从拿破仑上面这一番叙述，你一定能够看出，到目前为止，拿破仑还没有真正地在这个世界上做成什么成就。但是，你也可以看到，拿破仑经历的这样或那样的失败，都是一个原因造成的：那就是他没有找到一个可以让他全身心投入的工作。要找到一个最喜欢、最适合自己的工作，就像要找一个自己真正喜欢的人一样，是没有规律可循的。但是，一旦我们有了接触，一定马上就能感觉到。

下面要说的是拿破仑事业上的第七个转折点。1918年12月11日那一天，也就是第一次世界大战结束的那一天，拿破仑在这个时候虽然身无分文，但是他仍然感到很高兴，因为人类大屠杀的历史已经结束了，和平的日子终于又回来了。

站在自己办公室的落地窗前，看着街道上群众欢呼庆祝的场面，拿破仑却陷入了沉思，他一直在回想着昨天，回想着自己的整个过去，自己的辛酸和甜蜜、成功和失败的过去。

现在，另一个转折点就要来了。

拿破仑坐在打字机前，想了一会儿，突然在打字机上敲打起来，让他自己也感到惊奇的是，他居然很轻松地就在键盘上敲打出一行一行的字来，就像是在演奏乐章一样，他以前从来不曾这样流利地书写过东西。而且，他现在脑子里也没有任何的计划，没有认真地想过要写什么，他只是很自然地把出现在自己脑海里的东西一一地记下来。

不知不觉中，他已经为自己将来要做的一个重要的决定打下了基础。因为，拿破仑当时写的那些文字，后来资助了一个全国性的大杂志社。而这篇文章对他自己的事业，也可以说对成千上万的人都产生了巨大的影响。

文章的开头开头是这样写的：

"战争终于结束了。"

"战争给我们每一个人都带来了教训，这个教训就是，只有公正而友善地对待别人，不管他是穷人还是富人，不管他是强者还是弱者，对别人一视同仁的人，才能生存下去。而别人，必将被生活淘汰。"

"在这场战争里，人类将被一种新的理想主义推动。这种理想主义以黄金定律为基础，将指引我们，带领我们去为我们的同类服务，而不是去剥他们的皮。尤其是当他们遇到困难的时候，要帮他们解除烦恼，让所有人都过得幸福快乐。"

在这篇文章里，拿破仑还把他从一个普通的煤矿工人一直跳升到最大的一家矿业公司的首席顾问助理的经历也叙述了下来，而这一切都要归功于他任劳任怨的工作态度。

拿破仑是在战争结束的那天早上写这篇文章的，当时，人民群众正在大街上庆祝这次战争的胜利。所以，他很自然地产生了一些想法，而且他想把这些想法让全世界的人都知道。这些想法能让美国人永远保持着理想主义的精神。

拿破仑最终发现，最合适的办法就是推广这种哲学，因为他相信，正是因为傲慢自大和忽视了这种哲学，德国人才走上悲哀的道路。要想宣传和推广这个哲学，必须让理想主义的观念深入人心，所以，他决定要出一本书，书名叫做《希尔的黄金定律》。

出版一份全国性的报纸是需要钱的，但是拿破仑在写这篇文章的时候，还是身无分文。尽管如此，他仍然相信，只要给他一个月的时间，通过他正在强调的这种哲学，他一定能找到一个愿意为他提供经济上资助的人，愿意帮他向全世界传达这种哲学思想，因为这个思想让他脱离了煤矿的煤坑，并且在今天成为了能够给人类提供更多的服务的人。

就在这个戏剧性的变化之下，原来深深地埋藏在拿破仑心里的一个愿望，最后终于实现了。拿破仑一直梦想着成为一名杂志社的编辑，在将近20年的时间里，这个梦想一直都在他的心里隐藏着。在30多年前，他就帮着他父亲操作印刷机，出版父亲主持的一家小型周报，当时，他就很喜欢报纸散发出的那些油墨的味道。

在所有这些年的准备过程中，这个愿望在不被注意的时候慢慢地发芽并慢慢长大，而他经历过的种种，更促使他把这项行动变成真正的现实。就这样，拿破仑终于找到了最适合自己的工作，这一次，他由衷地感到高兴。

在拿破仑刚进入这一行的时候，从来没想过去探求是否能从中获取到巨大的利益或者得到多大的权力。但是，这也使得拿破仑第一次明白，第一次再也没有任何怀疑地相信：生命中确实存在着一种比金钱更伟大的东西，这种东西更值得我们去追求。所以，在从事舆论工作时，拿破仑只有一个想法，那就是，尽自己最大的力量给这个世界提供力所能及的最好的服务，不管自己是否能得到报酬，哪怕是一分钱都得不到也在所不惜。

这本《黄金定律》杂志所表现的乐观和善意的精神立刻就传遍了全国，拿破仑的知名度也一下子提高了。在1920年的时候，拿破仑就被邀请到各地去旅行演说，他生平第一次能够在旅行的时候结识很多的演讲家，并且同他们一起进行讨论。在和这些人的接触中，拿破仑获得了巨大的勇气，更坚定了他的信念，使他更加充满热情地在他刚起步的事业上走了下去。

曾经在演说的途中，有一次，拿破仑在德州遇到了他从来都没见过的倾盆大雨，雨水打在玻璃上，形成两大股水流，在两股大的水流中间，还有很多细流，看上去就像是一个大水梯。

拿破仑看着眼前这个奇异的景色，不由得想到一件事情：如果把自己从7个转折点中所学到的知识，再加上研究成功人士的生平所积累的东西组织起来，写成一本《神奇的成功阶梯》，肯定会大受欢迎。

于是，他趁着灵感消失之前，在一个信封的背面，写下了一篇演说稿的15个要点，后来，他就根据这15点写了一篇精彩的演讲稿。

拿破仑掌握的所有有价值的知识，都是从这15点中体现出来的，而这知识的来源，就是许多人称为失败的经验。

也许，你想知道拿破仑从他的失败经历中得到的经验和教训到底是什么，或者，这些转折点到底给他带来了多少金钱上的利益。因为你可能也知道，我们生活的这个时代，确实是每个人都在为生存而奋斗。

好了，现在拿破仑将坦白地告诉你。

首先，该杂志的发行人确实是拿破仑自己，并且他坚持要把该杂志按照最低价格出售，这个最低价格就是所有需要它的人能支付得起的价格，从而保证了每一个人都能读到这本杂志。

除了从杂志里获得的收入之外，他还写了一系列的社论，这些社论均配有插图，同时把这些配有插图的社论在各大报纸上刊登。这些社论也都是以他的15个论点作为基础的。这些社论所获得的稿费，就已经足够应付他的生活需要了。

拿破仑之所以还要说明这些事实，是因为他知道，一般人们的观念是：一切成功都是以金钱来衡量的，而对于那些不能获得良好收入的人，人们一向都认为他们是不成功的。

在过去的生活里，拿破仑好像一向都很失败，或者说很贫穷，但是，这样的生活是他自己选择的，他心甘情愿。因为他一直把自己的生活放在一些艰苦的工作里，一方面抛除自己的无知，另外一方面也能获得自己最需要的生活经验。

拿破仑从他人生的七个转折点中得到了一些很宝贵的知识，这些可以使他终生受益的知识，除了失败这一途径之外，再不能获得。

拿破仑本人也深信，失败是大自然的计划，命运就是特意要安排这些失败的经历来考验人类，让他们做好充分的思想准备，以此除掉人们心里的残渣，让人类这块金属变得纯净，让他们能够经得起苦难的磨炼。

现在，让我们记住，命运是不会停下它旋转的车轮的，如果它今天给我们带来的是悲哀，那么明天它带给我们的必然是喜悦。

2. 失败心理诊断方法

能够走向成功的绝对不会是那些投机取巧、试图走捷径的人，只有那些经历过艰辛生活，但仍坚强地走下去的人，才会享受到成功。

当那些平凡的人对着成功者头上的桂冠顶礼膜拜的时候，他们不禁自问，成功者如凤毛麟角，到什么时候幸运之神才会格外眷顾自己？可是就在他们自怨自艾的时候，成功的机会早就从他们的身边悄悄地溜走了。

没有一个成功者不是战胜了失败而来；也没有一次成功不是用血汗和机遇凝结而成的。在失败的打击面前，有下面这3种人：一种是在失败的打击下一蹶不振，从此一生都庸碌无为的人；一种是在失败之后，不知道反省自己，吸取教训，总结经验，却还是凭着一腔热血，莽撞地往前冲，这种人做事经常是费力不讨好，就算是成功，也经常是昙花一现，这属于有勇无谋的一类人；还有另外一种人，他们在经受了失败的打击之后，能够迅速地审时度势，做出正确的判断和调整，等到再次具有前进的实力和机会的时候，就全力出击，这种人才是真正的智勇双全，最后的成功是属于这类人的。

犹太人有一种二八黄金定律，就是说，如果无勇无谋的人占总数的80%，有勇无谋的人和那些智勇双全的人一共就只占20%，而在这20%的人里，智勇双全的人又只占10%，如果再继续分下去的话，那么剩下的真正能成功的人就只有不到1%了。而那些能获得终身成就的人，更是少之又少。

拿破仑·希尔认为，所谓智慧的人，就是善于总结经验和教训的人。道理就这么简单，却让人类兜了一个大圈子，甚至付出了无法想象的代价。

从某种意义上来说，研究成功要从研究失败开始，一个人在超越失败后，才会获得真正的成功。就像所有人一样，你肯定也有过这样的梦想：在梦想中，你被鲜花和掌声围绕着，人们为了你的成功而欢呼雀跃。但是，你却没有实现这个美丽的梦想，尽管你是一个别人眼里有相当实力的人，尽管你是一个有远大抱负的人，尽管你觉得自己很优秀。

为什么一切会变成这个样子？可能你的现状让自己都感到失望和厌恶。

你到底是怎么了？你的失败让别人都感到很奇怪。

其实，原因很简单，就是你自己设想过或者没意识到自己有心理误区，很多事情不是你想象的那个样子。

（1）失败是成功之母

在我们每个人都很小的时候，我们的父母和老师就告诫我们，或许同时还给我们罗列出很多的经历过磨难，最后终于获得成功的科学家、政治家、发明家的名字。于是，在我们幼小的心灵里，都有过这样一种想法：失败可能会让人觉得有点失落，不过还好是暂时的，没什么可怕的。随着时间的慢慢推移，这种观念逐渐地生根发芽。到了中学，老师又会教诲我们说：失败是成功的铺路石。于是这个嫩芽就破土而出，茁壮地成长起来。无形中你有了这样的一个潜意识：失败是成功的引路人，只有经受过挫折才能最终迎来成功。所以失败不但不是一件让人讨厌的事，反而是值得庆贺的事，也许你还会很天真地对自己说："风雨只会冲刷掉我身上的灰尘，让我的英雄本色更耀眼！"于是，你不畏艰难，跌倒了再爬起来，勇敢地投入到新的战斗中去，然后你又跌倒，再爬起来，如此循环往复，直到你最后精疲力竭。

为什么会这样呢?是你没有得到命运之神的青睐吗?还是你命中注定不会成功呢?

其实不是，你的失败只是因为你在心理上形成了一个误区，你有个心理症结。你误解了成功和失败之间的关系，你总觉得失败必然会推动你走向成功，但却没有深入地想一想失败到底对你意味着什么，这有可能是跟你童年被灌输的思想有关系。

失败是成功之母，但是并不意味着成功必然跟随着失败，这两者之间并没有什么必然的联系。如果失败对你来说根本无所谓，你只要潇洒地摇摇头，告诉自己这不算什么，一切可以从头再来，那么，很可能等着你的是再一次的失败。

为什么失败一次又一次，成功却迟迟不来敲你的门呢?现在可能有的人已经明白了:"因为你没有反省自己失败的教训，没有认真分析自己失败的原因，所以也不知道自己哪些地方需要改进。"对，很正确。

"但是这和我创业的失败又有什么关系呢?"

其实，你只要仔细地想想就知道了，很多的失败虽然形式和内容不同，但是实质都是一样的。拿破仑认为，这么多的失败主要的原因就是没有认真吸取经验教训，所以也就谈不上进步，不会进步就只能原地踏步，那么成功更是遥遥无期。

对这种经常遭遇失败的人应该采取的方法是:认真地对待自己的每一次失败，找到自己失败的原因，总结经验，吸取教训，引以为戒。不要好了伤疤忘了痛，如果只是一味蛮干下去，甚至伤疤在流着鲜血却还不知道，总有一天，你会累得再也无力斗争下去，只有空悔浪费时间。

(2)认为只要是优秀的人就一定会成功

你一直是一个优秀的人，上学的时候一直是学校里的优秀学生、优秀干部，甚至获得过无数的各类竞赛的奖项。你一直是你父母和老师的骄傲，他们在你身上寄托了无限的期望，而你自己也暗暗下定了决心，一定要出人头地，一定要有所作为。但是，当你一再地经历失败，到最后甚至开始对自己产生了怀疑。

拿破仑认为，成功者一定是一个优秀的人，但是优秀的人却并不一定都能成功。如果你是一个公认的优秀的人才，而且到现在你还没有成功，那么可能是下面的几个原因造成的:

①你现在的失败只不过是短暂的，是黎明前的黑暗，只要你咬紧牙关，坚持下去就可以看到成功的光环。成功者不怕失败，他们能很认真地对待失败，因为他们从中

得到了教训，总结了经验，这大大地帮助他们认识到了自己的不足，也让他们看清楚自己的实力，以便做出适当的调整和对策。要相信一点，是鹰总要飞翔，是金子，总要闪光。

②你不是根据自己的强项制定的目标，或者，你并没有为你的目标付出相应的努力。世界上没有哪一个人是什么都会做的全才，每个人的生命和精力都是有限的。所谓的优秀只是一个在某方面具有特别突出才能的人。正所谓"授业有先后，术业有专攻"，他成功的领域也只限于他自己特别专长的那一块而已。这就要求人们必须对自己非常了解，扬长避短，选择最能发挥自己长处的职业，从事对自己最有好处的领域，只有这样，你才能更快地比别人取得成功。假如别人都认为你是一个优秀的人，而你还没成功，那么你就有必要好好地反省一下，你自己的目标同你的特长是否相符。

反省后，也许你会发现你的特长同你的目标是一致的，那么，你还要看自己是否对奋斗的目标付出了相对应的汗水。这一点经常被很多人忽视，他们总是想，自己很优秀，所以不用比别人更用功就能得到回报。这对于还在上学的学生来说或许是正确的，但是对于你要奋斗终生的事业来说，就不是这样简单了。除非你是一个天才，具有别人永远也不能及的天赋和才干，但是那种可能性能有多大呢？所以，你要是想成功，就要付出比别人更多的努力。

③你孤芳自赏，不能妥善处理好同合作者之间的关系。

拿破仑说，一个人要想干成一件大事，仅凭一个人的力量是远远不够的，所以，你要善于与他人合作。合作产生的力量是不能忽视的，而分裂就会导致退步，一个人的才能和努力毕竟是有限的，在生产、生活都高度发达的今天，个人的成就是不能通过自己的努力达成的，它离不开别人的合作和帮助。但是，很多的优秀人才恃才傲物，甚至用一种居高临下的目光看着别人，这个习惯很容易让别人讨厌，一旦别人都远离你，你就会陷于孤立无援的境地。一旦因为你自己的无知而伤害了别人，那么你就再也不能得到别人的帮助了。

所以，你要时刻提醒自己，得道者多助，失道者寡助。

④你的感觉还不够敏锐，你还不擅长主动地创造机会并及时地抓住机会。

拿破仑认为，只要你善于把握，你总能遇到成功的机会。成功是一个能力、奋斗和机会的综合体，缺少哪一个都不行。许多天赋很高的人，每天都勤奋地工作着，但是却仍然一生都贫困潦倒。这是为什么呢？那就是因为他们不会主动地寻找机会，也不擅长及时地抓住机会。

　　总而言之，如果你确信你的确是一个优秀的人，并且迫切地希望自己能够成功，那就不要因为眼前的失败而气馁，坚持下去，仔细地研究一下你的目标是否适合你，然后决定自己的下一步该怎么办，你是否已经为了这个目标付出了努力，自己是不是一个受到别人喜爱的人，是否能够为自己创造机遇、抓住机会。这些方面中如果有哪些地方存在不足，你就应该注意改进，只要你这样做了，最终你就一定能获得成功。

　　(3)重视宣传对成功具有重要意义

　　在我们现在的社会里,宣传的力量究竟有多大?有一位资深的美国记者这样说:"只要有足够的经费，我能让一块砖头成为美国的一个州长。"当然，这句话看起来是有点夸张，但是我们应该看到，这里确实还有合理的成分，同时我们也能从中体会到广告对现代生活的影响。下面举一个案例，我们不妨看看万宝路是如何通过广告宣传而起死回生的。

　　1924年，美国诞生了一个香烟品牌，这就是万宝路，当时，生产商菲利普—莫里斯公司想明确地把它定位在女士香烟的市场上。但是，尽管当时美国的香烟销售数量年年上升，万宝路的销售业绩还是上不去。菲利普公司真是为此伤透了脑筋。在这种情况下，公司决定专门派人到非常著名的里奥—伯内特公司去咨询，请伯内特先生帮忙，这位广告人是美国著名的广告界泰斗。经过深思熟虑之后，这个广告业的名人大胆地向菲利普公司提出:放弃原来的那个带着脂粉气的名字，用同一个品牌创出另外一个有男子汉味道的香烟来。

　　当时在伯内特和菲利普公司总裁乔·卡尔曼的努力下，一个新的非常大胆的广告产生了，产品的名称并没有改变，但是包装换成了当时首创的开式新技术，同时，盒子也采用了有象征力量的红色，产品不再以女士为主要的消费对象，而是用硬汉风格的西部牛仔，突出强调万宝路的男子汉气概。伯内特的创意是这样的:一个深沉的男子，浑身散发着一种粗犷、豪迈的气质。他的袖子高高地卷起来，手上拿着一根还在冒烟的万宝路香烟。

　　1954年，在这个以牛仔为主角的广告推出以后迅速走红，而且万宝路香烟的销售数量也奇迹般地提高了。万宝路从一个名不见经传的小牌子一下跃居到当时美国销售量第十的位置。

　　如今，在这个牛仔广告的带领下，万宝路已经成为了美国市场上一个最主要的品牌了。现在，万宝路在全世界的销量已经达到了3000多亿支，这要用5000架波音707才能装下，世界上每抽掉4支烟，就有一支万宝路在其中。

究竟为什么有这么多的人喜欢这个牌子的香烟呢？是因为它的味道特别好吗？还是其他的什么原因？曾经有人做过专门的调查，很多购买者都说因为这个牌子的香烟味道好，烟味浓烈，让他们感到身心舒坦。但是如果调查者用半价的方式将简装的万宝路香烟送给调查者，他们却并不愿意接受，尽管他们知道这些香烟除了包装以外，品质上没有任何不足，而且也有厂家的品质保证书，证明该香烟确实是厂家的真品。这也许可以证明，虽然简装的香烟也是真正的万宝路香烟，但是却不能给消费者带来某种程度的满足。调查者还发现，这些万宝路香烟的爱好者每天都要把烟从口袋里拿出来20～30次，万宝路的包装和广告已经成了人们相互之间结交的标志。

一个千百万美元的广告让一个小厂子成为了世界第一的大厂，每年的利润高达20亿美元，根据《广告市场周刊》的估计，仅万宝路这个牌子就能卖300多亿美元。

万宝路的故事让你想到了什么呢？

如果你相信自己的产品质量绝对没问题，但是销量总是上不去，你却不屑于做广告，那么你就该看看万宝路的例子，然后立刻去找一家好的广告公司，你会发现广告的巨大力量。

（4）狡猾不可取，诚心才能取得信任、谅解和合作

从小时候起，别人就说你将来会有作为，经商好像是你天生的职业。于是，长大后，你就想成为一名商人，准备用自己精明的大脑去大干一番事业。但是，你却失败了，在商场上，你一再地受到挫折。你一直认为你是个精明的人，从来不做任何吃亏的事，你总认为自己能把别人玩弄于股掌之中。那么，你失败的原因到底是什么呢？

其实原因很简单，就是因为你太精明了。因为你太会精打细算，让别人感觉你过分奸诈，于是别人就不再信任你。事实上，诚实才是成功的先决条件。不要总认为自己不吃亏就等于沾光了，你觉得别人很傻，实际最傻的那个是你自己。把别人当傻子的人其实自己就是个傻子。在现代社会，失去了信任，你也就失去了一切。

成功的人多数都比较谦虚，而且他们都有诚实的品质，他们想公正地对待别人，也希望能获得别人公正的对待。他们知道，他们散播出去的每一个消息，或者他们采取的每一个行动，都有一种相对对称的思想和行为。将来都会受到同等的回报和对待。你希望别人怎样对你，你就得先学会怎样对待别人。如果他们对其他人采取了不公正

的态度，那么，这种行为就会引发一系列的反应，不仅可能给他们带来肉体上的痛苦，也有可能会给他们带来精神上的损失，破坏他们的个性，影响他们的名誉，毁坏他们的成就。

举个例子：约翰逊公司曾经是美国一家信誉非常好的公司，但是在 20 世纪 80 年代后期它却遇到了很大的麻烦。这是一家制药公司，它的主要产品泰米诺尔胶囊在芝加哥被人用来当作了杀人的毒药。从美国的东海岸到西海岸，人们都被告知把这种药扔到垃圾桶里去，不要再购买了。凶手作案的手段其实很简单，他就是把原来胶囊里的药粉倒出来，然后换上一种有毒的药粉，装瓶后又放回到原来的货架上去。已经有 7 个服用这种药粉的人死于非命了。这个事情虽然并不是产品本身的问题，但是人们对这种药已经失去了信任。市场调查结果表明，每 10 个人中就已经有 6 个人说不再使用这种药了。

这种情况显然很糟糕，该怎么处理呢？怎么重新赢得用户的信任呢？

联邦调查局认为收回全部产品损失太大，而且也可能会带来别的什么不测。因此他们认为不要收回全部的产品，只是收回芝加哥地区的产品就行了。但是，公司的总裁却毅然决定，收回全部产品。他的观点是：为了重新赢回顾客的信赖，公司亏本也在所不惜。并且，他要亲自在摄像机面前直接面对公众的愤怒和指责。

在第一批人中毒死亡后的几天之内，电视里用 20% 的时间来报道有关泰米诺尔胶囊的事情，而就在这个时候，公司的总裁决定在电视上发表演讲，回答问题。

他发表的电视演讲的核心是用诚心寻求信任、谅解和合作。他说："一个拥有 60 多亿资产的大跨国公司，就像一个有很多的孩子，同时还负有大量的债务的家庭。它真心希望大家能够真诚地对待公司。现在我们的情况就好比是坐在一艘小艇上，随波逐流，我们需要同样面对这种困境的人伸出援手，互相帮助，渡过难关。"这些话语虽然都很简单，但是很朴实，正是这一番朴实的话最终感动了很多人。

当时，总裁或许也没有料到，他居然会因此从新闻界脱颖而出，成为了一名勇士。他的真诚的态度不但保住了这个药品的名字，同时还有力地维护了公司的形象，他让公众认识到一点：这个公司并不是唯利是图，而是他们的朋友。

到 1985 年，泰米诺尔胶囊不但恢复到了以前的销售量，反而还大幅度提高了。而公司的总裁，诚实的吉姆·伯克也被人们称为创造奇迹的英雄。

如果你在以前的经营中，耍过小聪明，那么，你的精明就是你经营失败的重要原因，解决的方案就是，从别人的角度来考虑问题，本着"己所不欲，勿施于人"的原则来处理这些问题。用你的真诚和体谅来重新换取别人对你的信赖和诚心，那么，你就会慢慢树立起自己的信誉，总有一天，你会发现信誉对你来说是一笔多么大的财富。

另外，对于那些天生就拥有良好品德的人来说，不要认为自己不够精明，就放弃经商的打算。你要知道，你的诚实和信用永远是别人也比不上的一笔财产。这一点不但不会阻碍你成为商界的明星，相反，还会帮助你成为一个有良好信誉的商界人士。

失败并没有什么好怕的，可怕的是你面对失败时，那种承受不起的畏惧的心态，还有你不以为然，自我安慰的想法。认真地面对你遭遇的挫折吧，那是你人生的一笔财富。

3. 从哪里跌倒，从哪里爬起来

历代伟人的成功秘诀是："跌倒了再站起来，在失败中求胜利。"跌倒不算失败，跌倒了站不起来，才是失败。

有人问一个小孩子，他是怎样学会溜冰的，小孩子回答说："哦，跌倒了爬起来，爬起来再跌倒，多跌倒几次，就学会了。"多么简单的道理，跌倒了，再爬起来，往往有这种精神的人才能最终办成大事。

美国著名成功学家温特·菲力说："失败，是走向更高地位的开始。"那些获得最后胜利的人，就是因为他们的屡败屡战永不言弃的精神。没有经历过失败的人，或者说没有经历过挫折的人，是永远也摘不到胜利的果实的。通常来说，失败会给勇敢者以果断和决心。事实上，逆境可以激励人心，帮助你战胜生活之路上的"恐怖地带"。

如果一个人在失败之后不去挖掘自己潜在的力量，不去重新奋战，那么等待他的是再一次的失败。只有在失败后发现自己真正能量的人，才能获得成功。

奥里森·马登对年轻人这样说："我们的身边有许多人不知道自己到底能做什么，只会羡慕别人的成功；还有一些人是知道自己该做什么，但就是做不好。这些人都共同存在一个问题，那就是他们还没有找到自己身上真正的力量。"这段话说明了一个深刻的道理:很多时候，逆境会像恶魔一样缠绕在你身边，引起你的恐慌。但是对逆境存有恐慌心理是没有用的，对于那些成功者而言，所有的逆境都不是恐怖地带，而战胜逆境是在展现自己真正的力量。

拿破仑有一员大将叫马塞纳，当他在战场上见到遍地的伤兵和尸体时，他内在的"狮性"就会突然发作起来，他打起仗来就会像恶魔一样勇敢，而在平时，他的这种本性是不会表现出来的。

人类总是有那么几种本性是永远不会显露出来的，除非遭到巨大的打击和刺激，否则永远不会爆发。这种神秘的力量深藏在人体的最深层，非一般的刺激所能激发，但是每当人们受了讥讽、凌辱、欺侮以后，便会产生一种新的力量，一旦这种力量发挥出来，人就能做出之前做不到的事。

拿破仑如果不是在年轻时遇到窘迫、绝望，那么他决不会如此智慧、如此镇定和勇敢。巨大的危机和事变，往往使人爆发出许多伟大的力量。

有一个人，他在一生中所获得的每一个成功，都是发挥了自己的真正力量与艰难苦斗的结果，所以，他现在看待那些不费力得来的成功，反倒觉得有些靠不住。他觉得，克服障碍以及种种缺陷，从奋斗中获取成功，才可以给人以喜悦。他喜欢做艰难的事情，因为他认为越是艰难的事情就越是可以试验他的力量，考验他的才干;他反而不喜欢容易的事情，因为不费力的事情，不能给予他振奋精神、发挥才干的成就感。

有一个家境贫寒的大学生，在他4年的大学过程中，常被那些家境富裕的同学开玩笑，不是取笑他衣衫褴褛，便是讥笑他穷相毕露。他不为同学们这样的讥笑、讥讽所屈服，反而在讥笑声中建立起雄心壮志，立志要做一个伟人。后来，这个青年果然以自己的顽强的力量取得了惊人的成功。

在绝望境地的奋斗，最能启发人内在潜伏着的力量;没有这种奋斗，便永远不会发现自己真正的力量。如果林肯是生长在一个庄园里，进过大学，他也许一辈子不会做到美国总统，更不会成为一名历史上赫赫有名的伟人。因为一个人如果一直处在安逸舒适的生活中，便不需要自己付出多少努力，不需自己的奋斗。正如鲁迅先生说的那样:生活太安逸了，工作就会被生活所累。林肯之所以这般伟大，是因为他不断地与逆境苦斗着。

当巨大的压力和变故以及一些重大责任压在一个人身上时，隐伏在他生命最深处的种种能力就会突然涌现出来，而能够无坚不克地做出种种大事来。

历史上这样的例子有无数。为了要补救身体上的缺陷，许多人因此养成了可贵的品格，成就了一番丰功伟绩。一些相貌平凡的甚至长相丑陋的人，往往能在学业和事业上进行不懈的努力，最后做出意想不到的事业来，这可以看作是对他们长相的一种补救。

有一个英国人，他生来就没有手没有脚，然而他竟能如常人一般生活。有一个人因为好奇心的驱使，特地拜访他，看他怎样行动，怎样吃东西。谁知那个英国人睿智的思想、动人的谈吐，竟叫那个人十分惊异，甚至完全忘掉了他是个残疾人。

并不是每个人都有特殊缺陷与困难的刺激，所以世界上真正能发现"自己"，把自己最好最高的强项发挥出来的人并不多见。有许多人连做梦也没有想到在自己身体里面蕴藏着巨大的能力。

美国著名思想家、文学家以及诗人爱默生说："伟大高贵人物最明显的标志，就是他坚定的意志，不管环境变化到何种地步，他的初衷与希望，仍然不会有丝毫的改变，而终至克服障碍，以达到所企望的目的。""跌倒了再站起来，在失败中求胜利。"

很多人回望自己过去的经历，总觉得自己一事无成，想到自己在曾经热切希望成功的事情上失败了，曾经至爱的人，竟然离他而去，也许他们曾经失掉了职位，或是事业失败，或是因为种种因素而不能使自己与家庭得以联系，于是他们觉得自己的前途十分的惨淡。而事实却不是这样的，只要你不甘屈服，实胜利就在远方向你招手。因为，只有毫无畏惧、勇往直前、永不放弃的人，才会改变自己的命运。

然而现实生活里，许许多多的人在失败过几次后，便半途而废、自暴自弃了！但是，对于那些对命运不屈服的人，无论失败的次数是多么多，成功是多么遥远，最后的胜利仍然在他的期待之中。狄更斯在他小说里讲到一个守财奴斯克鲁奇，最初是个一毛不拔、爱财如命的家伙，他甚至把全部的精神都放在对金钱的追求上。到了晚年，他竟然变成一个慷慨的慈善家，一个宽宏大量、真诚爱人的人。狄更斯的这部小说并非完全虚构，这样的事情也是确实存在在我们的生活中的。这说明，人的禀性都可以由恶劣变为善良，那么，人的事业又何尝不能由失败变为成功呢？生活中到处都有这样的例子，许多人失败了再站起来，沮丧而又不怕挫折，抱着不屈不挠的无畏精神，向前奋进，最终获得了成功。

有许多人，虽然他们已经丧失了他们所拥有的一切东西，然而他们并不认为自己就是失败者，因为他们心中仍然有一种不可屈服的意志，有着一种坚韧不拔的精神。

真正伟大的人，无论面对多么大的挫折和打击，也能够保持镇静，这样的人终能获得最后的胜利。在狂风暴雨的袭击中，那些心灵脆弱的人唯有束手待毙，但有些人的自信精神，却依然存在，而这种精神使得他们能够克服外在的一切困难，努力去获得成功。

4.不断进行尝试

好点子不在于人的年龄、性别或肤色等区别，也不在于主人怎样运用它。只要你勇于将你的新点子付诸实施，保持积极进取的心态，你就一定会将其变成现实！

如果你每当遇到挫折和打击时便想到放弃，不想再继续努力，那么你就永远都不会胜利。失败者总是说："你要是尝试失败的话，就退却、停止、放弃、逃跑吧！你不过是个无名小辈。"这种话是一种误导，不仅仅是对别人的误导，也是对自己的误导，只会让你更加陷入失败的沼泽中不能自拔。而那些最后能够成功的人从来都不理会那些让人消极的话语，他们总会在失败以后再去尝试。他们会对自己说："这是一条难以成功的道路，现在让我再从另外一条路上去尝试吧！"

人一生会遇到很多困境，但是你是否遇到过这样的问题："如果去尝试，后果将会怎样？"这种想法本身就是与成功作对的一个敌人。这个成功的敌人总是让我们去想："如果我失败了，那怎么办？我去试过了，但没能成功，那么该怎么办？"这种想法会使你放弃努力。

这里有一个故事，希望看了这个故事以后会对你有所启发。那是在1832年，有一个人失业了，显然这使他很伤心，但他下决心要当政治家，当州议员，而糟糕的是他竞选失败了。在一年里接连遭受两次打击，这对他来说无疑是痛苦的。他又开始着手自己开办企业，可一年不到，这家苦心经营的企业又倒闭了，在以后的17年间，他不得不为偿还企业倒闭时所欠的债务而到处奔波，可以说历尽了磨难。当他再一次决定参加竞选州议员时，他成功了。他内心因此而萌发了一丝希望，认为自己的生活有了转机："可能我可以成功了！"1835年，他订婚了，但离结婚还差几个月的时候，他的未婚妻不幸去世了。这对他精神上的打击实在太大了，他心力交瘁，数月卧床不起。在1838年，他觉得身体状况良好时，决定竞选州议会议长，可他又失败了。1843年，他又参加了竞选美国国会议员，这次他仍然没有成功。

他虽然一次次地尝试，但却一次次地遭受失败：企业倒闭、情人去世、竞选失败。要是你碰到这一切，你会不会放弃——放弃这些对你来说很重要的事情？他没有放弃，他也没有说："要是失败会怎样？"1846年，他又一次参加竞选国会议员，最后终于当选了。

两年任期很快过去了，他决定要争取连任。他认为自己作为国会议员表现是出色的，相信选民会继续拥举他，但遗憾的是结果他落选了。

因为这次竞选他赔了一笔钱，所以在他申请当本州的土地官员时，州政府把他的申请退回来，上面指出："做本州的土地官员要求有卓越的才能和超常的智力，你的申请未能满足这些要求。"

又是接连两次失败，然而，他并没有服输，并没有对命运低头，而是鼓起勇气继续努力。1854年，他竞选参议员，但失败了；两年后他竞选美国总统提名，结果又被对手击败；又过了两年，他再一次竞选参议员，还是失败了。这个人尝试了11次可只成功了2次。

这个在9次失败的基础上赢得2次成功的人便是伟大的亚伯拉罕·林肯，他一直在不断地寻求自我进步。而就在1860年，他当选为美国总统。

亚伯拉罕·林肯遇到过的敌人或许你我都曾遇到过，那就是困难和挫折。林肯面对困难没有退却，没有逃跑，他坚持着，奋斗着。他压根就没有想过要放弃尝试，他不愿放弃努力。就像你我一样，林肯也有自由选择权，他可以畏缩不前，不过他没有退却。其实，我们每个人都可以做到在困难面前不退却、不逃跑，只是很少有人有这个勇气，所以能够做到的人少之又少。

克里蒙特·斯通曾告诉过我们一个成功的诀窍：每当你失败时，原谅自己的过失，总结经验，再去尝试，用积极的人生观激励自己不断进步！在谈及不断尝试对成功的重要作用时，克里蒙特·斯通曾对其子女感叹地说："我看到许多在年轻时极有才华的人，一生却一直都是默默无闻，而他们毫无建树的最大的原因是这些人在年轻时，不敢大胆尝试，以至于所有的才华都被埋没了。倘若这些人在年轻时，有人引导他们去尝试一些他们应该做的，却又不敢做的事，那么这些人的才华便能得以发挥，他们的生活将会变得更美好。所以，我希望你们在人生之路上无论遇到什么样的难题，都不要放弃继续尝试的机会！"

要想实现既定的目标，我们必须每天都有一个清晰的开端。每天早晨你应该这样对自己说："今天我可以做好我力所能及的工作，昨天或者前天的失败并没有什么关系。今天是崭新的开端，让我再来尝试！"不要对自己说："我可能会在考验中失败，在工作中受挫。"不要这样想！

1955年，美国"国际销售执行委员会"派遣7名代表前往亚太地区，克里蒙特·斯通是其中之一。在11月中旬的一个星期二，他在给一群澳洲墨尔本的商人演讲中讲了这样一个故事：

麦克·莱特是吉弟卡片公司的老板，也是加拿大最年轻的企业家之一。他6岁时，有一次在参观完博物馆之后，心里就开始盘算：自己能不能画几幅画来卖钱呢?他母亲建议他把画印在卡片上出售。

莱特在他母亲的陪伴下，挨家挨户去敲门，言简意赅地说出要点："嗨!我是麦克·莱特，我只打扰一下，我画了一些卡片，请买几张好吗?这里有很多张，请挑选你喜欢的，随便给多少钱都可以。"他的卡片是手工绘在粉红色、绿色或白色的纸上，上面有一年四季的风景，很美观，所以买的人也比较多。莱特每周工作六七个小时，平均每张卡片卖7角5分，一小时可以卖25张。

不久，莱特就发现自己忙不过来了，他需要帮手，他请了10位员工，大都是一些小画家。他付给他们的费用是每张原作2角5分。后来由于把业务扩展到邮购，所以莱特越来越忙碌。第一年做生意，莱特已经成了媒体上的名人，他上过许多著名的新闻媒体，他的名字几乎家喻户晓。

莱特有别出心裁的点子，再加上母亲的鼓励，小小年纪就有了自己的事业。另外，他的与众不同的构想，也促使他很快就走上了成功之路。你是否也有别具创意的好点子?如果是这样，你还等什么呢?

虽然我们有勇气在困难面前不断尝试，但是在我们面对自己的灵感时却可能感觉到胆怯，不敢去尝试。新点子找上我们之初，我们难免会有点害怕。也许它们显得太新奇、太不实际，而且害怕自己的好点子会阻碍我们的进取。当然，抱着一个新念头迈出第一步是需要一点胆量的，但是造成光辉灿烂结果的通常也正是这种胆量。

5.勇敢面对挫折

世事艰辛，不如意者十有八九，但是请你不必因不平而泄气，也不必因挫折而烦恼，相信只要自己努力，机会总会有的。

矢志进取的人，面对挫折没有抱怨，没有退却，只有一心向着理想目标奋进，这才是成大事者应该做的。

每个人的一生中都会遇到很多挫折，以为挫折是人生不可承受的打击的人，很难挺过这一关，或许会因此颓废下去；而以为挫折只不过是人生的一个小坎儿的人，就会想尽一切办法去找到一条迈过去的路。这种人多迈过几个小坎儿，就会不怕大坎儿，就能成大事。

德国著名的教育家和哲学家费希特先生年轻时，曾去拜访大名鼎鼎的康德，想向他讨教，但是出乎他意料的是康德对他很冷漠，并且拒绝了他。费希特失去了一次机会，但他并没有因为这事受到影响，也没有怨天尤人，而是从自己身上找原因，心想，我没有成果，两手空空，人家当然怕打搅了。为什么我不在拿出成果以后再来呢?于是他埋头苦学，完成了一篇《天启的批判》的论文，呈献给康德，并写了一封信。信中说：

"我是为了拜见自己最崇拜的大哲学家而来的，但仔细一想，对本身是否有这种资格都未审慎考虑，感到万分抱歉。虽然我也可以索求其他名人函介，但我决心毛遂自荐，这篇论文就是我自己的介绍信。"

康德细读了费希特的论文之后不禁拍案叫绝。他被费希特的才华和独特的求学方式所震动，便决定"录取"，于是他亲笔写了一封热情洋溢的回信，邀请费希特来一起探讨哲理问题。由此，费希特获得了成大事的机会，后来成为德国著名的教育家和哲学家。

大家都知道小泽征尔先生，他堪称是全日本足以向世界夸耀的国际大音乐家、名指挥家。他之所以能够建立今天名指挥家的地位，还要得益于参加了贝桑松音乐节的"国际指挥比赛"。

在参加音乐节之前，他的才华没有机会被表现出来，因此不为人所知，可以说他只是一个默默无闻的无名者。他不甘心，于是他决心参加贝桑松的音乐比赛，要一鸣惊人。经过重重困难，他终于来到欧洲。但一到当地，就有一个很大的难关在等待他。他到达欧洲之后，首先要办的是参加音乐比赛的手续，但他的证件不够齐全，没有被音乐实行委员会正式受理，这么一来，他就无法参加期待已久的音乐节了！

一般说到音乐家，多半性格是内向而文弱的，绝大多数的人在遇到这种状况时，必是就此放弃，但小泽征尔先生却不同，他不但不打算放弃，还尽全力积极争取。

他来到日本大使馆，将整件事说明原委，然后请求帮助。可是当时，日本大使馆无法解决这个问题，正在束手无策时，他突然想起朋友过去告诉他的事。"对了！美国大使馆有音乐部，凡是喜欢音乐的人，都可以参加。"于是他立刻赶到美国大使馆。这里的负责人是卡莎夫人，她曾在纽约的某音乐团担任小提琴手。他将事情本末向她说明，拜托对方想办法让他参加音乐比赛，但她面有难色地表示："虽然我也是音乐家出身，但美国大使馆不得越权干预音乐节的问题。"

她的答复已经很明白。但小泽征尔先生仍执著地恳求她。原来表情僵硬的她，逐渐地浮现出笑容。思考了一会儿，卡莎夫人问了他一个问题：

"你是个优秀的音乐家吗？或者是个不怎么优秀的音乐家？"

他刻不容缓地回答："当然，我自认是个优秀的音乐家，我是说将来可能……"他这几句充满自信的话，让卡莎夫人的手立时伸向电话。

卡莎夫人联络贝桑松国际音乐节的实行委员会，拜托他们让他参加音乐比赛，实行委员会回答，两周后作最后决定，请他们等待答复。

此时，小泽征尔心中便升起一丝希望。两星期后，他收到美国大使馆的答复，告知他已获准参加音乐比赛。这表示，他可以正式地参加贝桑松国际音乐指挥比赛了！

总共约60位选手参加这次比赛，小泽征尔很顺利地通过了第一次预选，来到正式决赛，此时他严肃地想："好吧！既然我差一点儿就被逐出比赛，现在就算不入选也无所谓了！不过，为了不让自己后悔，我一定要努力。"后来他获得了冠军。

就这样，他建立了世界大指挥家不可动摇的地位，我们可从他的努力中看出，直到最后，他都没有放弃，很有耐心地奔走于日本大使馆和美国大使馆之间，为了参加音乐节，尽了最大的努力。

费希特得以成为大教育家，小泽征尔得以成为大指挥家，这难道是偶然成功的吗？显然不是的，这些机会都是他们自己努力的结果，是他们从来不因别人误解而不平，不因人生艰难而不平，自己努力争取机会，如此心态，如此勇气，如此人生，总会有机会光临，总会有伯乐赏识，只不过在时间上有早晚，形式上不同罢了。

还有一个例子，瑞典科学家阿列纽斯于1882年在瑞典科学院物理学家爱德龙德的指导下进行了测定电解质导电率的研究工作。他把测定结果写成一篇博士论文寄给母校乌普沙拉大学，由于该校学位评议委员会的成员们还不理解论文的深刻意义，因而把这篇论文错误地评为四等。

"四等"就意味着博士考试的落选和失败，但是，阿列纽斯在这种情况面前没有退却，没有消沉，他将这篇落选的博士论文和一封附信一起寄给德国加里工学院物理化学家奥斯特瓦尔德。奥斯特瓦尔德仔细地阅读了论文和来信后，被深深地打动了，连呼"真了不起"。1844年8月，他亲自去瑞典访问了阿列纽斯，对那篇论文给予了高度的评价，并代表加里工学院授予他博士学位。阿列纽斯在此基础上继续努力，1903年因这一成就获得了诺贝尔奖。

6. 没有挫折，成功都是不堪一击的

从挫折中汲取教训，好好利用，就可以在失败面前泰然处之。我们面对挫折要勇敢，不放弃努力，就会从挫折中提炼出走向成功的黄金之道。

如果把挫折和失败看成洪水猛兽，从此不再振作，那么，挫折就会成为一股具有强大破坏性的力量。

挫折到底能给你提供什么？是痛苦，还是欣喜？显然，每个人在刚开始遭遇挫折的时候，内心肯定会痛苦的，但是，如果能凭自己的能力打败挫折，那又是令人欣喜的。这样挫折反而会告诉你一个道理：没有挫折，成大事者都是不堪一击的！

从挫折中吸取教训，这个教训就是迈向成功的踏脚石。当我们观察成大事的人士时，会发现他们的背景各不相同。那些大公司的经理、政府的高级官员以及每一行业的知名人士都可能来自偏僻的乡村、清寒家庭甚至于贫民窟。这些人现在都是社会上的风云人物，他们都经过艰难困苦的打拼阶段。

把每一个"失败"的人拿来跟"平凡"的人以及"成大事"的人相比，你会发现，他们各方面（包括年龄、能力、社会背景、国籍等）都很可能相同，只有一个例外，就是对遭遇挫折的态度不同，处理方式不同。

"失败"的人跌倒时，就无法爬起来了。他只会躺在地上怨天尤人，骂个没完。"平凡"的人会跪在地上，准备伺机逃跑，以免再次受到打击。"成大事"的人反应跟他们不同，他被打倒时，会立即反弹起来，同时会汲取这个宝贵的经验，继续往前冲刺。

看着"美国名人榜"的生平就知道，这些功业彪炳史册的伟大名人，都受过一连串的无情打击。只是因为他们有坚持到底的精神、彻底战胜困难的决心和毅力，才终于获得辉煌成果。天下哪有不劳而获的事？你只能利用种种挫折与失败，作为你前进的阶梯，来驱使你更上一层楼。

很多教授们都知道，从学生对于成绩不及格的反应可以推测出他们将来的成就。有一位教授讲过一件这样的事：

几年前，他故意把毕业班的一个学生的成绩打了个不及格，这件事对那个学生打击很大。因为他早已做好毕业后的各种计划，现在不得不取消。他只有两条路可走：第一是重修，下年度毕业时才拿到学位；第二是不要学位，一走了之。

在知道自己不及格时，他非常失望，并找这位教授要求通融一下。在知道不能更改后，他大发脾气，向教授发泄了一通。这位教授等待他平静下来后，对他说："你说的大部分都很对，确实有许多知名人物几乎不知道这一科的内容。你将来很可能不用这门知识就获得成功，你也可能一辈子都用不到这门课程里的知识，但是你对这门课的态度却对你大有影响。"

"您是什么意思？"这个学生问道。

教授回答说："我能不能给你一个建议呢？我知道你相当失望，我了解你的感觉，我也不会怪你。但是请你用积极的态度来面对这件事吧。这一课非常非常重要，如果不由衷培养积极的心态，根本做不成任何事情。请你记住这个教训，5年以后就会知道，它是使你收获最大的一个教训。"

后来这个学生听从了教授的建议，又重修了这门功课，而且成绩非常优异。不久，他特地向这位教授致谢，并非常感激他们的那场争论。

"这次不及格真的使我受益无穷。"他说，"看起来可能有点奇怪，我甚至庆幸那次没有通过。因为我经历了挫折，并尝到了成功的滋味。"

在面对失败的时候，不要把失败的责任推给你的命运，要仔细研究失败的实例。如果你失败了，那么继续学习吧！这可能是你的修养或火候还不够好。世界上有无数人，一辈子浑浑噩噩，碌碌无为，他们对自己一直平庸的解释是"运气不好"、"命运坎坷"、"好运未到"，这些人仍然像小孩子那样幼稚与不成熟；他们只想得到别人的同情，而自己从不肯努力。这样的人怎么能够成功呢？

马上停止诅咒命运的行为吧！因为诅咒命运的人永远得不到他想要的任何东西。

在一般情形下，"失败"这个词是消极性的，但在这里我们要赋予这两个字新的意义，因为这两个字经常被人误用，而给数以百万计的人带来许多不必要的悲哀与困扰。

先让我们比较一下"失败"与"暂时挫折"之间的差别，且让我们看看，那种经常被视为"失败"的事，是否在实际上只不过是"暂时性的挫折"而已。还有，这种"暂时性的挫折"实际上是不是就是一种幸福？因为它会使我们振作起来，调整我们的努力方向，使我们向着不同，但更美好的方向前进。

一个人只要把暂时的挫折和逆境当做是一种教训，那么这种挫折和逆境就不会在一个人的意识中成为失败，事实上，在每一种逆境及每一个挫折中都存在着一个持久性的大教训。而且，通常说来，这种教训是无法以挫折以外的其他方式来获得的。

挫折通常以一种"暗语"向我们说话，而这种语言却是我们所不了解的。如果这种说法不对的话，我们也就不会一遍又一遍地犯同样的错误了，并且不知从这些错误中汲取教训。

"挫折"是大自然的一项计划，它经由这些"挫折"来考验人类，使他们能够获得充分的准备，以便他们更加坚定地进行工作；"挫折"是大自然对人类的严格考验，它借此烧掉人们心中的残渣，使人类这块"金属"因此而变得纯净，并可以经得起严格考验。

就像每个人都会经历挫折一样，每个企业也同样都会遇到困难和挫折，但挫折不等于失败，只有放弃才会导致最后的失败。只要把从挫折中获得的教训善加利用，就会走向成功。对于事业上的挫折，决不要忧心忡忡，那样只会促使你走向失败，所以要抛开忧虑。

人际学关系大师卡耐基先生有一段时间曾对自己所受到的挫折非常吃惊，有好一阵子，担忧得简直没有办法睡觉。最后，他意识到总是忧虑并不能够解决问题，于是想出了一个不需要忧虑就可以解决问题的办法。这个应付挫折的办法非常简单，任何人都可以使用，其中共有三个步骤：

第一步：先镇静下来，认真仔细地分析整个情况，然后找出万一失败可能发生的最坏的情况是什么。没有人会把你关起来或者枪毙掉，这一点很正确，但你却很可能会因为失败而丢掉差事。

第二步：找出可能发生的最坏情况之后，就让自己在必要的时候能够接受它。对自己说：这次失败可能会使自己丢掉差事，但即使如此，我还是可以找到另外一份工作。以此来安慰并鼓励自己。至于那些老板，他们也知道现在是在试验一种新办法，他们可以把这笔损失算在研究经费上，因为这只是一种实验。

第三步：从现在开始，平静地把时间和精力拿来试着改善在心理上已经接受的那种最坏的情况。

卡耐基经过几次实验，证明了这个办法非常有效。

7.厄运往往是命运的转折点

艰苦的日子总有结束的时候。心中充满希望，并能继续为生活而努力的人，才能享有新生命。

每个人都希望自己顺顺当当地做成自己想做的事，而不是希望厄运降临在自己身上，但在现实生活中，这无疑是天方夜谭。愿望、献身、决意是一个人一生中的3位老师。

"天啊，厄运到来，我该怎么办呢?"这是懦弱者最常表现出来的心态。你正确的观念应该是：每个人都会遭遇厄运，但对成大事者而言，厄运并不能致人于死地，相反，是另一种命运的开始，是另一种命运的起点！

约翰·布伦迪被他的朋友们称做"马拉松人"，这是众所周知的事情。

1973年6月6日，约翰同往常一样做20分钟的晨跑运动，然而他没想到的是，这次晨跑成了他一生中的最后一次跑步。那天早上跑完以后，约翰依旧到工地去，他和另外3个人一同在屋顶上工作。天气非常炎热，工作也很艰苦，这时监工叫约翰拿一样工具给他，约翰便移动双脚，不料房顶水泥尚未凝固，他就从上面掉下去了。约翰失去了控制，他头朝下坠落下去。

事后他回忆说：那时候我听到很多杂音，和自己背骨折碎的声音。现在想起来真是害怕，我整个身体一直往下掉，整个人就像饼干一样，那一瞬间我发现我的脚一点知觉也没有。以后的数秒之中恐怖、愤怒、绝望——向我袭来，我很想站起来，可是心有余而力不足，能听从脑部指挥的只有头部。好像有人在上面说："唉哟！约翰掉下去了。"我心里不断期望，也不断诅咒。我把头转向左边，看到10公分远的地方有穿着鞋子的双脚，脚尖就在眼前，好像是我的脚，可是怎么会在这里呢？那一刻，我真的好害怕。好像又有人把我的头抬起，放在像枕头之类的东西上，其实我不觉得痛苦，后来激烈的阵痛不断侵袭我，痛得我几乎想死去，整个头好像被一根绳子吊起来，稍微一动就痛苦不堪。我猜想如果绳子断了，我的头是不是会扭转不停呢？很奇妙的想法，是不是？我一直努力使自己保持清醒。急救人员很快就到达了，他们把我抬到担架上，因为痛苦的关系，我非常害怕别人移动我的身体，毕竟是专业的急救人员，他们一面鼓励我，一面尽可能减轻我的痛苦，使我大为放心。

我被抬入救护车后，觉得舒服了一点儿，可能是心理因素吧！我认为马上就要到医院去治疗，情形不会太严重的。一到医院，神经外科医生表示要照X光，把我放在台上，双手双脚呈八字形分开，为了配合角度，医生不时摆动我的头，一种从未有的痛苦侵袭着我，真的，从未有的。过了一会儿，医生确定我的头骨断了，这不是一个好消息，我在孩提时代，曾听过头骨折断的故事，没想到竟也发生在我身上。我开始向上帝祈祷，请它赐给我力量，不容发生任何事。

漫漫长夜，好像永无止境，我不断地回想当天所发生的事，思绪愈来愈乱，就这样痛苦地度过黑夜。

在受伤的昏迷之中，我想起坐在轮椅上的总统——罗斯福和他说过的一句话："应该恐惧的是本身。"

从此以后，我变成一个思想积极的人，我问自己："受伤对我有什么意义呢?"我不断地思考，告诉自己："我将来一定会了解的，现在必须想办法活下去!我一定要努力!"对于一切，我心存感谢。

我真正的奋斗，从现在开始。

醒来时，我发现头部两侧的针头已经取出，原来我还在医院里。当时我想，只要安静下来，痛苦会逐渐减轻。

令我惊讶的是，我全身竟像木乃伊一样，被白布包裹起来，且一点儿知觉也没有。周围都是医疗用的机器，身旁的护士，可以处理紧急事情，在我的眼中，她们是无所不能的神。

我从来没有进过医院，所以对周围的一切都很陌生。

……

经过几个星期之后，约翰的伤势已被认定终生无法痊愈，这对于天生喜欢跑步的他来说无疑是一个晴天霹雳。可是他在痛苦过后依旧充满希望，盼望奇迹出现，使他的脊椎再度恢复健康，他专心致志地接受并配合治疗。

约翰急切地想知道自己的病情到底是一个怎么样的情况，唯一的方法只有向护士打听，有一天他听到护士指着他房间的方向对助手说："四肢麻痹就是像他那个样子。"

约翰从来投有见过四肢麻痹的人，他甚至没有想过四肢会同时麻痹，更没有想到自己竟变成这个样子。

一句话揭开了真相。他一下子从一个年轻又健康的丈夫和父亲变成了从头部以下全部麻痹的人，完全形同废人一样了。

约翰感觉自己一下子从天堂掉进了地狱。虽然如此，约翰仍然决定活下去，虽然痛苦不曾减轻，可是他活得很坚强。他说："我之所以决心生存下来，是因为有3个老师作为我人生的指针，这3个老师是愿望、献身、决意。我想活下去，想治好病，想知道自己究竟可以做什么事，我有这些愿望，这3个老师经常在心中，我为此而奋斗，并相信有一天我可以找到胜利的途径，所以永不灰心。"

如今约翰已经在他的轮椅上顽强地度过了11年，从人生的观点上来看，他实在太伟大了。他的心中没有仇恨，没有苦恼。因为他知道如果相信命运或憎恨别人，对自己并没有好处，相反地，应该爱护他人，虽然自己的身体受到伤害，但是自己的心理却很正常。约翰用他的实际行动证明了一件事，那就是真正的残疾是那些身体毫无缺陷、心理上却充满障碍的人。

约翰一直这样告诉自己，既然受伤是无可避免的，那么何不让自己坚强一些呢？既然改变不了人生的遭遇，何不改变自己的心态呢？他又这么想，或许这次遭遇是自己一生的转折点，自己应该下定决心努力。这种想法是既健康又正确的，所以约翰总是这么勉励自己。他认为自己并不是受害者，自己只是很自然地接受这个安排而已。

当约翰骑电动轮椅进入超级市场，或通过马路时，轮椅不断发出声音，引起许多小朋友的注意，他们有的在笑，有的一脸迷惑，也有的说："蛮不错嘛！"很羡慕的样子。遇到这种情形，约翰会作各种鬼脸逗孩子们发笑。他还自己经营了一家公司，为附近社区作介绍婴儿保姆的工作。

另外，他还在一家教会里做"新希望电话商谈中心"之类的服务，他对人生充满新希望，非常愿意帮助那些失意的人找到希望。

约翰胜利了，因为他能生存下去，而且他活得很快乐。他曾说过："艰苦的日子总有结束的时候。心中充满希望，并能继续为生活而努力的人，才能享有新生命。"他不但明白这个道理，也是努力把厄运视为命运重新开始的人。

8.压力是强者的推动力

潜能是一个人敢于挑战压力的重要保证。没有压力就没有动力，不幸的压力也可转化成成就大事的动力。

当你遇到挫折时，不要试图去计算你遭受了多少损失，那是毫无意义的举动；相反地，你应该算算看，你从挫折当中，可以得到多少收获和资产。

人的潜能即是指人的心理能量，大脑潜力。美国著名成功学大师卡尔·皮鲁说："潜能是一个成大事者的重磅炸弹。"这句话说得太妙了。你的身上有多少潜能？这个问题可能只有你自己知道，或许你自己也不知道。人在绝境或遇险的时候，往往会发挥出不同寻常的能量。人没有了退路，就会产生一股"爆发强力"。我们每个人都有巨大的潜能可以开发，一般人只使用了潜在能力的十分之一，甚至还不到十分之一。也许有人会说："才用了十分之一我就已经做得很好了，何必再给自己施加压力呢？"

没有压力就没有动力，人类的进化被看作是生物进化与文化进化相互作用的结果，而且文化进化的作用越来越显示出使人更自信更主动地去开发潜能的趋势和前景。人类的大脑是越用越灵活的，我们的生活也是越求创新越有意义、越美好的。难道你要拒绝文化进化，拒绝你潜能的开发吗？你不想在人生的旅途中进行令人激动的探险揽胜吗？可曾记得你在生活中有这样的一天：你学到了一些新知识或是出色地完成了一项工作任务，或是对你所关注的事物有了新的发现，脑海里闪现出灵感的火花、奇妙的构想……这一天你一定会感到非常愉快，心中仿佛有一支动听的歌在欢快地回响。我们每个人或多或少都有过这样的经历。这样的日子为什么会那么令人称心如意？就是因为在这些日子里你用脑比平时要多，从而感到思维上的灵活。当然做到这一步会有压力和困难，可是长年累月地没有这些压力和困难又有什么意义可言？当我们意识到自己在成长和进步的时候，我们的自信心、喜悦之情和成就感实质上就是一种由于拥有一定的文化知识和创造才能而产生的活力。

人的潜能一旦被挖掘出来，其力量是非常大的。在一次火灾中，一位上了年纪的女士竟然把一个大橡木柜子从3楼搬到楼下。火灾后，3个强壮的男人费了九牛二虎之力才勉强把那个柜子抬回到3楼原来的位置。这时再让这位女士重来一次，她却怎么也搬不动了。

事情常常如此，人们在某种巨大压力或者某种危机的驱使下，能使自己的体力和耐力达到正常情况下决不能达到的程度。当一个神经错乱的人发狂时，会有正常情况下所不可能的体力，这是为什么呢？就是因为人的身体具有潜在的能量。

当你遇到不幸的打击时，不幸的压力可能会使你发现你身上具备的能力，这时它可以转化为成就一番大事的筹码，不幸的压力也可化成成大事者的动力。

乔治在美国威斯康星州经营一座农场，当他因为中风而瘫痪时，就靠着这座农场维持生活。他的亲戚们都确信他已经是没有希望恢复健康了，所以他们就把他搬到床上，并让他一直躺在那里。乔治的身体虽然不能动，但是他还是不时地在动脑筋。忽然间，有一个念头闪过他的脑海，而这个念头注定了要补偿他的不幸的缺憾。

他把他的亲戚全都召集过来，要求他们在他的农场里养猪，同时还要在农场里种植谷物之类的作物。等谷物成熟，就用作养猪的饲料。猪养大以后，被制作成香肠。

实践证明，乔治的想法很正确。数年间，乔治的香肠就被陈列在全国各商店出售，结果乔治和他的亲戚们都成了拥有巨额财富的富翁。

出现这样美好结果的原因，就在于乔治的不幸迫使他运用从来没有真正运用过的一项资源：思想。他定下了一个明确目标，并且制定了达到此一目标的计划，他和他的亲戚们组成工作团队，并且以应有的信心，共同实现了这个计划。别忘了：这个计划是乔治中风之后才想出来的。

你要想拥有抵抗挫折的方法——遭遇困境，更加经得起摔打！

9. 反败为胜才有出路

反败为胜是一个人逐渐走向成熟的象征，因为这是在绝境中最强烈求胜欲望的爆发。

一个人可以没有金钱支配自己的时光，但必须有反败为胜的毅力和决心，只有这样才能自我拯救，变成真正的成大事者！

当你在某一刻突然遭受挫败的时候，不要以为天下就你一个人会"享受"这样的"待遇"，实际上在成大事的过程中，每个人有都失败的可能，或者可以说每个人都必然会经历失败。这时候的你需要什么呢？需要你迸发出反败为胜的决心。

能够反败为胜是一个人成大事最直接、最鲜明的标志。也就是说，面对已经失败的局面，成大事者会在失败的地方站起来，重塑自我。

伟大的心理学家阿德勒穷其一生都在研究人类及其潜能，他曾经宣称他发现了人类最不可思议的一种特性——"人具有一种反败为胜的力量"。

我下面要讲述的这位女士的经历正好印证了上面那一句话，这位女士是瑟尔玛·汤普森。

"战时，我丈夫驻防加州沙漠的陆军基地。为了能经常与他相聚，我搬到那附近去住，那实在是个可憎的地方，我简直没见过比那里更糟糕的地方。我丈夫出外参加演习时，我就只好一个人待在那间小房子里：热得要命——仙人掌树阴下的温度高达华氏125度，没有一个可以谈话的人。风沙很大，所有我吃的、呼吸的都充满了沙、沙、沙！"

"我觉得自己倒霉到了极点，觉得自己好可怜，于是我写信给我父母，告诉他们我放弃了，准备回家，我一分钟也不能再忍受了，我情愿去坐牢也不想待在这个鬼地方。我父亲的回信只有3行，这3句话常常萦绕在我心中，并改变了我的一生：有两个人从铁窗朝外望去，一人看到的是满地的泥泞，另一个人却看到满天的繁星。"

"我把这几句话反复念了好几遍，我觉得自己很丢脸。于是，我决定找出自己目前处境的有利之处，我要找寻那一片星空。"

"我开始与当地居民交朋友，他们的反应令我心动。当我对他们的编织与陶艺表现出很大的兴趣时，他们会把拒绝卖给游客的心爱之物送给我。我研究各式各样的仙人掌及当地植物。我试着多认识土拨鼠，我观看沙漠的黄昏，找寻300万年前的贝壳化石，了解到这片沙漠原来在300万年前曾是海底。"

"是什么带来了这些惊人的改变呢？沙漠并没有发生改变，改变的只是我自己。因为我的态度改变了，正是这种改变使我有了一段精彩的人生经历。我所发现的新天地令我觉得既刺激又兴奋。我着手写一本书——一本小说——我逃出了自筑的牢狱，找到了美丽的星辰。"

瑟尔玛·汤普森所发现的正是古希腊人发现的一个真理："最美好的事往往也是最困难的。"哈里·爱默生·佛斯狄克在20世纪再次重述："真正的快乐不见得是愉悦的，它多半是一种胜利。"确实是这样的，快乐来自一种成就感，一种超越的胜利。

伯利梭在写这段话时，已在一次火车意外中丧失了一条腿。还有一位名叫本·佛森的丧失双腿的人，他也能转亏为盈。罗克在乔治亚州大西洋城的一家旅馆的电梯中遇到他。罗克步入电梯时，注意到这位表情愉悦的人竟然没有腿，他坐在电梯角落的轮椅上。电梯停止在他要去的那层楼时，他和善地请罗克移到角落，以便他更顺利地移动轮椅。"对不起！"他说，"让你不方便了！"他的脸上挂着温煦的笑容。

罗克步出电梯回房时，实在没法不想着这位开心的残疾者。于是罗克找到他，请他讲述他自己的故事。

"事情发生在1929年，"他依旧面带微笑地说，"我到山上去砍伐山胡桃木，我把木材堆在我的车上，开车回家。忽然一根木条滑下来，正在我急转弯时，木条卡在车轴上，我立即被弹到一棵树上，脊椎骨受了伤，双腿因此瘫痪。当时我24岁，从那以后，我没有再走过一步路。"

一个24岁的青年，就被宣判一辈子要在轮椅上度过！罗克问他怎么能这么勇敢地面对事实。他说："我不能！"他说他当时愤怒抗拒，怨恨命运捉弄。但是年岁渐长，他发现抗拒对自己毫无帮助，只能够使自己变得尖酸刻薄。"我终于体会到，"他说，"别人都和善礼貌地对我，我起码也应礼貌和善地回应人家。"

罗克问他，过了这些年，他是否仍觉得那次事件是个不幸。他说："不！我几乎庆幸它的发生。"经过了那个震惊与愤恨的阶段，他开始在一个完全不同的世界中生活。他开始阅读并培养出对文学的嗜好。14年来，他说他起码读了1400本书籍，这些书充实了他的精神领域，他的人生比以前所能想象的还要丰富。他也开始欣赏音乐，现在令他感动的交响乐以前只会令他打盹。然而，真正最重大的改变，还是他有了思考的时间。"我一生中第一次，"他说，"真正用心看世界，并体会其价值。我终于体会到以前努力追求的很多事其实都没有真正的价值。"

由于阅读，他开始对政治感兴趣，他研究公共问题，坐在轮椅上发表演说。他开始了解人们，而人们也开始认识他。他坐在轮椅上，还当上了佐治亚州州务卿。

改变人类科学观点的科学家达尔文说："如果我不是这么无能，我就不可能完成所有这些我辛勤努力完成的工作。"很显然，他坦承自己受到过弱点的刺激。

卡耐基在纽约市教授成人教育课程时，发现很多人都有一个很大的遗憾，那就是没有机会接受大学教育，他们似乎认为未进大学是一种缺陷。而事实上他认识的许多成大事的人士都没上过大学，因此他知道这一点并没有这么重要。他常告诉这些学员一个关于失学者的故事：有一个人，他的童年非常贫困，父亲去世后，靠父亲的朋友帮忙才得以安葬。他的母亲必须在一家制伞工厂一天工作10小时，再带些零工回来做，做到晚上11点钟。

他就是在这种环境下长大的，有一次，他参加教会的戏剧表演，觉得表演非常有趣，于是就开始训练自己公众演说的能力。后来也因此，他进入政界。30岁时，他已当选为纽约州议员。不过对接受这样的重大责任，他其实还没有做好充分的准备。事实上，他告诉别人，他还搞不清楚州议员应该做些什么。他开始研读冗长复杂的法案，这些法案对他来说，就跟天书一样。他被选为森林委员会的一员，可是因为他从来不了解森林，所以他非常担心。他又被选入银行委员会，可是他连银行账户也没有，因此他十分茫然。如果不是耻于向母亲承认自己的挫折感，他可能早就辞职不干了。绝望中，他决定一天研读16小时，把自己无知的酸柠檬，作成知识的甜柠檬汁。因为这种努力，他由一位地方政治人物提升为全国性的政治人物，他的表现如此杰出，连《纽约时报》都尊称他是"纽约市最可敬爱的市民"。

这位战胜了弱点而充分发挥自己优势一举成名的传奇人物就是阿尔·史密斯。

在阿尔开始自我教育后的10年，他成为纽约州政府的活字典。他曾连任四届纽约州长——当时还没有人有这样的纪录。1928年，他当选为民主党总统候选人。包括哥伦比亚大学及哈佛大学在内的6所著名大学，都曾颁授荣誉学位给这位年少失学的人。

阿尔曾经告诉卡耐基，如果不是他一天勤读16小时，把他的缺失弥补过来，他绝对不可能有今天的。

哲学家尼采认为：优秀杰出的人不仅忍人所不能忍，并且乐于进行这种挑战。

我们越研究那些有成就的人，越深信一点，他们之所以能够成就大事，大部分是因为某种缺陷激发了他们的潜能。威廉·詹姆士曾说："我们最大的弱点，也许会给我们提供一种出乎意料的助动力。"的确，弥尔顿如果不是失去视力，可能写不出如此精彩的诗篇；贝多芬则可能因为耳聋才得以完成更动人的音乐作品；海伦·凯勒的创作事业完全是受到了耳聋目盲的激发；如果柴可夫斯基的婚姻不是这么悲惨，逼到让他几乎要自杀的境地，他可能难以创作出不朽的《悲怆交响曲》。

因此，记住这个法则：反败为胜才有出路！

10.认真分析每次失败的缘由

把失败看成一次成功之前的实践，从失败中吸取教训，这是一种成大事者所具有的最佳心态。失败使你重新检讨你在身心方面的资产和能力。

很多人都会被自己所犯下的大大小小的错误吓住，一朝被蛇咬，十年怕草绳。其实，这大可不必。大家都知道爱迪生为了得到一个正确的结果，实验时出过上千次错误，但他正是在错误中找到了正确的途径。

失败也是一次机会，需要你仔细诊断。对此发明大王爱迪生认识得最深，实践得最好。他为发明电灯失败了无数次。在一次寻找最合适做灯丝的材料再次失败后，他的助手叹口气说："唉，又失败了。""不，"爱迪生轻松地说，"这一次我们又找出了一个不适合做灯丝的材料。"把失败看成一次成大事的实践，从失败中有所收获，这是一种成大事者所具有的最佳心态，他们最懂得"失败乃成功之母"，往往会在失败的教训中获益，然后从失败中走向成功，实现最辉煌的转折。

失败固然不可怕，关键是你要在这次失败中吸取教训，以免下次再犯同样的错误，只有愚蠢到不可救药的人才会在同一个地方被同一块石头绊倒两次，这样的人也不会从失败中把握未来，实现命运的转折。

下面是常见的失败原因，找出你身上曾经出现过的，下决心改掉它：

（1）糊里糊涂，没有明确目标地过日子；

（2）爱管他人闲事，教育程度不够，缺乏自律，显现出不控制饮食和对机会漠不关心的倾向；

（3）缺乏雄心壮志；

（4）因消极思想和不良饮食习惯造成的疾病；

（5）儿时的不良影响；

（6）缺乏贯彻始终的坚毅精神；

（7）情绪缺乏控制；

（8）想不劳而获的念头；

（9）当所有必须条件都具备时，仍然无法迅速坚定地做决定；

（10）心中怀有7项基本恐惧中的任何一项或几项：贫穷、批评、疾病、失去爱、年老、失去自由和死亡；

（11）配偶选择不当；

（12）太过谨慎或不够谨慎；

（13）职业选择不当；

（14）虚掷光阴和金钱；

（15）措辞不慎；

（16）缺乏耐性；

（17）无法以和谐的精神和他人合作；

（18）不忠诚；

（19）缺乏洞察力和想象力；

（20）自私而且自负；

（21）报复欲望；

（22）不愿多付出。

必须了解的失败原因并不止这些，导致一个人失败的原因，通常不止一种，而可能是好几种的综合。

马登年轻的时候，曾经在芝加哥创办一份教导人们成大事的杂志，当时他没有足够的资本创办这份杂志，所以他就和印刷工厂建立了合伙关系。后来事实证明这是一本成大事的杂志。

然而，他却没有注意到他的杂志对其他出版商造成了威胁。而且在他不知道的情况下，一家出版商买走了他合伙人的股份，并收购了这份杂志。当时他是以一种感到非常耻辱的心态，离开了他那份以爱为出发点的工作。

上面所列的失败原因中，有好几项都是造成马登失败的原因。其中，最大的原因在于，他忽略了以和谐的精神与他的合伙人合作，他常因为一些出版方面的小事而和别人争吵。当机会出现在他面前时，他并没有把握住它。他的自私和自负，应该对这些负起责任，而他在业务上不够谨慎，以及说话语气的强烈，也都是造成他失败的原因。

当马登被踢离在芝加哥的事业时，曾经一度感到彷徨，没有方向感。他可以从此放弃创办杂志并接受他太太的主意，安稳地从事律师工作。但是，他在失败中找到了等值利益的种子，而且他培养这粒种子，以圆他人生最大的梦想。他离开芝加哥前往纽约，在那里他又创办了一份杂志。为了要达到完全控制业务的目的，他必须激励其他只出资，但没有实权的合伙人共同努力。他同样必须谨慎地拟订他的营业计划，因为现在他只能依赖他自己的资源了。

就在不到一年的时间里，这份杂志的发行量，就比以往那份杂志多了两倍。其中一项获利来源，是他所想出来的一系列函授课程，而这一系列的函授课程，就成了个人成功学的第一笔编纂资料。

看来失败也是一种收获，你可以从失败中学到很多经验和教训。失败显露出的坏习惯，予以击败，以好习惯重新出发；失败驱除了傲慢自大，并以谦恭取而代之，而谦恭可使你得到更和谐的人际关系;失败使你重新检讨你在身心方面的资产和能力;失败借着使你接受更大挑战的机会,增加你的意志力。

经常健身的人都知道,只是将杠铃举起来是没有用的:练习者必须在举起杠铃之后,以比举起时慢两倍的速度,将杠铃放回举起前的位置。这种训练称为"阻抗训练",这所需要的力量的控制力,比举起杠铃时还要多。

失败就是你的阻抗训练,当你再度回到原点时,主动将自己拉回原点,并将注意力集中到拉回原点的过程上。利用这个方法,可使自己再次出发后,能有长足的进步。

从以上意义认识,每当你失败一次,你就离成功近了一步,在成功与失败之间的互换推动与转化中,你的人生将日益成熟与完美。

你应当学会诊断自己失败的缘由——如果你出现了下列弱点,而且情况严重,你就注定要成为输家:

(1)活在自欺欺人当中。这种人只知道活在过去,死抱着以前做事、生活的方式不放,而没有心思注意眼前的事实;

(2)不断地仰赖别人的掌声或赞许才能生存,以克服内心深处的自卑感;

(3)马失前蹄。在压力愈大的时候,表现愈不理想,变得非常紧张,放不开;

(4)虎头蛇尾。做任何事从来不坚持到底,也不够专注,总是找借口减轻责任;

(5)轻诺背信。动不动就撒手走人,留了一堆烂摊子让别人收拾残局;

(6)单打独斗。喜欢做独行侠,一碰上团队合作就束手无策,甚至心生抗拒;

(7)嫉妒心重。见不得别人比自己好,动不动就吃醋;

(8)自制力差。按耐不住内心的冲动,而且老是故态复萌;

(9)逃避问题。习惯当鸵鸟,不论任何大小问题,一概熟视无睹,埋头不理;

(10)渴望被别人喜爱,而且不计代价地处处讨好别人;

(11)以怨报德。对有恩于你的人不知感激,甚至反咬对方一口;

你要想拥有反省自我的方法,那么就要做到:仔细诊断每次失败的缘由!

第八章
成于忧患，败于安乐
——再接再厉，把成功培养成习惯

千万不要得意于你现在所取得的成功，只要你还有一丝一毫的错误和不足，你的成功就是有缺憾的，不完满的，随时可能被他人替代和颠覆。就像特洛伊战场上的阿喀琉斯，纵然有千钧之力和金刚不破之身，但因脚后跟上那一点小小的"破绽"，便使其横尸疆场，无以复生。

1. 不要满足于99.9%的成功

在战场上根本不允许有任何失误，即便是0.1%的失误，也可能成为敌人向你攻击的突破口，还可能是致你和团队于死命的一个缺口，这是众所周知的事实。

许多企业因为自己99.9%的成功而沾沾自喜，认为质量合格率达到99.9%，就可心满意足了；认为服务水平和客户满意度达到99.9%，就可高枕无忧了；认为计划完成率达到99.9%，就可停歇止步了……难道99.9%就足够好了？殊不知，99.9%背后隐藏着多少痛苦与无奈。请看以下一组统计数据：

（1）每年有20000个误开的处方；

（2）每年有103260份所得税报表处理有误；

（3）每年有114500双不成对的鞋被装船运走；

（4）每月有2500000本书被装错封面；

（5）每天有3056份报纸内容残缺不全；

（6）每天有2架飞机降落到机场时，安全得不到保障；

（7）每天有12个新生儿被错交到其他婴儿父母手中；

（8）每小时有18322份邮件发生投递错误；

（9）每小时有5500000盒软饮料质量不合格；

（10）每小时有880000张流通中的信用卡磁条上保存的持卡人信息出错；

（11）每天有291例安装心脏起搏器的手术出现失误。

每一年，每一月，每一天，甚至每一时刻，都发生着许许多多令人恐惧、担忧、愤怒而又无奈的事件。这些令人震惊的事件，都是满足于99.9%的合格率或成功率所种下的恶果！

对企业而言，产品合格率达到99.9%，失误率仅为0.1%，质量似乎很不错了，但对每个消费者而言，正是那0.1%的失误，造成了100%的不幸！

举个例子：一家电热水器生产厂，声称自己的产品质量合格率为99.9%，各项指标安全可靠，并有双重漏电保护措施，让消费者放心使用。一位消费者购买了该厂的电热水器，却不幸摊上了0.1%的失误。

像往日一样，他未关电源就开始洗澡，不曾想，热水器漏电，而漏电保护装置又失效，他被电流击倒，一只胳膊当即被打断。正常情况下，带电使用电热水器属于正常操作范围，不应出现这一故障，即便发生漏电，漏电保护装置也会立刻断电，以确保使用者的安全。然而，这家企业满足于99.9%的合格率，却给那位消费者带来了巨大伤害。

由此不禁令人担心，是不是还会有下一个、再下一个消费者也摊上这一不幸的0.1%的失误呢？如果企业没有重视这0.1%的质量失误，没有时刻谨记："我绝对不能失败！"不仅消费者的生命安全得不到保障，企业的生存也难以延续下去。试想一下，有谁还敢买这样的"危险品"？无人买单，企业无以为继，生意自然也就持续不下去。

20世纪90年代以前，中国许多企业生产的产品都分为一等品、二等品、三等品。其实，所谓"二等品"、"三等品"，就是质量未达标的不合格产品，是"问题产品"，是次品。然而，这些产品却在市场上堂而皇之地销售，这虽然有其历史原因，但也说明3个问题：

（1）这些厂家对质量未引起高度重视，允许产品有缺陷，甚至认为100个产品中有几件次品极为正常，没有什么大惊小怪的；

（2）没有品牌意识，自然没有质量意识，不明白"质量是企业的生命"，一个质量低劣的产品，会砸了企业的品牌，也会砸了全厂员工的饭碗；

（3）竞争强度不大，竞争形势不够严峻，有些产品处于供不应求的状态。

由此，导致某些企业产生以劣质产品横行市场、从消费者口袋里"骗钱"的不良事件。

实际上，企业的这一做法，是对消费者的极不尊重，这是一种极其不负责任的态度和行为。短期情况下，企业似乎获得了不少利润，但从长远来看，只会损害企业的利益。因为管理者对质量意识的缺失和放松，必将影响员工对质量的严格控制和把关，他们会认为："既然领导对质量并不关心，咱们又何苦自找麻烦？"

于是，工作马虎、得过且过的风气在企业蔓延，产品缺陷率越来越高。毫无疑问，随着竞争的加剧，质优价廉、零缺陷的产品必将涤荡和驱逐劣质产品，使那些不重视质量的企业获利能力越来越低，市场信誉越来越差，最终失去生存空间。

质优产品，是顾客选择你的第一理由，否则，顾客根本不可能对你感兴趣，更不可能将其"钱包份额"分给你。对此，海尔公司深有体会，并有许多令人称道的地方。海尔公司认为"有缺陷的产品，就是废品"，既不应该生产出来，也不能流通到市场上损害消费者的权益。

一次，海尔公司副总裁杨绵绵在分厂检查工作，在一台冰箱的抽屉里发现了一根头发丝。她立即召开相关人员会议，有的人私下议论说一根头发丝不会影响冰箱质量，拿掉就是了，何必小题大做呢?杨绵绵却斩钉截铁地告诉在场的干部、职工:"抓质量就是要连一根头发丝也不放过!"

又有一次，一名洗衣机车间的职工在进行"日清"时，发现多了一颗螺丝钉。职工们意识到，这里多了一颗螺丝钉，就有可能哪一台洗衣机少安了一颗，这可不是一件小事，这关系到产品质量和企业信誉。为此，车间职工下班后主动留下，复检当天生产的1000多台洗衣机，用了两个多小时，终于查出原因——发货时多放了一颗螺丝钉。

对质量的追求几近偏执狂的做法，怎能使产品不优质可靠?而公司上下每个人，包括管理者和员工同样对质量一丝不苟，视缺陷为废品的态度，又怎能不使产品好上加好，赢得顾客的广泛信任和喜爱，使企业走向辉煌呢?

在客户服务中有一个公式:99.9%的努力加0.1%的失误等于零满意度。这说明:你纵然付出了99.9%的努力去服务于客户，去赢得客户的满意，但只要有0.1%的失误、瑕疵和不周，就会令客户产生不满，对你的产品印象大打折扣，甚至不信任你的产品。如果这0.1%的失误，正是客户极为关注和重视的方面，或给客户带来的损失及伤害巨大，就会使你前功尽弃，以往所有的努力付之东流，客户将彻底与你"决裂"，弃你而去。

有这样一个案例:一位采购人员，每个节庆日都会收到与其有业务往来的另一家公司的贺信，每张贺信上都附有该公司的总裁签名。有一次，他遇到产品上的一个技术性问题，打电话向那家公司的技术人员咨询，结果电话转来转去，最后总算转到一位技术人员那里，但这位技术员既不热情，也无耐心，只是建议让他上公司的网站去查看，然后技术人员就匆匆挂断了电话。

采购人员极其愤怒，打电话请求前台小姐，帮他把电话转给那位在贺信上签名的公司总裁。前台小姐却说老总很忙，无法接听电话，这令他更加生气。于是，他通过以前收贺信的电子邮件地址，给这位总裁发了一封信，几天之后不见回音，他又发了一遍，还是不见回信，他再发了一遍，依然是石沉大海。此时，他已由愤怒、懊恼转为十分沮丧和失望。没过多久，这位采购人员便将全部的业务转给那家公司的竞争对手了。

虽然那家公司以往都做得很好，关怀客户方面也做得不错，但它仅是从自身利益和角度考虑问题，并未切实关心客户的需要。当客户请求帮助时，工作人员却态度生硬，推三阻四，未真心实意替客户排忧解难。结果，由于服务上的这一纰漏，断送了公司的生意。

市场竞争就是如此残酷，假若你在质量上有0.1%的纰漏，竞争对手就会以此打你软肋，推出零缺陷产品，大模大样从你身边拉走客户；假若你在服务上有0.1%的疏忽，竞争对手又会推出"百分百"优质服务，诱使你的客户向其倒戈，以瓜分市场，提升其市场地位；假若你在市场上有0.1%的缺口，竞争对手即可乘你不备，从侧翼偷袭你，抢占你的前哨，攻击你的后方，最终一举摧毁你。

其实，做到零缺陷、零失误并不难，只要每个员工时刻牢记一点："我绝对不能失败！"保持高度的责任心和敬业精神，把"永远不向消费者提供劣质产品和服务"作为企业生产的道德底线，并将"优秀的产品是优秀的人做出来的"、"谁生产了不合格产品，谁就是不合格的员工"这一思想深植于心，用做人的准则做事，用做事的结果看人，就能赢得客户的满意和回报，创造出企业强大的竞争力。

2. 优秀是卓越的敌人

有人说："好上加好是卓越，卓越上加好是超凡。"追求卓越的过程，是一个不断成长、进步和超越自我的过程，是"没有最好，只有更好"进取精神的体现。

现实生活中，只要你总有向上摸高的渴望，总认为自己未达到顶峰，总想刷新自己以往的纪录，始终保持着卓越的气质，你就能迈向卓越，保持你无人可替代的强势地位。

吉姆·柯林斯在《从优秀到卓越》一书中写道：优秀是卓越的大敌。这就是很少有优秀者实现卓越的主要原因。为什么我们没有卓越的学校？主要是因为我们有优秀的学校；为什么很少人能过上美满的生活？基本原因是过上好生活很容易；为什么绝大多数公司始终未能成为卓越公司？全是因为它们绝大多数都是优秀公司……

这些话看起来似乎有些不容易理解，如果你深究一下就会发现，寓意极为深刻。如果一个人总认为自己不够优秀，总认为自己做得不够好，总是不满足于现状，他就会有很强的进取心和创造性张力，拼命去努力——努力学习，努力工作，努力把自己变得更优秀、更出色，不断挑战自我、刷新自我、超越自我，直至攀向更高的巅峰——卓越。

在一次记者采访中，喜剧大师卓别林说："我不敢说我是好莱坞最优秀的演员，但我敢肯定我是这里最勤奋的演员。"或许是因为他认为自己不是最优秀的，所以才会比别人更勤奋、更努力，又因为比别人付出的更多，倾注的心血和心力更多，所以，他收获的成果、取得的成就也更多、更大。

反过来，不管是企业还是个人，如果陶醉于自我的优秀中，安享"太平盛世"，不思进取，不思发展，裹足不前，最终会被自己的"优秀"打败、击垮，由强盛变为衰败，直至消亡。

由史泰龙主演的电影《洛奇》里讲了这样一个故事：

洛奇·巴尔博居住在费城，他最初曾梦想成为一个伟大的拳击手，可随着时间的推移，他的幻想破灭了。但他为了保持体形，从未停止过训练。洛奇常靠帮别人讨债获得一些收入。全国拳击重量级冠军阿波罗·罗里德做巡回访问来到了费城，他的经纪人为他安排了一场比赛，对手将是一个没有名气的拳击手，他们选中了洛奇，当然，他们只是把这当作一个玩笑。但洛奇却开始了更为刻苦的训练，他来到女友哥哥工作的屠宰厂，对着冻肉挥拳练习。比赛开始了，这本来是一场公认的一边倒的比赛，但实际上却变成了势均力敌的较量。比赛极为残酷，洛奇百折不挠，他与阿波罗打满了15个回合，打断了拳王的一根胁骨，并最终击倒了拳王。

无论是强者，还是弱者，都是相对的，既有实力上的相对性，也有时间上的相对性。今天看起来实力强大，威风凛凛，不可一世的强者，若掉以轻心，妄自尊大，不强化自我，超越自我，持续进步和突破，也许明天就会被另一个强者所取代，而该强者很可能是由一个以前的弱者成长壮大起来的。

强、弱之间的转换，是在一方的自大自满、故步自封、不求改变，而另一方不断刷新自我、发展自我和完善自我中悄悄发生变化的。时刻警惕周遭的变化，永不停歇地快速奔跑，无论对于强者，还是对于弱者，都是获取生存必修的一课。

20世纪初，福特汽车公司生产的T型车以性能可靠，物美价廉，广受当时的消费者喜爱。截至1920年，T型车共计卖出2200万辆，福特公司的市场份额从零迅速飚升至55%，成为当时汽车工业无可争议的领袖。

到20世纪20年代后，情势急剧变化，许多消费者开始富足起来，对汽车的偏好不再是基本的代步工具和安全可靠了，而是更加追求时尚美观、风格色彩各异、款式独特新颖的汽车。然而，亨利·福特却未能敏感地察觉到市场的这一变化，更不愿相信和承认消费者的新需求。他固守T型车不改，并且沉迷于其间，并自大地认为，没有谁可以撼动福特的市场地位，依旧向市场不断推出老旧款型的黑色T型车。

与此同时，通用汽车公司则开发了价格、功能、款式和色彩各异的一系列小轿车，赢得广大消费者的青睐，并从福特的消费阵营中拉走了众多顾客。以至于20世纪20年代后，福特公司的市场份额由55%暴跌至12%，最终丧失了汽车工业的霸主地位。

一个企业短期的辉煌并不难，难的是持续保持辉煌和不败的战绩。要做到这一点，就必须时刻警惕自己"我绝对不能失败！"时刻保持创造性张力，把"追求更好"作为企业一贯坚持的行动纲领，并将此渗透到每个员工的意识中去。

一个企业只要愿意放下包袱，不沉迷于过去的成绩，勇于改变，在别人否定自己之前，先否定自己，在别人打倒自己之前，先打倒自己，不断超越和突破自我，就能永葆活力，实现从优秀到卓越的演进。

正如一位企业经营者所言："成功，极富诱惑力的字眼，每一个人、每一个企业都在竭力追求，但每一个成功者的背后又都潜伏着失败的危机。"

所谓"优秀企业"，就是满足于99.9%成功的企业，它们像昙花一现，在市场上红火、风光了几年便销声匿迹了。那些始终追求卓越的企业则不同，它们从一开始就塑造了公司的卓越气质，把"没有最好，只有更好"作为公司的行动纲领，并使每个员工在执行中坚持不懈地贯彻落实，使企业的市场竞争力不断提升，市场价值日益走高，企业的生命力更加旺盛。

长久以来，GE公司一直是质量的代名词，但到20世纪90年代，GE的质量已不再是世界级水准，日本的公司和摩托罗拉公司已走在其前列，并超越了其一大步。杰克·韦尔奇清醒地认识到这一点，在一次会议上，他强调道："通过技术改造，升级换代，我们的产品和服务越来越好，但我们不能仅限于此，我们要求更好。好于竞争对手并不能使我们改变目前的竞争态势，只有世界级水平的公司才能在激烈的竞争中生存下来。我们必须把质量提升到一个全新的水平，希望我们的质量是如此与众不同，对客户如此有价值，对他们的成功如此重要，以至于我们的产品是他们唯一有价值的选择。"

为了让公司保持无可替代的旺盛的竞争优势，1996年1月，杰克·韦尔奇推出了6西格玛计划。实施6西格玛计划前，GE公司的标准生产流程是每百万次操作中有3.5万次误差，即3.5西格玛水平。公司的目标是2000年成为一家符合6西格玛标准的企业，即操作误差每百万次不足4次，换句话说，就是必须把原有的误差率缩小为万分之一。

为了让全体员工和管理者重视质量问题，杰克·韦尔奇煞费苦心地说："你们应该疯狂地关注质量问题，对之倾注极大的热情。应该竭力落实6西格玛计划，这是日常工作的重心所在。对质量的追求不是为了GE公司，而是使你的客户更有竞争力，客户才是真正管理工厂的人！在下个世纪，我们不会接纳或保留任何不具备质量意识的人。外界认为我们在这个问题上似乎有点精神失常，这是个公正的评价，我们的确如此。"

正是这种孜孜不倦、永不停息的努力以及不断追求卓越、锐意进取的精神，使GE公司成为全球最受瞩目和尊敬、市场价值节节走高的公司。

向标杆学习，保持卓越气质，不断超越优秀。

3.永远把自己当新人

"未出土时即有节，及凌云处也虚心"，这是竹子的精神，我们要学习竹子的这种谦虚谨慎、不骄不躁的精神！

永远把自己当新人，是成功者必备的素质，是追求进步、超越自我的动力，是企业保持市场竞争力和可持续发展的先决条件。

"永远把自己当新人"具有以下四大特征：

（1）有强烈的好奇心，对一切新生事物都有浓厚的兴趣，不拒绝任何新思维、新方法、新知识和新变化，以科学专业的精神去认真对待新事物，这是所有发明、创新不可或缺的品质。

（2）以"空杯"的心态向他人学习，一家企业最终可维持的竞争优势是它的学习能力以及学以致用的能力。善于学习的组织拥有一项优势，即学习会转化为行动，而行动则会促进生产力。通过学习，取他人之长，补己之短，从而使自己在学习和实践中不断成长和进步。

亨利·福特一开始制造小轿车时，就优于其他竞争对手。那些竞争者完全忽略了汽车的重量，甚至认为汽车越重，价钱越高。福特并不认同这种观点，而是着手设计轻巧而速度更快的轿车——A型轿车。该车投放市场后，仅一年，福特汽车公司就售出了1708辆。福特并不满足于现状，总是告诫自己："为什么不能做得更好呢？"

一次赛车比赛中，一辆法国赛车远远超过其他赛车，以极快的速度向前奔驰，但在一个急转弯处，由于赛手控车不稳，赛车突然冲出车道，连翻了几个筋斗，车毁坏得极为严重。赛后，福特想搞清楚这辆车为何会跑得如此快，他沿着比赛的车道收集了那辆车残留的许多金属碎片，还拾到一根电子管，它很轻，似乎韧性很好，这不是人们通常所见的材料。经分析检验，这种材料是钒钢。于是，福特与俄亥俄州的一家小工厂合作，找到了在美国铸造钒钢的方法，又大大减轻了汽车重量，并把那些步步紧逼的竞争对手甩得老远。很可惜的是，福特未将这种对新知识的敏感和探索持续下去，固守 T 型车不变，最终使其丧失了原有的竞争优势和领先地位。

不断学习是杰克·韦尔奇管理哲学的支柱之一。他强调：不要以为你什么都知道，狂妄自大只会让你退步，其实你总能从他人那里学到东西，譬如：你的同事、你的同行或非同行以及你的竞争对手。尤其要向你的竞争对手学习！

GE 公司极为推崇"学习文化"，其核心是：学习并迅速把学到的东西付诸实践的能力，才是企业的最大竞争优势。为此，他们在全世界各地寻找好的点子，并对好点子有发自内心、永不知足的渴望，他们不断提高标准，并通过与他人交流来达到目的。为了得到好的点子，GE 公司定期把不同部门的经理召集起来，大家畅所欲言，共同分享点子和经验，并确保他们的点子都得到实施。他们还通过奖励分享点子的员工，鼓励员工多出点子、多想办法，以推动企业发展。公司管理者清楚"一个好点子并不能获得奖赏，只有与大家共同分享，才能获得奖赏"。

正是这种永不知足的学习力，使 GE 这样一个战绩卓著，有着辉煌历史，机构庞大的企业，却有永不枯竭的生命力和旺盛的活力。

（3）突破组织惯性，不循规蹈矩，不墨守成规，也不拘泥于现状，敢于打破一切常规和条条框框，嗅觉灵敏，思维敏捷，行动果敢，喜欢改变和创新，勇于突破和超越。

滋生组织惯性有两方面原因：一是被过去成功经验所累，二是被以往失败教训所困。无论掉进哪种惯性的怪圈，对企业的破坏性都是危险的。员工会在组织惯性中生成惰性，止步不前、不求改变和进步，企业则会缺失对环境的敏感度、洞察力和应变力，像个行动迟缓的老人，活力大减，并且优柔寡断，严重制约企业的成长。

在全球市场的残酷竞争中，企业规模大小不再是决定性因素，大公司必须学习小公司的精神——灵活、高效、敏捷和活力。不要让大企业的特点支配你，不要在成长的道路上迷失了方向，不要沾沾自喜过去的辉煌。记住：成绩永远属于过去，永远只是你向上攀登的起点，而不是让你坐享其成、高枕无忧的资本，否则，市场一定会给你一个不小的教训！

为了摆脱组织惯性，清除大企业中的官僚作风，使 GE 公司更具灵活性和发展的张力，杰克·韦尔奇告诫全体员工："小公司的行动更迅速，它们知道市场会惩罚犹豫不决的人。我们要在 GE 公司庞大的身躯里，装上小公司的灵魂，拥有小公司的速度。"

杰克·韦尔奇还形象地把 GE 与街角的杂货店相比较，以激励所有管理者及每个员工，多了解客户的需求和市场的变化。他说："了解客户喜欢什么、不喜欢什么极为重要，因为客户满意与否直接决定了小公司在明天是成为大公司，还是关门大吉。"

永远把自己当新人，就是要突破组织惯性，激活惰性化企业，使其重新焕发出盎然生机。为此，管理者必须改变心智模式，以一种权变、开放、积极的心态去思考，以创新手段革新员工的价值观，调动员工的积极性和创造性，激活员工的智力资源。

同时，教育员工始终以谦卑的态度来对待市场和客户，像个刚入市的新手一样，一如既往，充满激情地投入到工作中去，不断向自己提出更高要求，不断给自己设定更高目标，当目标达成后，再给自己设定一个新的更高目标，并坚持不懈地去实现。只有永不停息地刷新自我，向上攀登，才能将企业推上一个新的高度——卓越企业的高度！

（4）有吃苦耐劳、敢于冒险的精神和锐意进取的拼搏精神，有闯劲和冲力，敢打敢拼，还有火一般的工作激情和蓬勃向上的活力。

永不枯竭的学习力、创新力，敢打敢拼的作风，使微软公司由一个名不见经传的小公司，迅速演变为软件行业的技术领跑者，并成就其全球软件业无可匹敌的霸业。

20世纪80年代，美国莲花公司在"莲花1-2-3"研制的基础上，乘势为苹果公司的麦金塔开发软件，并命名为"爵士乐"。比尔·盖茨透彻分析和比较"莲花1-2-3"优劣后，提出了一个大胆的决定——超越莲花公司，尽快推出世界上最高速电子表格软件，并给该软件取名为"超越"，足见其雄霸市场之心。

在整个设计过程中，盖茨紧盯莲花公司的开发进展，并一再加快研制"超越"的步伐，唯恐落后于人，决心抢在"爵士乐"上市之前，吹响"超越"的号角。令人兴奋的是，在全体员工共同努力下，"超越"软件比"爵士乐"提前了整整5个星期问世。而这关键的5个星期，决定了两个产品完全不同的命运。到1987年，微软公司的"超越"以89%：6%的悬殊比例，将"爵士乐"远远甩在身后，从而成功击败了莲花公司。

微软之所以不知疲倦地快速奔跑，或许是因为公司每个员工头顶悬着一把达摩克利斯剑——微软公司离倒闭只差18个月！如此强盛的公司都有这样的忧虑，何况一些成长中的弱小公司和日益疲软的大公司？如果它们不能保持创业心态，让每个员工摆脱组织惯性，在危机中前进，恐怕它们离倒闭不是18个月，而是12个月、6个月、3个月，甚至更快。

美国一位成功企业家曾说："成功企业的员工，心中总是想着：怎样改变才会比现在更好？而失败企业的员工却总是想着：怎样去保持现状，才不至于没有饭吃？"

　　这或许揭示了以下问题：为何有些企业总是获胜，而有些企业总是吃败仗？为何有些企业总能保持不败战绩，而有些企业则起伏不定？为何有些企业能保持卓越品质，而有些企业只能在优秀与平庸中徘徊？为何有些企业长盛不衰，而有些企业只能风光一时？

　　人生就像爬楼梯，每一层楼梯、每一个转弯处，都会给人向上的力量，给虚妄一种明智的警醒，给困境一种希望的昭示。只要我们脚不停歇，一路向上攀登，就一定可以到达我们梦想的终点！只要我们时刻谨记："我绝对不能失败！"认真把握每一次机会，认真做好现在手里的每一件工作，就能使每次出手成为精彩，并使你保持不败战绩！

4. 追求卓越，永争第一

　　你的未来是很重要的，因此你做每一件事情必须遵循"追求卓越，永争第一的法则"。——这是由成功者那里获得的忠告。

　　追求卓越，永争第一，这是做每件事必须遵循的法则。有一回，为了证明"追求卓越，永争第一"的观念，教师要求一群接受培训的人从亲身经历中举出贪小失大的例子。他们说：

　　"我买过一套廉价的西服，以为自己占到了便宜，其实这套西服一点儿也不耐穿。"

　　"我的汽车需要一套新的自动传动系统。在一家小修车厂，我只花了25美元，就搞定了，可是，没多久它就出故障了。"

　　"这几个月，我为了省钱，常在小店用餐，那些地方脏兮兮的，东西也很难吃，至于服务嘛，嗨，根本谈不上什么服务。顾客也尽是些邋邋遢遢的人。有一天，一个朋友把我拉到市区最好的饭店用餐，我们俩一人点了一份商业午餐。我仅仅多付了一点儿钱，就得到了第一流的服务、舒适的气氛，真是令人惊讶。我从这件事得到了一个教训。"

　　还有类似的例子，有的企业聘用低薪的会计，结果由于账目不清在税务局惹了麻烦；还有人在修房子、住旅馆、买东西和接受其他服务时，因为贪小便宜而吃了大亏。

当然，我们常常听到这样的辩解："我付不起一流服务的费用呀！"当你吃了亏、承担了损失时，才能领悟到：糟糕的结果更是负担不起的。你会发现：追求第一流，的确比追求第二流值得。

宁可拥有数量少而品质好的东西，也不要贪图数量多的废物，这是真理。

奥运会赛场上，每一位金牌获得者都必须经过艰苦的训练才能出人头地，否则迟早会有更强劲的对手迎头赶上。在商战中也是如此，想要成为顶尖的业务人员，必须先把每一笔生意做好。

美国著名企业家查尔斯·齐瓦勃先生自幼家境贫寒，他从15岁开始就给人做马夫，但他后来竟然能做到卡内基钢铁公司总经理和美国钢铁公司总经理，他成功的秘诀是什么？著名励志大师奥里森·马登这样评价道："齐瓦勃先生的成功秘诀是：每谋得一个职位，他从不把薪水的多少视为重要的因素，他最关心的是新的位置和过去的职位相比较，前途和希望是否更为远大。"

我们身边充斥着很多有才能作出更大成绩的人，却在一般的企业里做着平常的事情。他们得过且过，逐渐丧失了所有的雄心和斗志。某位哲人说：如果你放弃了追求卓越，没有了永争第一的信念，那也就意味着你放弃了成功。

人总是不能清楚地了解自己，不明白自己的潜能究竟有多大，所以在获得一些成就之后，往往就裹足不前，认命地以为自己只有这样的能力。其实每个人都必须用一辈子才能了解自己的才能究竟有多少，当你以为自己已经到达的时候，其实还有更长的路在等待着你。

保罗·纽曼是著名的影星，其实，他本来并不是在演艺界发展的。大学毕业后，他先是留在父亲的商店工作，但是他不甘于平淡的生活，于是，在不解和怀疑的目光中，他毅然卖掉了父亲留下的杂货店，把资金全都投到了演艺界。从商人到艺人的跨越，使保罗·纽曼在新的领域内赢得了更大的成功。

但是，保罗·纽曼的超越还没有完结。一个偶然的机会使他接触到了一种新的食品。曾经作为商人的纽曼看到了其中蕴藏的商机。于是他与朋友合作，投资几十万美元开发这种食品，并成立了保罗·纽曼食品公司。这种食品非常畅销，保罗·纽曼成了世人皆知的"食品大王"。保罗·纽曼每一个角色的转变都是自我超越的巨大一步。

追求没有止境，发展没有坦途。实践证明，有了不断进取的精神，就会有事业发展的新局面。

如果一个运动员满足于现状，不思进取，那就表示着他的运动生涯已经结束；如果一个企业满足于现状，不思进取，那这个企业终将在竞争中被淘汰。

比尔·盖茨面对成功时就一直保持着冷静和谨慎。比尔·盖茨说："你从来就不能准确判断自己有多成功，但你可以看到其他公司因为跟你一起下赌注而取得了成功。"

成功属于自我超越的人。只有不断自我超越，才能标新立异，才能在竞争中脱颖而出。想要成功，就不能满足于现状，要乐于在现有基础上不断超越自我，坚信"没有最好，只有更好"。

5.一切才刚刚开始

人生要不断给自己设定新的目标。只有把每一个阶段都当做新的起点的人，才能取得最后的成功。

大学期末考试的最后一天，在楼梯的一侧，一群工程学高年级的学生挤作一团，讨论着几分钟后就要开始的考试。他们的脸上充满了自信。这是他们参加毕业典礼之前的最后一次考试了。

一些人谈论着他们现在已经找到的工作，另一些人谈着他们将会得到的工作。带着经过大学4年的学习所获得的自信，他们感觉已经做好了充分的准备。

这场即将到来的考试将会非常轻松。教授说过，他们可以带任何他们想带的书或笔记，要求只有一个，就是不能在考试的过程中交谈。

他们兴奋地走进教室。教授把试卷分发下去。当学生们注意到只有5道评论类型的考题时，脸上的笑容更加灿烂了。

3个小时过去了，教授开始收试卷。学生们看起来不那么自信了，他们的脸上是一种恐惧和茫然的表情。

教授俯视着他面前这些焦急的面孔问道："完成5道题目的有多少人？"

没有一个人举手。

"完成4道题目的有多少?"

仍然没有一个人举手。

"3道题目?两道题目?"

学生们在座位上不安地左右张望。

"那么一道题目呢?肯定有人完成了一道题目的。"

整个教室陷入到沉默之中。

教授放下手中的试卷。"这是我意料之中的考试结果。"他说,"我只是想要给你们留下一个深刻的印象,你们已经完成了4年的工程学学习,但关于这个学科仍然有很多你们不知道的东西。这些你们不能回答的问题,是与每天的日常生活实践紧密相连的。"然后他微笑着补充道:"你们都将通过这次考试。但是请记住——即使你们现在大学毕业了,你们的学习也还只是刚刚开始。"

青年人往往自满于已经掌握的知识,自以为一切都已准备好,不会再遇到什么困难,这正是毕业生的通病。事实上,无论在生活中还是在事业上,一切才刚刚起步。未来的广阔人生还有无穷无尽不为人们所知的东西,丰富多彩的世界等待着人们去探索和发现。大学校园只是给年轻人提供了一个发展的平台,今后的人生辉煌不能仅仅靠在大学学到的一点点皮毛去创造。

6.只有砸烂最差的,才能创造出更好的

人生最有趣的事情就是送旧迎新,因为人类最高的追求,就是时刻创造新生活。如果总满足以往的成绩,无异于给自己挖了一个可怕的陷阱。

雕塑家有一个12岁的儿子。儿子要爸爸给他做几件玩具,雕塑家一直不答应,只是说:"你自己不能动手试试吗?"

为了做好自己的玩具,儿子开始注意父亲的工作。他常常站在工作台边观看父亲运用各种工具,然后模仿着运用于自己的制作之中。父亲也从来不向他讲解什么。

　　一年后，儿子初步掌握了一些制作方法，玩具造得颇像个样子了。父亲偶尔会指点一下。但儿子脾气倔，从来不将父亲的话当回事，我行我素，自得其乐。

　　又过了一年，儿子的技艺显著提高，可以随意地制作出各种人和动物的形状。儿子常常将自己的"杰作"展示给别人看，引来诸多夸赞。

　　忽然有一天，儿子存放在工作室的玩具全部不翼而飞！他十分惊疑！父亲说："昨夜可能有小偷来过。"儿子没办法，只得重新制作。

　　半年后，工作室再次被盗；又半年，工作室又失窃。儿子怀疑是父亲在捣鬼：为什么从不见父亲为失窃而吃惊、防范呢？

　　一天夜晚，儿子偶然从外边归来，见工作室灯亮着，便溜到窗边窥视：父亲背着手，在雕塑作品前踱步、观看。好一会儿，父亲仿佛作出某种决定，抢起斧子，将自己大部分作品打得稀巴烂！只见父亲拿起每件玩具端详，还用脸颊贴贴它们，像亲吻似的！然后，父亲将儿子所有的自制玩具也扔到泥堆里搅和起来！父亲回头的时候，儿子瞪着愤怒的眼睛，已站在他身后！父亲温和地抚摸着儿子的脸说："只有砸烂最差的，我们才能创造更好的。"

　　8年之后，父亲和儿子的作品同获国内外多项雕塑大奖。

7. 下一个才是最好的

　　梁启超说："进取则日新"。每一个认为"下一个最好"或者"下一次最好"的人，都是一位积极进取的人，他们坚定地相信，未来的前景无比灿烂。

　　有一位老人，在刚好100岁的时候，不仅功成名就，子孙满堂，而且身体硬朗，耳聪目明。在他百岁生日的这一天，他的子孙济济一堂，热热闹闹地为他祝寿。

　　在祝寿进行中，他的一个孙子问："爷爷，您这一辈子中，在那么多领域取得了那么多的成绩，您最得意的是哪一件呢？"

　　老人想了想说："是我要做的下一件事情。"

另一个孙子问:"那么,您最高兴的一天是哪一天呢?"

老人回答:"是明天,明天我就要着手新的工作,这对于我来说是最高兴的事。"

这时,老人的一个还不到30岁就已是名闻天下的大作家的重孙子,站起来问:"那么,老爷爷,最令您感到骄傲的子孙是哪一个呢?"说完,他就支起耳朵,等着老人宣布自己的名字。

没想到老人竟说:"我对你们每个人都是满意的,但要说最满意的人,现在还没有。"

这个重孙子的脸陡地红了,他心有不甘地问:"您这一辈子,没有做成一件感到最得意的事情,没有过一天最高兴的日子,也没有一个令您最满意的孙子,您这100年不是白活了吗?"

这句话说出来,立即遭到了几个叔叔的斥责。老人却不以为忤,反而哈哈大笑起来:"我的孩子,我来给你说一个故事:一个在沙漠里迷路的人,就剩下半瓶水,整整5天,他一直没舍得喝一口,后来,他终于走出大沙漠。现在,我来问你,如果他当天喝完那瓶水的话,他还能走出大沙漠吗?"

老人的子孙们异口同声地回答:"不能!"

老人问:"为什么呢?"

他的重孙子作家说:"因为他会丧失希望和欲念,他的生命就会很快枯竭。"

老人问:"你既然明白这个道理,为什么不能明白我刚才的回答呢?希望和欲念,也正是我生命不竭的原因所在呀!"众人恍然大悟。

没有希望就不会有奋斗和进取的决心。希望是人生和人类文明的动力,是人生旅途中最坚固的手杖。

8.永不满足于已有的成就

永不满足于已有的成就，以更大的热情去获取更大的成功，不断地给自己加压，不断给自己创造成功的机会，永远不让发动机熄火，才能使自己的生命之车驶至尽可能远的奇境。

齐白石本是个木匠，靠着自学，成为画家，荣获世界和平奖。然而，他始终不满足于已经取得的成就，而是不断吸取历代名画家的长处，不断改变自己作品的风格。他60岁以后的画，明显地不同于60岁以前的风格。70岁以后，他的画风又变了一次。80岁以后，他的画风再度变化。据说，齐白石一生中，画风至少变了5次，即使他已80岁高龄，还每日挥毫不已。有时，来了客人或他身体不适，不能作画，过后也一定补画。正因为齐白石在成功之后仍然马不停蹄，所以他晚年的作品比早期的作品更为成熟，并且形成了自己独特的流派与风格。

美籍华裔物理学家丁肇中教授，因发现"J"粒子而获得1976年度的诺贝尔物理学奖。他继续发奋攻关，于1979年又获重大成果——发现了"胶子"。他为什么能接连获胜呢?这是因为他在获奖后不但没有放松自己，反而自我加压。他每天只睡4~6小时，硬是挤出时间用在科学研究上，决不因获奖而增加社会负担或放慢前进的步伐。

面对现实，自暴自弃，甘居人后，还不如来个"先飞"、"多练"，由勤而熟，由熟而巧，通过以勤补拙，成为"巧鸟"。

生物遗传工程著名专家童第周17岁那年考入宁波师范学校的预科班，第2年后，他又考入一所教会中学。这所中学对数理化、英语课的要求很严格，而这几门功课童第周的基础最差，有的课甚至根本没学过。当时有人讥笑他说:我保证你不出3个月就得回家种地。果不其然第一学期的期末考试，他的总平均成绩是45分，按学校规定，总平均成绩不及格的人必须退学或降级。

童第周本来比同班同学的年龄大好几岁，再降一级怎么行呢?他硬着头皮去央求校长，校长最后勉强答应让他试读半年。自此，童第周每天天不亮就悄悄爬起来在路灯下朗读英语；晚上，熄灯的铃声响了，别人睡下后，他又悄悄地来到校园的路灯下，复习当天的课程。监学被他顽强的学习毅力打动了，破例地允许他在学校熄灯铃打过以后在路灯下学习。就这样，童第周赢得了时间，赢得了学习上的突飞猛进。第二学期的考试成绩公布了：他的总平均分超过了70分，几何还考了个满分。

童第周经过刻苦勤奋的学习，在他28岁那年终于以复旦大学生物系高材生的优异成绩留学比利时。

张博从小就酷爱学习，他嫌自己记忆力不强，为了做到博闻强记，凡是所读的书一定要亲手抄写，抄写朗诵一遍，就把它烧掉，又重新抄写，像这样要抄它六七次直到能背诵时，方才作罢。由于经常抄写，他右手握笔管的地方长成了老茧。冬天手指开裂，每天要在热水里浸好几次才能屈伸。后来他把自己的书房叫做"七录斋"。勤奋学习，坚持不懈，终于使他成为明末著名的文学家。张博写作思路敏捷，各个地方的人向他索取诗文，他从来不打草稿，都是当着来客的面，一挥而就，因此，名躁一时。

梅兰芳在刚学戏的时候，面对一个很不利的条件：眼皮下垂，迎风流泪，眼珠转动不灵活。"巧笑情兮，美目盼兮"，唱旦角的眼睛不好，那还成吗?亲戚朋友为他顾虑，他自己也常发愁。后来，他偶然发现观察飞翔的鸽子可以使眼珠变灵活。于是，他每天一早起来就放鸽高飞，盯着它们一直飞到天际、云头，并仔细地辨认哪只是别人的，哪只是自家的，终于练就了舞台上那一双神光四射、精气内涵的秀目。

对许多人来说，笨鸟先飞或许是个很好的例子。只要多付出，不怕苦，一样可以做得很好，或许只是时间长了点罢了。

知足是一种境界，不满足是一种精神。人本身有许多不足，正因为本身的不足而追求完美，所以人才不会满足于现状。正因为如此，人们才有了不竭的精神动力，为了达到更大的满足而不懈地努力奋斗，从而不断地得到升华与进步。落后就要挨打，人穷不能志短，人在希望中生活，不能缺少物质生活依靠，更不能缺乏精神力量的支撑。人的精神追求与物质欲望同等的重要，甚至高于物质欲望的追求，人是要有精神的，精神力量是不可战胜的。不满足于现状，就要永远奋斗下去，人不能有贪欲，但不能没有欲望，如果没有欲望，你的生命就会很快枯竭。

9.安逸的生活会软化斗志

"顺境隐没英才，逆境展示奇才"。没有风雨，彩虹是不会显现的。在艰苦的环境中，为了摆脱困境，人们会努力奋斗，不会轻易错过一次难得的机会，从而实现奋斗的目标。

在安逸的环境中，往往最易弱化一个人的斗志，让他成为环境的奴隶。在安逸的环境，我们仍要抓住机遇，奋斗前进，这样，才能使生命变得更有意义。

有一个公认的优秀青年，不但学识丰富，而且干劲十足。从学校毕业后，他试着创业，但不到半年公司便倒闭了，后来经朋友介绍，到某单位做事。这个单位待遇不错，工作也比较轻松，或者说根本没有压力，才经历过创业失败痛苦的这个人，第一次领略到日子的快意。不过短短3个月，同学见到他，都说他变"福泰"了。

一晃眼，3年过去了，5年过去了，15年过去了，同学们再见到这个人，都惊讶地说这个人"变了"，变得温吞、颓废、暮气沉沉，年轻时的那种鲜活、锐气全都消失不见了。

"真的变了吗?"

这个人不敢相信，他不相信自己"变了"。

这个人的改变或许是由机缘巧合，因为他刚刚碰到创业失败的痛苦，信心受到很大打击，或许他已身心俱疲，碰到待遇好、工作少、无压力的单位，心中巨石放下，压力骤除，当然要好好"休养生息"一番。如此日复一日，不知不觉自己就被这安逸的环境改变了。

如果这个人没有创业失败这个前因，是不是就不会有"变"的结果呢?这个是无法验证的问题，但有一点是可以肯定的:环境会使人改变!

人与环境的关系是相对的，也是相生的。在"相对"的阶段中，人改变环境，让环境来顺应人，或人被环境改造，人则来顺应环境。一旦度过"相对"的阶段，人与环境便会进入"相生"的阶段，彼此"和平共处"。但这种"相生"是好是坏则因环境、因人而异。

就环境来说，"生于忧患"，为了生存，绝大多数人都会激起斗志，以期改变环境，人的性格也会因此而呈现坚毅、强韧的特质。但也有人无力改变环境（或根本无意改变），反而成为环境下的弱者，并呈现消沉、软弱、悲观、自卑、自怜等负面的性格特质，久而久之，这种性格特质就定型而难以改变。

事实上，严苛的环境比较能使人保持自觉及清醒，反而是安逸的环境对人的影响较大。

绝大多数人是好逸恶劳的，相信这个说法没有人反对，因为惰性是人性中很重要的一个特质，所以人每天孜孜不倦，为的就是要追求一个安逸的环境，而一部分年轻人在找工作时，也总把"钱多事少离家近"当成首要考虑条件。但安逸的环境却很容易腐蚀一个人的斗志，麻痹一个人的精神，瘫痪一个人的自省能力。当然也有些人警觉性很高，能够很快就脱离那种环境，但绝大多数人都会陷入这样的机制中——"满意"这安逸的环境，继而有些许的"矛盾"，继而被环境"招降"，最后与环境合而为一，成为环境的一部分。这种由"相对"到"相生"的过程，是因为人类"好逸恶劳"的特质，是"无声无息"的，令人无法抗拒，而且是不自觉的。

如果这个人在第一次创业失败后，能够自己再给自己一次机会，总结失败的经验和教训，并且能清醒地认识到"失败是成功之母"，面临的失败就意味着成功即将到来。每一个人向自己的理想前进时，都是从无数次失败中爬起来的，没有一蹴而就的成功。如果他能在找到一份待遇较好的工作，消除身心的疲惫后，痛定思痛，让自己充满信心和勇气向自己定下的目标勇往直前，相信会结出一片硕果。然而他却被生活的安逸所淹没。人生时时有机会，处处有机会，一个善于抓住机会的人就会成为机会的主人，否则就沦为机会的奴隶——没机会。

10.天行健，君子以自强不息

成功就是人生价值的最大化表现，换句话说，就是最大限度地发挥了天赐潜能。那么天赐潜能到底有多大，这谁也说不清楚。但可以肯定的是，你只有去做、去尝试，才有机会认识自己的潜能，发挥自己的潜能。

东汉时候，有个人名叫孙敬，是著名的政治家。他年轻时勤奋好学，经常关起门，独自一人不停地读书。每天从早到晚读书，常常是废寝忘食。读书时间长，劳累了，还不休息。时间久了，疲倦得直打瞌睡。他怕影响自己的读书学习，就想出了一个特别的办法。古时候，男子的头发很长。他就找一根绳子，一头牢牢的绑在房梁上。当他读书疲劳时打盹了，头一低，绳子就会牵住头发，这样会把头皮扯痛了，马上就清醒了，再继续读书学习。

这就是孙敬悬梁的故事。

用知足常乐的态度对待生活，而不是对待事业。

"知足常乐"是我们经常奉行的一种调整心态、保持心理平衡的方法，但现在经常被一些人庸俗地化为对待事业和工作的一种冷淡的态度，从而得过且过，不思上进。

在现实生活中，就是要不断地给自己树立新的目标，使自己不断地奋斗。

人就是要跟自己过不去。人要对自己有一点刻薄，才有可能使自己取得进步，获得成功。让自己艰苦起来，让自己忍受勤奋的折磨，这样的人才会有动力，而且富有成就感。

很多人就是在不断地否定自我、挑战自我的过程中取得成绩的。比如当初创立公司时的目标并不高，或许只是想着能够赚个几十万元就收手不干了。没想到，很快地就实现了这一目标。如果这时候满足于第一次实现的目标，公司的规模怎么能扩大呢？更谈不上成为国际一流的公司了。

根据专家的观察，人们失败的两个最主要的原因，一个是在畏惧困难的中途就放弃，另一个就是满足于已有的成就而停滞不前。

拿破仑·希尔说:"天下真不知有多少人一无所成，原因就是他太容易满足了。要求进步的第一步，就是绝对不可停留在现有的地位。不满足于现状，可以帮助你不断获得新的成功。"

第九章

通往成功的道路不止一条

——避开困难，道路更开阔

"成功者找方法，失败者找借口。"遇到难题时，不要放弃，要力求寻找巧妙的思路，出奇制胜。

1. 有问题，就会有解决的方法

一个具有不屈不挠精神的人，抓住某些东西后就不放弃，他具有成功的主要特质。

下面有两项建议帮助你融坚毅与尝试于一体，最终获得成功。

（1）告诉自己"成功一定有方法"。一旦你告诉自己"我被打败了，没有办法解决这难题了"，消极思想便被吸引过来，使你深信自己真的被打败了，那么你就很难再站立起来。

应该相信"有一个办法可以解决这个问题"，于是积极思想便来到你的心中，帮你找出解决之道，相信"有办法"是很重要的。婚姻顾问无法拯救婚姻危机，除非夫妻中一方或双方希望能够破镜重圆。通常，心理学家与社会工作者认为酗酒者注定一辈子是酒鬼，除非他相信自己能克服对酒精的渴望，否则，任何人都帮不了他。

每年都有许多新的事业机会出现，但从5年前到现在，只有小部分的事业仍在运作中。大多数失败者会说："竞争太激烈了，我们别无选择，只有撤退。"真正的问题是多数人在遇到棘手的问题时，只想到挫败，那么后果就是真的失败了。

一个困难或一个问题如果你认为它无法解决时，它就不能解决。当你相信"有办法"时，自然地会将消极的想法转为积极的想法。当你"相信解决问题是可能的"就能自动吸引解决之道，事实的确很神奇。

（2）如果反复失败，不妨先撤退，再卷土重来。与某个问题纠缠得太久，反而无法看出新的解决之道。

在白宫的一次记者招待会上，有人问艾森豪威尔总统，为什么花那么多时间去度周末。他的回答对于每一个想获得最大创造力的人而言都是金玉良言："我不相信一个人坐在办公桌前，把脸埋在一堆文件里就能把工作做得最好——无论他经营通用汽车公司还是领导全美国。事实上，总统应该试着使他的心志暂离琐碎的事务，然后去想一些基本原则与要点……这样他才能做得更好、有更清晰的判断。"

当你触礁时，不要抛弃你的全盘计划。相反，撤退一步，重新调整你的心智。试着做些轻松简单的事，譬如说玩乐器、散步、打个盹儿。于是，当你再去处理它时，解决的办法便自然而然地想出来了。

2. 成功就是敢干、实干加巧干

聪明的资质、内在的干劲、无畏的勇气、勤奋的工作态度和坚韧不拔的精神，再加上大胆创新的思考，你没有理由不成功！

成功必须努力，这是不会改变的，但努力的方式需要不断变化。

除了敢干、实干之外，还应该加上巧干。巧干就是在"预测"、"差异"、"创新"这3个方面下功夫。

（1）科学预测才有商机

"凡事预则立，不预则废"，微利时代更是如此。微利时代，虽然信息高度发达，但是，市场形态是千变万化的，综合性、大范围的信息，不一定能准确反映出一个局部地区的市场状况或消费动向。经营者既需要把项目放在大市场中来思考，同时也需要在广泛收集信息的基础上，对不同的市场区域情况进行具体分析，洞察先机，才能做出符合实际的判断，然后做出科学的预测。

美国肯德基快餐早已为我们中国人所熟悉，但对它是如何打入中国市场的，知道的人却不多。肯德基打入中国市场的一个重要经验，就是在广泛收集信息的基础上进行科学的预测。

起初，肯德基公司指派一位执行董事来中国考察市场。他来到北京街头，看到川流不息的人流，穿着都不怎么讲究，就报告说，炸鸡在中国有消费者，但无大利可图，因为中国消费水平低，想吃的多，但掏钱买的少。由于他没有进一步进行相关信息的收集整理，仅凭直观感觉和经验就做出预测，被总公司以不称职为由降职处分。接着公司又派了另一位执行董事来考察。这位董事在北京的几个街道上用秒表测出行人流量，然后请500位不同年龄、职业的人品尝炸鸡的样品，并详细询问他们对炸鸡的味道、价格、店堂设计等方面的意见。不仅如此，还对北京的鸡肉来源、食用油、面粉、盐、蔬菜及北京的鸡饲料行业进行了详细的调查。经过总体分析，得出结论：肯德基打入北京市场，每只鸡虽然是微利，但消费群巨大，仍能赢大利。果然，北京的第一家肯德基店开张不到300天，就赢利高达250多万元。

（2）差异才能取胜

差异，显示存在，显示不同。在产品以及服务日趋同质化的情况下，只有显示出差异，才能从竞争中脱颖而出。在市场由卖方市场转向买方市场的今天，消费市场呈现多元化倾向，个性消费日趋明显。经营者在微利中取胜，除了"你有我有外"，更重要的是"你有我优"、"你优我精"，即打造产品或服务的个性差异，以个性优势占领市场、取胜市场。

日本人渡边曾经是个打工仔，被老板解雇的几次经历使他萌发了自己当老板的愿望。开始，他想在东京开家小商场，但经过调查了解后，知道东京的商场太多，自己如再挤进去，没什么独特优势，很难生存。一天，他在一份报纸上看到：美国人中有1／4、日本人中有1／6、英国人中有1／7是左撇子。对此，他忽生灵感，开了一家左撇子产品专营店。因为当时众多厂家均以右手习惯来设计产品，几乎没有人考虑左撇子的习性、生活和工作需要。于是，他立即说服一些厂商专为他的商场设计、生产一些左撇子专用产品，如汽车驾驶盘、网球、高尔夫球用具等，结果这些产品大受世界各地左撇子消费者的欢迎。不久，他的左撇子用品专营店成为东京最有实力的大商场。

（3）创新才能胜出

市场竞争日益激烈，企业优胜劣汰的速度更在日趋加快，经营者要在社会中求生存、求发展，就必须不断创新。只有创新才能使自己的企业充满生机、活力；只有创新才能使自己的企业改进不足，增加自我发展的优势；只有创新才能在微利时代永葆财源不竭。

四川有一个名叫周兴和的农民，1990年在一个展览会上买了一项专利技术，办了一个小建材厂。由于所购专利技术含量不高，产品很难打开市场，企业也因此长时间处于亏损状态。面对这种局面，周兴和决定以技术创新为突破口。他选择当地的秸秆作为研究对象，想以此为原料，研制成高档的建筑材料。1997年，经过3年多的研究之后，周兴和的技术获得成功。由于他的技术解决了多年来农民焚烧秸秆所带来的各种问题，因而得到当地政府的大力支持和推广。1998年，他的技术获得国际爱因斯坦发明金奖，1999年他的"秸秆隔墙板"在成都销售收入达3000万元。他的创新，不但救活了他的建材厂，而且使他的产品走向了世界。

3. 另辟蹊径，条条大路通罗马

英国的布莱克有句名言：独辟蹊径才能创造出伟大业绩，在街道上挤来挤去不会有所作为。

一个星期六的早晨，在天气条件极差的情况下，一位牧师在准备第二天的讲道。那是一个雨天，他的妻子出去买东西，小儿子在他的身旁吵闹不休。

这位牧师正在看一本旧杂志，他一页一页地翻阅，一直翻到一幅色彩鲜艳的大图画——世界地图。

于是他从那杂志上撕下这一页，再把它撕成碎片，丢在地上，对儿子道："小约翰，如果你能拼拢这些碎片，我就给你两角五分钱。"

牧师以为这件事会使儿子花去上午的大部分时间，没想到不到10分钟，他儿子就来敲他的房门了。

牧师惊愕地看着约翰快速拼好了的那幅世界地图。"孩子，这件事你怎么做得这么快？"牧师问道。"啊，"小约翰说，"这很容易。在图画的背面有一个人的照片。我就把这个人的照片拼到一起。然后把它翻过来。我想如果这个人是正确的，那么，这个世界地图也就是正确的。"

牧师微笑起来，给了他儿子两角五分钱，说道："你也替我准备好了明天的讲道。"

如果一个人是正确的，他的世界也就会是正确的。这就是小约翰给我们的启示。

牧师的思路是不错的，如果要把这些碎片拼成世界地图，确实需要大半天的时间。可是他的儿子却发现了一条捷径，从而省力、省功。这不能不算是一个小小的发明。这发明的思路就叫另辟蹊径，另辟蹊径为小约翰赢得了一个成功的机会。

"一条道走到黑" "不撞南墙不回头" 的方法都是不可取的。古人说 "条条大路通罗马"，地球既然是圆的，你还怕没有别的路吗？

4. 不断拓展自我认定

你必须有能力改变自己，以适应这个日新月异的世界，否则蜂拥而至的人们，会抢走你的 "奶酪"。

一旦认识了自己，你还得继续地改造你的自我认定，不断地去拓展，使它能更上一层楼。我们这个世界始终不停地在变动，如果你想过更好的生活，那么就得不断地拓展你的自我认定。你必须时时留意会影响自我认定的各样事物，看看它们是使你增强还是使你削弱，尤其重要的是你得能够全盘掌握才行，否则又会重蹈覆辙。

成功人士在不停地改造自己，也因此经常有人会觉得好奇，为何他们会有那么大的自信去尝试各种各样的新事物。人们时常会问他们："你是怎么能够做出这么多别人做不到的事的？" 最大的原因是他们看事情的角度跟大部分人不相同。大部分人是等到有了自信才开始行动，而他们是一开始便逼着自己就要有信心，这样可以使内心笃定，随之能力便跟着出来，这也就是过去的体验无法限制他们自我认定的原因。

我们都应该拓展对自我的认定，让贴在身上的标签成为发展的起点，不要让它们成为个人发展的限制。凡是在现有认定基础上所加上去的，我们都要有实现的决心，并且相信它们都会成为事实，这就是信念的力量。

如果你在生活中一直尝试做某些特别的改变，可是却一再失败，不用说一定是你所希望的改变跟你的自我认定不符所致。自我认定可以从尝试改变着手，只要你能表里如一，最后就必定能够成功。

我们必须确信 "有些事得改变"。这里所指的改变是指 "必须" 而不是 "应当"，经常听到有人这么说 "该减肥了" 或 "拖延不是个好习惯" 或 "得跟人相处得更好一些"。像这样的话尽管说得再多也不管用，因为那还是不会有多大改变。唯有当一件事被认为是"必须改变"的时候，我们才会真正地去做。

我们不仅要相信事情必须改变，同时还得相信"我必须推动改变"。我们必须相信自己才是改变的主角，特别是当我们希望这个改变能够持久时，否则将来不成功就会把责任怪到别人头上。

我们必须相信"我有能力改变"。如果我们不相信自己能够做到，就不会竭尽全力去做。

如果你不具备上述3种信念却想改变，可以说，即使你改变了也只是暂时的。如果你有幸碰到一位经验丰富的指导者来帮助你，定可收到事半功倍之效，然而不管你想怎么改变，最终还是只有你自己才是推动的主力。

改变不能单凭意志，因为那样效果不能维持长久。

5. 失之东隅，收之桑榆

常言道：投桃报李。如果你的付出没有回报，说不定也是一件好事，你可以丢弃掉一个困扰你的包袱。

不要硬逼着自己去选择，有时不能成功，放弃反而是另一种收获。

有一个在金融界工作的人，立志要读中国人民银行总行的研究生。三大部《中国金融史》几乎被他翻烂了，可是连考数年都未考中。然而，在这期间不断有朋友拿一些古钱向他请教，起初他还能细心解释，不厌其烦。后来，问的人实在太多了，他索性编了一册《中国历代钱币说明》。一是为了巩固所学的知识，一是为了给朋友提供方便。这一年，他依旧没有考上研究生。但是，他的那册《中国历代钱币说明》却被一位书商看中，第一次就印了一万册，当年销售一空。

日常生活中，我们总是喜欢朝着自己既定的目标奋力拼搏，但不是每个人的愿望和理想都能实现的。那些搏击一世却未获成功的人，会不会是因为他生命中真正精华的部分被自以为"不是最好的"，而从未得以展示呢？

有一位年轻教授，刚结婚不久，妻子就因为患类风湿关节炎，成了卧床不起的病人。女儿出生以后，妻子的病情又加重了。面对常年卧床的妻子、刚刚降生的女儿、还没开头的事业，他忧虑重重。一天，他突然想到，能不能把自己的研究方向定在儿童语言的研究上呢？从此，妻子成了他的最佳合作伙伴，刚出生的女儿则成了最好的研究对象。家里到处都是小纸片和铅笔头，女儿一发音，他们立刻作最原始的记载，同时每周一次用录音带录下文字难以描摹的声音。就这样坚持了6年多，到女儿上小学时，他和妻子开创了一项世界纪录：掌握了从出生到6岁半之间儿童语言发展的原始资料，而国外此项纪录最长的只到3岁。后来他出版的《汉族儿童问句系统控微》，在国内外语言界引起了轰动。

成功的路径不止一个，不要循规蹈矩，更不要放弃成功的信心，此路不通，就该换条路试试。

6. 唤醒你的潜在力量

勇敢地尝试新事物，可以开启新的机会，使你迈进从未进入的领域。生命原本是充满机会的，千万别因放弃而错过机会。

一件事情，如果你只是想，而不是去行动，那么它就永远只停留在你的幻想中。只有当你真正去做的时候，才能够把自己的一切能力和潜能最大限度地释放出来。否则，你不会知道哪里需要你的才能，哪里需要你的力量。

第一次世界大战期间，法国的第六师师长泰勒上校的处事方式非常令人钦佩。一次当他的儿子向他告别时，他说："孩子，记住，你的姓是泰勒，泰勒这个姓代表做事能力，你永远不可以靠边站，让出路给敢于冒险的人走。你要冒险向前使他们让出路来给你走。"当然你偶尔也会感觉沮丧、懒散、软弱，但这正是需要你鼓起战斗勇气的时刻。只要你向前跨步，沮丧、软弱都会躲开，瞬息即逝。

几年以来，一位年轻人一直在铁路段工作。因为他做事认真，因此他得到了一个可以到运输公司做几天临时工作的机会。他的主管公出，临行前要他在这几天内查出某一事件的事实与数据。这位临时工对簿记一无所知，但是他花了三天三夜终于把事实弄清楚了，并把资料准备好，主管回来后他提出了详尽、完整的报告。从此，他非常希望能有机会处理以前没有经验处理的事。这些新尝试终于成了他事业上升的基石。现在，他已是这家公司的副总经理。

有一次，一位木讷的成功商人参加紧急意外灾难的救护工作。出乎他自己意料的是，他发现自己有引发周遭人们精神的力量。

上述故事中的人都是无意中发现了自己的能力，把握住机会且勇于尝试而成功的典型案例。

战争或者其他灾难常常可以激起许多人平时没有被发现的力量。确实是这样的，危险有时会激发你的潜力。否则，铁路段上的普通工人也不会有当上公司副总经理的……因为他们已经知道在他们心中有一个巨大的动力。有很多青年都可以做到增加一倍、两倍，甚至3倍、4倍的工作效率，只要被一种大胆的创造性精神所鼓舞。可惜很多人都缺乏勇气，因为在心灵深处他们缺乏一种勇于尝试的冒险精神。一位拳击教练说起他训练拳击手的经验，他常常发现那些极有前途且聪明的拳击手却不能晋级，这是什么原因呢？因为他们常常会比一个较差的对手先发生心理疲惫感，因此会在持续的僵持中失败。

看到一个雄心勃勃的人因缺乏应有的能力而未能达到目标，固然是可悲的事，但更可悲的是那些原可以造就成将军、董事长、传道家的人，却自认为他们不过是一个司机、矿工的材料而不敢去积极尝试。

7.要想成功就不要循规蹈矩

"失败是成功之母"的真实含义是:你勇敢面对失败，并且从中汲取经验教训，然后时刻自省，才能反败为胜。"不能失败"是你做事开始之前的态度，可是创新过程中不能没有失败。

不能失败，强调的是在不该发生错误、不该失败的地方，必须认真小心，绝不能失败。对因工作散漫马虎、粗心大意、消极怠工、掉以轻心等所造成的失败，绝不能姑息纵容、原谅包庇，因为这是完全可以避免、不该出现的失败;但对因创新、变革所致的失败，企业管理者则应给予积极、正面的引导和包容，避免负面的惩罚措施。

敢于创新，勇于变革，代表了一种锐意进取、积极向上的精神，是企业发展不可或缺的重要元素。如果管理者不分青红皂白，对由此产生的失败也横加斥责，就会扼杀创新，扼杀进步，阻碍企业向更高的目标跃进，使员工产生"失败恐惧症"，人人自危，害怕失败，不思进取，工作上相互推诿，不愿承担责任和风险，眼睁睁看着机会在自己身边溜走，使企业错失一个个发展良机而蒙受巨大损失。

对于企业管理者而言，一方面，要时时提醒员工"你绝对不能失败!"让员工明确失败的危害是巨大的、不堪设想的;另一方面，又要满腔热情地鼓励员工积极进取，大胆创新，并对他们取得的哪怕是一点小小的成绩，也要加以表扬、肯定和赞美，营造出一种健康向上的企业文化，从而消除他们心理上的失败阴影，增强他们战胜失败的勇气和信心，使他们思想更活跃，行动更积极，创新和发展意识更强，这样，企业便能焕发出勃勃的生机和活力。

微软公司对每一名员工灌输正确对待失败、尊重失败的思想，甚至表示出"没有失败，说明工作没有努力"的意思。注意，这里的失败是指创新所致的失败，也就是"合理性失败"，而非责任心低下所致的不合理失败，这是两种完全不同性质的失败，不可混为一谈。

在这种观念的引导下，在微软公司工作的员工从不惧怕失败，他们将失败看做是走向成功的铺垫。在这里，只要遇到失败，不是进行批评、斥责或评估损失，而是进行"残酷无情"地剖析，他们认为这才是对失败的尊重和负责。失败的结果，直接促使员工去尝试新的可能，去发现和寻找新的成功方法。正是这种正确的失败观，成就了微软公司一次次令对手胆寒的成功，用微软公司自己的话说就是"失败是成功的一种需要"。

不能失败，并不是要员工循规蹈矩，按部就班，亦步亦趋，领导怎么吩咐，员工就怎么执行，而是要员工不要莽撞行事，不要做无谓的牺牲，应该稳妥审慎地行动，应该以结果为导向地行动。

英特尔公司有一个非常独特的文化特质，就是"鼓励员工尝试冒险"。这并不是让员工闭着眼睛，一拍脑袋，闷头栽进去，而是要员工在接受挑战前，充分掌握信息，评估风险，尽可能找到多种替代方案与变通之道。

对员工而言，既要以结果为导向，又要大胆进行冒险尝试，这听起来似乎是互相矛盾的，细究则会发现，有时为了确保好的结果必须去冒险。

1985年，安迪·葛鲁夫决定放弃存储器的生意，将全部精力放在一个前景未明的微处理器市场，结果正是这一大胆冒险的尝试，成就了英特尔公司微处理器芯片之王的地位，也让其找到了一片光明的"未来之路"。

然而，有时为了好的结果又不能去冒险，因为过于冒进的先行者，有时并不能掌握"先动优势"，而是成了"先烈"。IBM公司深谙此道，它从来不会第一个推出未经市场认可、过于前瞻的产品，总是等到那些冒进的小企业急匆匆地把新产品推向市场，并被消费者批驳得体无完肤，将要失去信心、退出市场之时，IBM公司才以性能远胜于那些新产品，并兼顾了消费者意愿和需求的同类产品，席卷而来，迅速占领市场，收割胜利成果。这种稳健的操作，是踩在"先烈们"的脊背上前进，避免了失败，避免了成为冒险的牺牲品。

华为公司总裁任正非似乎从失败的先驱身上学到了经验，决定："华为只领先对手半步，走每一步都先看市场需求。"华为公司提出，研发人员不是对科研成果负责，而是对产品的市场结果负责。很多比较超前的、全新的、不能与现有技术共享资源的技术往往得不到华为公司的青睐。这意味着华为公司不会去支付在新技术领域"清洗盐碱地"的成本，市场才是华为公司唯一的准则。

成功的企业总是知道什么时候该冒险，什么时候该"作壁上观"，即使尝试冒险，也会充分评估风险，并找到多种应对之策及备选方案后，才会"摸着石头，小心过河"。因为他们清楚，无论采用何种策略，最终是要以结果为导向，是要以获胜为目的的。对于创新性冒险的失败，虽然可以原谅和包容，但对企业来说仍意味着损失和成本支出，必须尽可能减少和降低风险，尽可能避免失败。

正如美国海军陆战队将领所言："虽然战争是残酷无情、有风险、要死人的，但我们不会去做无谓的牺牲，更不会去打无准备之仗。无论什么引起的失败都要尽一切可能去避免，争取成功，赢得胜利，才是我们要做的。"

8.因循守旧是成功的大敌

如果你不改变因循守旧的习惯，那些转机将永远不会有，即使出现了，你没有充分的准备，也没办法抓住机遇。事物发展有一个趋势，那就是它们永远不会自我转变。

如果你避免干任何事情，你也可免遭风险和失败。但是，结果会怎样呢?你避免了可能的失败，同时也就避免了可能的成功。靠一个精神上的"延期计划"生活，总是期待和希望，这是无益的，它将永远不会把你带到某一个目的地。

因循守旧者的重要特征之一，就是抱着自己的老观念不放，不去主动接受新鲜的思维，进行脑筋革命，这本身就是思维上的惰性所致。拯救自己的人必须要时刻学会"洗脑"，摒弃因循守旧的老观念，以创新求改变，才会成为真正拯救自己的人。

要拯救自己，因循守旧是你必须克服的一大障碍。不要指望未来某个不确切的时候"情况将会好转"，而将就着过日子。你可以检测一下，看是否常常对自己说："我希望一切都将朝最有利的方面转变;我愿自己能在这件或那件事上做些什么。"

你承认正用这些想法在自己周围建立封锁线吗?你意识到"希望"和"祝愿"这两个词实际上使得你什么也不干吗?坐等不会给你带来什么，事实上，你的惰性可能引起了一种情感上的麻痹，使你不能做出一些重要的决定。

要对自己说"我已经明白",并且动手干起来。除非你去促成事物的转变,否则,未来的情况将是依然如故。

要找出你身上因循守旧的弊病,可试着问自己:

(1)计划着一些令人激动的事情,但从来不实行这些计划吗?例如去休假或者观光旅游等;

(2)拒绝做任何对自己也许是一种挑战的事情吗?例如控制饮食、戒烟或者选修一门大学的课程;

(3)一旦面临困难的任务或者某个将使自己处于危险境地的场合时,便立即变得忧心忡忡吗?

(4)会推迟那些费力的或令人厌烦的事情吗?如清扫房间、修车、修剪草坪或者写信。

认真地考虑这些问题,你将很容易确诊出自己因循守旧的根源所在。从根本上说来,因循就是害怕担当风险。当你对那些熟悉然而也是有害的信号做出反应时,你至少能够心安理得地(或者是不怎么舒服地)维持现状。因循守旧确实称得上是生活的防弹衣,但是,这也是你停步不前的根源。

克服因循守旧的坏习惯并不像你认为的那么困难。你必须做的就是,现在就必须行动,而不是等到明天或者下个星期:关掉你正在看着的电视连续剧,立即着手写你的学术论文;放下你正在读的杂志,去打那些令人担惊受怕的电话;放下那一片送到嘴边的饼干,开始你的饮食控制;立刻参加某一个自去年就吸引着你的课程学习;现在从钱包里取出10元钱,开一个特别储蓄卡,以备你一直期待着的某次休假之用。

罗斯一直想成为一名心理学家。她在读高中时,便节省钱以备上大学时用。高中毕业不久,她的父亲得了重病,她的母亲由于要照顾她的弟弟妹妹,只能抽出部分时间出去工作,而她父亲的伤病补助费也是极有限的,她必须放弃上大学的机会。她把自己的储蓄用来学习打字和速写技术,很快便找到了一个秘书职业。罗斯曾经多次产生读夜大学的念头,但由于多方面的原因,她推迟了入学,就这样一学期又一学期地过去了,罗斯始终未能入学。"我真不明白,贝特丝,"她对自己最好的朋友吐露心事时说,"我真的愿意学习某些大学课程,但我要想获得心理学硕士学位,路途是如此遥远。首先,我得在大学文科熬4年,然后在研究生院再熬两年多。贝特丝,因为我只能在晚上去上课,我要到80岁才能取得硕士学位。"

　　罗斯犯了一个思维方式的错误，她眼前看到的是6年全日制学习，并可能把6年看成12年甚至15年，因为她只能在晚间学习。然而，如果罗斯把她的总目标分解成一些小的目标，她最终将可能实现自己的愿望。罗斯应当说："贝特丝，我知道要取得学位需走很长的路，但这没关系。我将不管大学文科4年的时间，而直接考虑在一个公共大学里学习两年，首先解决一些必要的基础知识问题。"

　　贝特丝应该回答说："甚至这两年也可以忘掉它，而集中考虑在每一学期里你将要修的一两门课。把自己的总目标分解成若干初级目标，然后再把这些初级目标分解成一些易于实现的小段落。这时，可以为实现初级目标采取第一个行动了。一旦形成了'实干'的习惯，将会不断地有所建树。"

　　贝特丝的话一点儿不错。有时我们因循守旧，是因为我们让生活的潮流拽着走，我们的生活陡然地由一处不知道的地方到另一处不知道的地方，这样恶性循环着。随着我们的理想在期望和等待的尘埃里埋葬，我们对自己的命运也失去了控制。然而，我们文过饰非地借口说是别人使我们不能做那些自己想做的事情，或者说是"我们无法控制的"环境使得我们不可能去改变自己的方向，以此来为自己的惰性辩护，这是何等的自欺欺人。

　　一定要记住，因循守旧是思想的沼泽地，你必须从中走出来，才能达到拯救自己的目的。

9.在不可能中找可能

很多时候，我们会觉得迷茫，没有方向，甚至认为有些事情是不可能做成功的，其实不是这样的，世上没有走不通的道路，关键在于你自己是否能够在那些看似不可能的因素中找出可能，从而引导你成功。

在镇上，无人知晓这位伯爵夫人来自何处，只知道这位夫人并非土生土长的美国人，因为夫人讲的英语不是纯正的美国音。从夫人的宅院之大，佣人之多便知道夫人家是富裕人家。但是，这位夫人从不讲排场作乐，人们都很清楚夫人谢绝会客，邻居的孩子们都十分畏惧夫人。

伯爵夫人总是带着一把手杖，除作扶手之用，这把手杖还用来教训调皮捣蛋的小孩。有一个叫做迪克的小男孩，在这个小男孩13岁时的一天，他在夫人家的篱笆上弄了一个小洞，这时，夫人悄悄摸了过来，在他头上敲了一杖。他"哎"地大叫一声，一下子跳了好远。

"小伙子，我想和你谈谈。"夫人说。小男孩想，我干了坏事，难逃训斥。不料夫人却微笑地看着他，似乎并不想惩罚他。

"你料理过草坪吗，比如浇水、修剪、割草?"

"料理过，夫人。"

"那好，我缺一个园丁，星期四上午7点钟你来我家。找借口推辞是没用的，因为我发现你星期四总是四处闲逛。"

伯爵夫人的命令他不敢不执行。第二周星期四一早，小男孩乖乖地到夫人家。他推着割草机把整个草坪的草割了3遍，接着夫人要他趴在草坪上把杂草拔掉，他的双膝就像地上的草一样青紫。最后，夫人把他叫到走廊上；

"喂，小伙子，劳动了一天你想要多少工钱?"

"不知道，也许50美分吧。"

"你想你就值这个价吗?"

"差不多吧，夫人。"

"那好，这是你要的 50 美分，这是我要你干，帮你赚的 1.5 美元。现在就来谈谈我们今后的合作。"

"整理草坪的方法多种多样，工钱可以从 1 美分到 5 美元。这样说吧，3 美元的活儿就是你今天干的这个样子，只是你得全部自己干。4 美元的活儿精细完美，傻子才会在一块草坪上耗费那么多的时间。5 美元的草坪是……算了，那是毫无可能之事，不提了。你以后每周的工钱，就按你自己说的付。"

小男孩拿了两美元走了。长这么大了，这是他记忆中最有钱的时候。小男孩决心下周改赚 4 美元。然而，当他第二次在夫人家干完活后，他开始泄气了，他甚至连 3 美元的标准也达不到。

"又是两美元，嗯?像这样干要被炒鱿鱼的，小伙子。"

"是的，夫人，下周我好好干。"

小男孩总算干得像样些了。当最后一遍修割完草坪时，他虽然满身疲惫，但觉得还能撑着干下去。这种新感觉令他兴奋不已，他毫不犹豫地要了 3 美元。

随后四五周，小男孩的工钱一直在 3～3.5 美元之间摆动。他对伯爵夫人的草坪已十分熟悉，地面哪处高，哪处低，什么地方的草该剪短，什么地方的草该留长，小男孩都了如指掌。随着他对草坪的认真研究，小男孩知道了 4 美元的活儿该怎么干。每周他都想着去试试，可是每当他达到 3～3.5 美元的标准时，就筋疲力尽了。

"你看来是个很不错的适合于赚 3.5 美元的小伙子。"伯爵夫人递给他钱时总这么说，听起来很让人沮丧。

"喂，别太难过，"夫人总是安慰他，"毕竟世上没有多少人干得了 4 美元的活儿。"

起初，伯爵夫人的话确实使他感到安慰。可是后来，夫人的安慰话不知不觉地变成了失败的提示，让他觉得很不是滋味。他似乎看到自己躺在草坪上气喘吁吁。夫人感动得泪水盈眶，弯下腰把 4 美元拿给他，并请求他原谅。

一个星期四晚上，他正努力不去想当天的失败，睡上一觉。这时，一个念头在他心里重重地撞击着，他坐了起来，兴奋得几乎窒息。小男孩要干 5 美元的活儿而不是 4 美元。5 美元的活儿几乎是不可能的，没人能行，他偏要试试。

小男孩很清楚面前的困难，比如，小虫拱出来的那些小土堆怎么处理?那些小堆很小，伯爵夫人或许还没有注意到，但他赤裸的双脚知道。小男孩可以仍旧用剪刀修边，但是5美元的活儿要求高得多。他得用码尺将每边量平，然后用修边剪仔细修剪。还有其他一些问题，只有他的赤脚了解。

他开始行动。他推着滚压机将那些小土堆碾平。然而，早上9点钟不到，他的信心和意志已经动摇了。无意间，他发现了一个恢复信心和体力的办法。滚压了草坪后，他坐在一棵树下睡着了，一会儿醒来后，这块草坪在初醒的眼里美如绿绒，脚下松软的草踩起来那么舒服，他浑身又添满了劲儿。

这一天，小男孩一直使用这个秘诀。每个小时他打个盹来养神，醒来后，用割草机把草地割4次，两次横的，两次直的。每棵树，他不但都松了土，而且把大的土块砸碎，用手将土弄平。接着他用修边剪把草坪四边修剪得整整齐齐，就连前边走道两边的草，他也认认真真地修剪。小男孩的手指磨出了许多泡，但这条道从未有过如此美妙。

5点钟的时候，小男孩跑回家吃了几口晚饭。大约8点钟，草坪彻底整理完毕。他感到无比自豪，走进伯爵夫人家门时，他甚至一点儿也不觉得累。

"喂，今天怎么样?"夫人问。

"5美元。"小男孩说，尽量显出一副平静、严肃的样子。

"5美元?你是说5美元吗?我说过5美元的草坪是毫无可能之事。"

"不，是5美元，我干了。"

"是吗?那我可得好好瞧瞧，小伙子。"

在黄昏的最后一抹余光里，伯爵夫人和男孩一起在草坪四周漫步。连他自己也不敢相信他所干的一切。

"小伙子，"夫人把手搭在男孩的肩上说，"究竟是什么让你干出如此不可思议的活儿?"

小男孩不知道，即使知道，此刻也无法说出来，他太激动了，伯爵夫人肯定他做了她认为无法做到的事。

"我理解你的心情，"夫人继续说道，"刚产生这个念头时，你满腔热情，再后来，你有点儿心怯，对不对?"

男孩一脸惊愕，夫人知道，并说对了。

"我理解你的心情，因为每个人都有过类似的经历。有些事情，想着要去做时，感到满心喜悦，但随后喜悦之情便烟消云散了。他们说：'这是不可能的事，我干不了。'当你心里说，'这是不可能的'，其实这是使你增长才干、获得特殊喜悦的机会。"

夫人把钱塞进男孩的手里，握着他的手说："迪克，今天你很了不起。一个人因为了不起而得报酬是稀有的事。"

从那以后，许多年来，迪克时常碰到一些工作上的困难，让他觉得难于胜任，每当此时，"不可能"这3个字就会在他的脑中闪现，于是他会出乎意料地振奋，心里跃跃欲试。他知道，唯一可能之路延伸在不可能之中。

第十章

创新是不断进步的源泉

——与时俱进，创新制胜

剑桥大学的学者在分析杰出企业家成功的奥秘时，提出了一个耐人寻味的命题："不断创新是卓越。"由此可见，不断地进行创新，不论是对于个人还是对于整个企业来说，都是十分重要的。

1.成功的最大秘诀就是不断创新

创新是人类不断取得进步的源泉，同样，对于一个人而言，不断追求创新才能立于不败之地。

萨缪尔·科恩、杰里米·克劳斯、托马斯·希尔顿是美国杰里米冰淇凌公司的创始人，生产口味独特的超级冰淇凌。公司于1997年6月创立，1998年销售额100万美元，1999年销售额达500万美元。

克劳斯是天生的做生意者，他说："我从小就讨厌从事一个普通的职业，因此一直没有工作。而我说过，其实我能做任何工作，甚至做冰激凌。"于是，这位宾夕法尼亚大学的学生入学后在宿舍里做起了冰激凌。不久，同校的两个伙伴科恩和希尔顿也加入了。于是，克劳斯卖掉大部分债券自己投资，并拿出他高中时挨家挨户上门推销净水器时挣的6万美元，和他们合伙开了一家公司。经过市场调查，克劳斯发现，冰激凌的口味已经20年没有变化，他敏锐地觉察到，这是为他们创业提供了一个很好的空间。他采纳了啤酒商萨缪尔·亚当斯的建议，使用啤酒酿造技术制作口味奇特的冰激凌，他与当地的乳酪厂联系，由他们提供特制的奶酪。

由于口味的创新，使这家小型的冰激凌公司很快吸引到了风险投资。结果新产品一上市就供不应求。它的风味很快就成为一种饮食时尚，风行欧美及世界各地。

克劳斯谈到自己的成功的经验时说："事业成功的最大秘诀就是创新。我们年轻人应该是一个行业中的创新者，而不是一成不变的制造者。因为年轻的本质特征就是新异和充满朝气。"

众所周知，现在已经是一个竞争白热化的时代，大企业可以靠大规模投资、大规模推广去赢得优势，去生存发展，那么，小企业、尤其是基础更薄，资本更小，甚至还是一个院子几个工人的农业小企业靠什么生存发展，靠什么赢得竞争优势呢？

答案很简单，靠与众不同，靠创新。

创新是什么?创新就是在企业中引入新的东西,可以是一个新的思想,一种新的方法或一种新的设备,它很像发明,也需要高度的创造性。但更多的是把问题的解决方法成功地应用到市场中,我们不必为创新而搞发明,因为,我国的市场中有很多的创造性的方法可以拿来为我所用。

思维方式的创新是一个很重要却很少有人研究的课题。有人曾提出:"像外行那样思考,像内行那样做事。"外行心态为什么能够形成思维方式创新?因为外行不懂规矩和方圆,不清楚什么是习惯和惯例,不知道什么是现状,不了解什么是禁忌,而规矩、习惯、现状、禁忌都是创新最大的障碍。很多行业的突破都是因为有几个"外行"的介入。在营销缺乏创新的时代,"外行"的价值可能比内行更重要。对于那些相对封闭的行业更是如此,一定要引入领先行业的人才进入,才能激活行业。希望集团的创始人陈育新提出"要永远保持外行心态",这是一个非常好的心态。

翻开国家政府报告或企业集团战略规划,"创新"往往是被提及最多的词语之一,这无疑是解放思想和改革开放给我们整个社会带来的宝贵思潮,让我们走出曾经的固步自封与闭关锁国。

在白天气温高达45度,晚上又低至5度的津巴布韦,能不能建造一座不能用空调,但室内温度必须恒温在22度的环保大厦?逻辑上这个不成立,所以无法做到,但运用水平思维的交叉创意法就做到了,米克皮尔斯运用白蚁冢穴如何保持恒温而确保繁衍的原理建造了世界上第一座不用电、气设备(空调)而能确保室内恒温22度的东关大厦,把不可能变成了令人惊叹的事实。

我们鼓励创新的思想,我们更为强调让创新的思想转化为实在的价值,只有能为社会、企业、个人带来价值提升的创新才是有效的创新。这种价值的提升需要我们将创意通过行动转化为一种成果。谭老师建议企业鼓励员工持续学习,并努力为员工的创新提供便利条件,这不仅包括创新所需的工作条件,还应包括鼓励创新的氛围和激励创新的机制。

透过很多国际公司,我们都看到一些曾举起创新旗帜的行业巨鳄因为不思进取而走向衰落,这样的例子不胜枚举。我们也看到一些身处高位的人沾沾自喜,拍着胸脯跟人保证公司里一切都运转正常,其实公司已经缓缓地走向下坡路了。

必须指出的是,创新不能靠一个点子或几个人或者某项目一蹴而就,要孕育出创新和支撑创新都依赖于扎实的基础管理工作,而这正是某些企业管理者所忽略的问题。

具体来说，企业一般需要如下方面的创新——

（1）**服务创新**

著名的IBM公司在广告中强调的"IBM就是服务"，正反映了该公司十分重视产品服务的思想。产品服务创新就是强调不断改进和提高服务水平和服务质量，不断推出新的服务项目和服务措施，力图让消费者得到最大的满足或满意。

（2）**知识创新**

据说，一个当代的博士生，仅能掌握不到人类知识总量的1%，剩下的99%都不懂，其中4%是他根本不知道还有这种知识存在。中国企业的经理人中大部分都是文化水平偏低，所以，我们有什么理由回绝新的知识呢?知识创新既是大家忽视的地方，也是需要提高和创新的地方。

（3）**心态创新**

每一位企业员工、经理人都要像一位新雇员第一天在公司上班一样，对企业的各个方面都进行提问。还记得在我们上班的第一天，我们会问许多问题——我们为什么做这件事情?——我们如何使它发生?——它的目标是什么?——它意味着什么?但我们在单位中工作的时间越长，就越难做到这一点。我们在工作中的时间越长，我们问的问题越少，我们也就变得越自满。大家多问具有探索性的问题，并进行更仔细地倾听，这样你就能够理解得更为深刻。然后，我们进行深入的分析与研究，必定能找出创新的方法来解决这些问题。

有这样一个真实的故事，日本前女大臣曾负责过某酒店卫生清洁工作，她洗刷了3次抽水马桶后其主管检查并不满意，于是主管亲自示范如何清洗，并在清洗完之后用杯子舀了马桶里的水喝了下去，并告诉她这就是清洁工作的自我检查标准，她被极大地震动了，于是重新努力清洗并最终也自豪地舀了马桶里的水一饮而尽。

因此，我们的企业在以创新求发展的同时，千万不要忽视夯实基础管理，只有真正建立起一套高效完整科学的管理体系，用规则化、程序化、科学化来系统性地塑造和改变员工的行为，提高整体的组织能力，才能为创新提供孕育和发展的土壤。

2.积极更新思想

我们周围的环境条件，一刻不停地变动。这虽不是现在才如此，但现在尤其是急速的转型期，如果不好好努力适应，就跟不上时代，会成为"活化石"。

奥拉克尔公司主管全球通讯的前任副总裁保尔·霍夫曼说："由于现在每一件事都很复杂，所以要想有一种超前意识是比较困难的，这正像人们所说的'计划赶不上变化'。不像过去，你在学校里受教育或是在其他什么地方得到锻炼后有了一份工作，多年以后你忽然发现自己不过像个传教士，在习惯性地做一件事，你所从事的事业不过是一种惯性运动。但是在当今的社会，这种情况不能再继续了。"

尽管霍夫曼有着丰富的社会和工作经验，但面对挑战，他也在不断地进行着技术和知识上的更新。"尽管你不是领导，但是为了使你更具工作能力，你就必须不停地学习，不停地接受教育。"他指出，"现在的这种情况使经营变得很有刺激性，同时，一旦你加入到这个行列中，就会让你马不停蹄，直累得你上气不接下气。你停不下来，因为你所从事的事业没有重点，你不断地应战，不断地往前冲，否则你就会因落后而被淘汰。"

现实中人总是容易越来越守旧的。所谓守旧，就是指思考方式、工作进展都始终停留在原状，不会改变。就算你一直否认你是一成不变，但究竟是不是，很简单就可以证明，那就是"你和一年前相比，什么地方有过什么样的改变？"或"做过什么样的变动？"

水往低处流，太阳由东而西，人总有好易怕难的习惯，这些都是很自然的。然而老板却很讨厌守旧的人，如果一个公司里这样的人一个一个增加，公司将来就危险了。

企业经营必须能应对时代和环境的急速改变。如果每个人都说："我不想改变这块土地。"那这个企业就完了。而很多事例又无一例外地证明了一点，人年纪越大，这种守旧倾向就越重。其实，人死后终究是归于尘土，实在没有必要于有生之年在大地生根。所以，你如果想在五六十岁以后还做一个成功的领导和主管，你就必须克服守旧。

首先你要认定自己是否守旧。克兰勃格教授提出，判定你究竟是不是守旧，可以依据下列40个项目检验：

（1）即使打老式领带也毫不在意；

（2）整个星期都穿同一套西装；

（3）饮料固定是那几种；

（4）经常喝酒；

（5）食物固定是那几样；

（6）不想尝试没吃过的食物；

（7）经常抽烟，没有戒烟的念头；

（8）碰面的几乎固定是那几位；

（9）接触的人几乎没有改变；

（10）看报纸固定看那几样；

（11）只看固定几种杂志；

（12）不会想读引起话题的书；

（13）这一年几乎没有离开自己的生活圈；

（14）恋床；

（15）不想学外语；

（16）满意现在的工作、职位；

（17）这一年里从未改善自己的工作方法；

（18）不想换新的工作、新的工作岗位；

（19）上班路线固定，不会想要试试别条路；

（20）有机会，也不想换工作；

（21）不想参加任何资格考试；

（22）没有将来的目标；

（23）即使事情很重要，做事也是懒洋洋的；

（24）不再有好奇心；

（25）即使很多人围在一起，也不会想凑过去看；

（26）和初见面的陌生人讲话，觉得痛苦；

（27）对于事物无法专心；

（28）不曾想过忘掉时间、好好拼一场；

（29）经常做事半途而废；

（30）不想到新的地方去生活；

（31）开始觉得还是过去好，经常回忆过去；

（32）渐渐变得不积极；

（33）不想知道自己耐力的极限；

（34）害怕挫折；

（35）觉得自己本性难移；

（36）从未想过换一种思考方式；

（37）不曾想到外面看看；

（38）全不在意自己守旧；

（39）从不怀疑自己这样过一生好；

（40）没有将来的梦想和希望。

克兰勃格指出："在以上40个项目中，符合你想法的，有几项呢?如果符合10项以上，必须留心别太守旧。20项以上，表示你真的很守旧。"

克兰勃格认为，想不守旧，须参考下列11种方法：

（1）检讨自己是不是存在守旧的念头；

（2）制定明确目标，向其挑战，持续地努力学习；

（3）对什么事都富有好奇心，积极探究未知的事物；

（4）善于调适情绪，能够变通；

（5）向自己能力及体力的极限挑战；

（6）天天督促自己有挑战的心理；

（7）全心全意向自己的困难挑战；

（8）每日反省，不断充实自己；

（9）永远存在对将来的希望及梦想；

（10）不满自己的现状，激励自己；

（11）为了将来，有计划地利用时间及金钱，努力启发自己。

3. 积极激发新思想

人生处处都可以是创造的地方，每时每刻都是可以创造的时候，每个人都是有创造能力的人，那么，还等什么呢？让我们大步向着创造之路迈进吧！

美国史密森尼安天文物理研究所出版的星象目录中，列了25万颗星星，这些星星还没有被正式命名。于是加州出现了一个"星象命名公司"，在全国大登广告：星星出售——你现在可以给一颗星命你自己的名字或你爱人的名字！最先登记的25万幸运者将变成不朽……你的星星和它的新名字，将永远注册于国会图书馆。每颗星：25元美元。有的人看了这则广告，但不想花25美元，就直接打电话给史密森尼安天文物理研究所，询问是否可免费把自己的名字安在星星上。这个研究所和哈佛天文观测所是美国权威的天文研究机构，他们除了把测得的星象编号整理并出版目录，并不为星象命名。他们对这商业的噱头当然啼笑皆非，不以为然。其实肉眼看得见的星星很早已有了传统名字，比如晚上最亮的一颗星，一直叫做施瑞斯或"狗星"。其他多半的名字，也一点都不奇特。有一颗星，名字译出来叫"马脐眼"；另有一颗译名是"中间那个胳肢窝"。这都不成问题，卖星星公司专门出售肉眼看不见、只有编号还没命名的星星。25美元可以买一张星座图，指出你买的那颗星的位置，并且还有一份正式登记证。

他们怎么扯上国会图书馆的呢？原来他们把史密森尼安目录的星星编号印在空页上，每填满一页名字（大约100个），就把它送到国会图书馆去登记版权，显然这是发财的好主意。加拿大多伦多出现了一家同性质的公司。要价也是每颗星25美元。他们还把新命的名字制成显微胶片，"永远"存在瑞士和多伦多的保险库里。这公司的老板商请约克大学一个教授写一本书，把新命的名字附在其中，那书将会登记版权，于是他们也可以宣称"在国会图书馆永远注册"了。

25美元就能使自己的名字不朽于宇宙间，我们从来还没听过比这更廉价的买卖，难怪人们要趋之若鹜。看来发财致富其实就这么简单，只要你有奇思妙想。

有人说，环境太平凡了，不能创造。平凡无过于一张白纸，八大山人挥笔随意画他几笔，便成为一幅名贵杰作。平凡也无过于一块石头，到了菲迪亚斯、米开朗基罗的手里，可以成为不朽的塑像。

有人说，生活太单调了，不能创造。单调无过于坐监牢，但是就在监牢中产生了易经卜辞，产生了正气歌，产生了前苏联的国歌，产生了尼赫鲁自传。单调又无过于沙漠了，而雷赛布竟能在沙漠中造出苏伊士运河，把地中海与红海贯通起来。

可见平凡单调，只是懒惰的人给自己找的借口。我们要在平凡中造出不平凡，在单调上造出不单调。

有人说，年纪太小，不能创造，见着幼年研究生之名而哈哈大笑。但是当你把莫扎特、爱迪生及冲破父亲数学层层封锁的帕斯加尔的幼年研究生活翻给他们看，他又只好哑口无言了。

有人说，我太无能了，不能创造。可是鲁钝的曾参，传了孔子的道经；不识字的惠能传了黄梅的教义。惠能说："下下人有上上者。"我们又怎么可以自暴自弃呢！可见，无能也是借口。

有人说，自己已经山穷水尽，走投无路，陷之绝境，不能创造。但是玄奘遭遇了八十一难，最后才终于取得佛经；哥伦布在粮水断绝，众叛亲离的情况下最终发现了美洲大陆；莫扎特在冻饿病三重压迫之下，写下了《安魂曲》。绝望是懦夫的幻想。歌德说："没有勇气，一切都完了。"是的，生路是要用勇气探出来，走出来，造出来的。这只是一半真理。当英雄处于无用武之地的境地时，他只有拿出自己大无畏的精神和智慧的头脑、金刚一样的信念与意志，才能给自己开出一条生路来。古语说："穷则变，变则通。"要有智慧才知道怎样变得通，要有大无畏之精神和金刚的信念与意志，才变得出来。

那么，怎么样才能进行"创造"呢？创造最重要的前提就是"产生新思想"。只要你依循下面的步骤，就一定能产生新思想。

(1)最初的观念

你有一个问题要解决或有一件事要做；你想找一个更好的工作；你的房子需要重新装饰一下；你想把你们公司里的废料做成有用的副产品等，这些都属于最初的观念。

(2)准备阶段

现在你要调查一下发展这个处在萌芽状态的观念的所有可能的方法。尽可能多地收集有关那方面的资料，阅读有关书籍，记笔记，和别人交谈，提出问题。要善于接受新东西。这些都是开动我们想象力的跳板。

（3）酝酿阶段

这一阶段应该让你的潜意识活动起来。散散步，睡个午觉，洗个澡，做做其他的工作或消遣消遣，把问题留到以后再解决。如作家埃德娜·弗伯曾说过的："一个故事，要在它自己的汁液里慢慢炖上几个月甚至几年，才能成熟。"

（4）开窍阶段

这是创造过程的最高阶段。脑子一下子明亮起来，一切东西都突然变得井井有条。查尔斯·达尔文一直在为进化理论收集材料，然后有一天，当他坐在马车里旅行时，这些材料都突然一下子融为一体了。达尔文写道："当解决问题的思想令人愉快地跳进我脑子里的时候，我的马车驶过的那块地方我还记得清清楚楚。"开窍是创造过程中最令人兴奋和愉快的阶段。

（5）核实阶段

不管你的见识多么高明，但开窍时得到的启示可能是根本靠不住的。这时便要发挥理智和判断的作用，你的预感或灵感都要经过逻辑推理加以肯定或否定，你要回过来尽可能客观地看待你的设想。你征求别人的意见，对这出色的设想加以修正，使之趋于完善。而且经过核实，你往往会得出更新更好的见解。

在日常生活中，我们还可以通过有意识地锻炼，培养开阔的思路，提高自己的创新能力。下面是专家总结的几种行之有效的方法。

（1）相信自己有创造力

激发创造力最大的绊脚石，就是认为自己缺乏创造力。很多人有这种观念，这其实完全源自父母、师长错误的灌输。他们以为创造力是不可企及的东西，我们应该以敬畏之心看待发明家。但是，即使是最伟大的创新点子，也并非无迹可循、难以捉摸的。以电视游乐器发明人诺南·巴希奈为例，他的灵感即来自游戏与电视。这两项现代人最喜爱的东西，经他一结合，变成了价值1亿美元的点子。其实，在现在看来，这只不过是一个平凡的联想。

（2）多读些参考书

每天在睡觉前多看看科普读物，这是增加你的一般知识和见解的有效方法。请记住：几乎所有真正有艺术创造力的人，都曾经努力扩大他们的一般知识和专业和识。

(3)经常光顾工艺品商店

从日新月异的文具、五金百货等造型上你也许会突然获得灵感或得到某些启示，那些商品的巧妙布局常常会展现出许多你从未想过的作品题材。

(4)培养你的想象力

找一篇你从未读过的短篇小说，读完第一段之后，先不要着急着翻看下一段，而是试着自己接下去把这篇小说写完。写完后，再返回来读原小说的其余部分。你会惊奇地发现，你的文学想象力比你预料的要大得多。

(5)置身新领域

一个年轻人请教管理专家彼德·杜拉克如何成为好主管。杜拉克回答："学拉小提琴吧。"他的意思是，任何让你置身新领域，或迫使你摆脱原先安适怠惰的活动，都可能激发想象力。最好的活动是磨炼平时不常用的另外半边脑，有时这类活动会形成神奇的组合，例如艺术家身兼棋艺高手，生意人有可能还是个钢琴演奏家呢!

(6)重新安排你的日常生活

把那些原来不相连的事物安排在一起:晚会上不常在一起的人们，午餐中不放在一起吃的食物，房间里的物品，以及每天发生的事情。通过这些变动，你往往会发现一些新的、有趣的组合。

(7)抬头看看你每天经过的那些建筑物

对于那些我们认为非常熟识的建筑物，却很少有人能描述一下它们的第二层是什么样子。你可以沿着你通常去商店、学校或办公室的路线走一次，再反向走一次，沿途仔细观察整个的建筑物，仔细体味内心的不同感受。

一个人可以把任何东西转换成能让自己觉得快乐的思想。

(8)少睡觉，多躺着思考

安静地躺着是一个很好的养神方法，在这些大脑平静的时刻，你的潜意识的创造性思维将会异常活跃。你可以漫不经心地看着周围某些使人安详的景物:白色的云彩，龙飞凤舞的书法，帆布上的一道道油彩，风格鲜明的东方地毯，绿色的植物，或金色的阳光……

(9)从一个新的角度观察、考虑

用望远镜或者放大镜重新观察和发现你周围的环境或事物，从一个高建筑物上观察我们生活或工作的地方将特别有益。我们是谁?我们正在做什么?对于这些问题我们通常只有过于破碎和内向的认识。换一个角度看待它们，会使我们有一个更新和更广的认识。把诸如扩大、缩小、取代、重组、颠倒、合并等动词列一张表，设法把每一个动词都依次运用到你要解决的问题上，试试看是否行得通。

（10）随时准备好

你最好有随身带一本笔记本、一支钢笔或铅笔的好习惯，如果有条件的话，最好带一架微型盒式录音机或录音笔。新的念头一出现，便把它写在纸上或录在磁带上。

科内尔大学的天文学家、作家卡尔·塞根每次一听到心灵的"敲门声"便记录下来。不论走到哪里，他都随身带着一台盒式录音机，"有时敲击声彬彬有礼，也有时敲击声急促而持久。"塞根说，"总的来说，我发现自己被卷入激情，处于一种兴奋状态，我会坐在飞机上，听整整一章的'敲门声'。"

腾出一个地方来专门收集存放与每个不同的科目有关的思想记录。思想库可以是文件夹，空鞋盒或是写字台抽屉。当你有了好的念头，便把它写下来放好。然后当你准备就绪，开始认真考虑的时候，你就有许多过去的设想作为基础。让时间为你服务，启示往往是在半夜里不知不觉地溜进你的大脑的。如果你正在设法解决一个问题，你把解决问题的障碍写下来，然后把它们丢在一边去睡觉，不要再想它们，让你的潜意识起作用。当你一觉醒来时，往往已经有了新的设想或解决办法。

在灵感降临时，不要找不到笔，或者你找不到白纸，或者你缺少颜料，或者你忙得脱不开身。随时随地组织安排好自己的工作，不论灵感何时降临，你都能够从容应付！

（11）化创意为行动

所有的构思都必须付诸实行，才能真正具有价值。不要吝于将创意付诸行动。试试看哪些点子行得通，哪些行不通，然后你就会惊异，自己想象出来的点子，竟然对这个世界有所帮助。肯定自己的创造能力，并付诸实行，我们每个人都可以成为创意天才。

4.提高创造构想能力

　　成功的本质在于创造，没有创新和创造就谈不上成功。要创造，必须具备强烈的创新意识和较高的创造构想能力。

　　爱因斯坦曾经分析创造的机制是：由于知识的继承性，在每个人的头脑里都容易形成一个比较固定的概念世界，而当某一经验与这一概念世界发生冲突时，惊奇就会产生，问题也开始出现。而人们摆脱"惊奇"和消除疑问的愿望便构成了创新的最初冲动，因此，"提出问题"是创新的前提条件。而恰恰是这个"提出问题"的环节，对我们来说可能是非常困难的。也许你认为个人的观念带有很强的主观性，容易随各种环境、形势、条件等的变化而变化，但实际上并非如此。相反的是，一旦某种观念在我们的头脑中形成，要改变甚至放弃这种观念将是异常艰难的，但是我们又必须克服这种困难。因此在未来的时代，新事物、新观点、新概念的出现是如此之多又是如此之快，我们几乎每时每刻都受到"更新"的剧烈冲击。别人更新，我们要接受，还要在此基础上必须更新自己旧有的东西；我们要挑战、要竞争、要胜利，就更需要更新自己旧的东西和属于他人的东西。怎么办？关键的就是要学会与众不同。

　　诺贝尔物理奖获得者朱棣文曾说过这样一句话："科学的最高目标是要不断发现新的东西，因此，要想在科学上取得成功，最重要的一点就是要学会用与别人不同的方式、别人忽略的方式来思考问题。"对我们每个人来说，不仅仅是想在科学上，想在任何一个领域、任何一项事业中获得成功，都必须学会运用与别人不同的方式来思考问题，学会用别人忽视的方式来思考问题。

　　创新意识的形成不是一蹴而就的，它需要我们长期地培养。按著名经济学家熊彼特的说法，创新的核心含义是"引入新要素"、"实现新组合"。他认为创新要求在原有框架中引入新要素，因而必然包含着对旧有的"创造性破坏"。这对于我们开发、培养创新意识是有启迪的。我们在接触一个事物、思考一个问题的时候，要养成敢于打破常规，从别人认为是荒诞的、离奇的、不可思议的角度出发想问题的习惯，大胆引进新的东西。另有人指出：观念的创新实际上是"旧的成分的缩合"。这也提醒我们在思考问题的时候，可以大胆地进行新颖组合的设想。只要我们有意识地按照上述的办法来锻炼自己多角度、多维度、多种类分析及思考问题的方法，创新意识就会逐渐地扎根于我们的头脑之中，我们也会自觉不自觉地以创新的眼光安排、设计我们的一切。

成功的本质在于不断地进行创新和创造，没有创新和创造就谈不上成功。要想创造，必须具备强烈的创新意识和较高的创造构想能力。创造能力是指在已有的知识与经验的基础上，首创前所未有的新事物的能力。如科学的新发现、新突破、新创见，技术的新发明，艺术的新创作，经济体制和政治体制改革的新设想、新建设，理论研究的新见解，工作方法的改善等。创造构想能力是人才获得成功的一种极其重要的素质。

要想获得自我成功，必须十分重视提高和发展自己的创造构想能力，只有做到这一点，才能很好地去实现自己的奋斗目标。那么，怎样才能提高自己的创造构想能力呢？

(1)注意积累丰富的知识和经验

知识和经验是创造构想能力的基础。科学上的创造、技术上的革新、艺术上的创作都是在丰富的知识和经验的基础上，通过创造性构想而成功的。经验越丰富，知识越渊博，创造性构想的思维就越活跃，丰富的知识经验可以使人产生广泛的联想，使思维灵活而敏捷。

创造构想需要以知识与经验的积累为基础，但并不是说只有等知识经验积累到自认为非常丰富的地步才能进入创造阶段，知识经验积累的程度也不完全与创造构想的能力成比例。在学问不多时，直接进入创造，直接为实现既定目标而设计自己的知识结构，积累有关的知识和经验，尽快把积累的东西用于创造，常常能收到事半功倍的成效。

(2)养成独立思考的习惯

勤于思索、保持好奇心、敢于提出质疑是创造迈出的第一步。居里夫人的女儿把它誉为"学者的第一美德"。法国著名文学家巴尔扎克说："打开一切科学之门的钥匙都毫无异议地是问号，我们大部分的伟大发现都应归功于'如何'，而生活的智慧大概就在于逢事都问个为什么。"养成独立思考的习惯对实现我们每一个人的成功目标都是极为必要的。

(3)要培养良好的个性品质

个人性格品质的好坏，在很大程度上影响着创新能力的强弱程度。如自信、勤奋、进取心强、浓厚的认知兴趣、对模糊的容忍度、富有幽默感、顽强的毅力、甘冒风险和不屈不挠的精神等。它往往通过为创造力的发挥提供心理状态和背景情境，通过引发、促进、调节和监控创造力，以及与创造力协调配合来发挥作用。

适宜于创造的个性品质特征主要是：具有独立的人格特征。通俗地说就是人要具有独立自主的精神，有自己的主见与认识理解，有自己的观点，不人云亦云，不随波逐流；自信自尊，不盲目服从，不轻信他人；要勇于向常规发出挑战，不满足于已有的结论，善于并敢于怀疑权威的东西。具有优良的意志品质，要有不服输的劲头。任何创新的过程都包含着对旧东西的"破坏"，期间必定充满着坎坷、阻碍以及各种艰辛。这就需要有一种顽强的毅力和不屈的精神，能够在挫折面前坚持既定的目标，坚韧不拔、百折不回、永不低头。具有强烈的求知欲，对自己不知的、知之不多、知之不明的东西，有一种旺盛的欲望，就是获取它，求得它。具有冒险、进取和献身的精神以及强烈的使命感和责任心。这是一个创造型人才应当具有的事业心，表明了对事业的执著追求和对生活的美好憧憬，也决定着一个人在挫折面前能否保持住足够的信心和耐心。

(4)加强对个人情感的培养和调节

在人们的创造性活动中，积极、健康、稳定的情感是激发人的创造想象活动的重要心理因素。积极的情感，如冷静、乐观、开朗、愉快，可以促进思维活动的进行；而消极的情感，如悲伤、烦躁、焦虑、忧愁等，则有碍于思维活动的进行。

情感丰富的人，他们的想象充满了生动的色彩。为了追求真理，改革社会，发展科学，敢于突破权威禁区，打破陈规陋习，提出科学创见。这种大智大勇、无所畏惧、为真理勇于献身的情感正是创造者应具备的品格。

5. 把思维能力转化为创造力

思维从根本上说就是为了创造。一个人只有思维能力是不行的，还要把思维能力转化为创造力，才能最终发挥它的价值和作用。

在人类数千年的文明发展史中，积累了大量把思维能力转化为创造性的方法，其中简便易行的几种方法是：

（1）仿生创造法

生物在亿万年漫长进化中，形成许许多多奇妙的功能。例如，蝙蝠可以感觉到超声波，在布满密网的黑屋里，几十只蝙蝠自由穿梭飞行，而不会撞到网上。人类对于蝙蝠的研究发现，蝙蝠是由超声波来定位和检测物体的。蝙蝠的喉内发射出去的超声波信号与物体相遇后被反射回来，由蝙蝠的耳朵接收，据此判定物体的距离、方位。人们正是根据这种"回声定位"原理发明了雷达。随着现代生物学的发展，生物的许多鲜为人知的奇特功能被揭示出来，令人惊叹。人类在惊叹之余，希望从生物的功能机理中受到启发，创造出更先进的技术。这种模拟生物的机能和结构发出新的技术原理的构思方法，叫做仿生法。

仿生学的发展，给人类的发明创造开辟了更广阔的前途。人类利用仿生学的发明，打破了人的生命能力的局限。

在遇到一个问题，或者萌发了一个创造性设想以后，怎样才能想得巧妙，怎样才能使一个设想变为成熟的方案呢？自然界、生物界是一个发明设想和技术蓝图的重要源泉。巧妙地运用仿生法，是得到详细构思的重要方法。

（2）直接模仿法

日本创造学者丰泽丰雄曾说过：仿照、模仿同类性质的事物是对发明非常有益的诀窍，但会利用这一诀窍的人很少，而不会利用的人却很多。立志发明的人往往只是想凭空创造新事物，他们却忘记了新旧事物是有联系的。技术的革新及发明，绝大多数时间都表现为有连续性和渐进性的。很多新事物就是在旧事物的基础上进行的变革和创新。新事物不能完全抛弃旧事物的所有特点，而只能是抛弃部分缺点和弱点。在日本有很多人找到丰泽丰雄，请教他如何构思一个新设想，他总是告诉人们，先模仿一个发明家，看他怎样想。

万德尔·菲利浦说："一切与发明创造有关的事物，都是借来的，美与形也莫不如此。"世界玩具大王路易·马克斯，是一个发明的能手。他发现要发明一种畅销的新玩具很困难，但要推广一种已有游戏却能够很容易地做到。他每年到世界各地考察，了解各民族、各地区的玩具和游戏。他到中国的台湾地区看到山里的孩子常玩儿一种叫做"悠悠"的玩具，非常有意思，于是他便把这种玩具带到了西方国家，结果赚了大钱。前几年他去了南洋，考察当地土著人的游戏方式，他见有一种套在腰间转着玩儿的木圈很有意思，回国后马上改用塑料制造，并在市场上大量出售这种叫"呼拉圈"的玩具。

当你进行发明创造遇到难点时，你要研究古今中外的与之相类似的事物，模仿试一下，灵活地运用模仿，可以达到创造的目的。这需要你灵活地思考，以弹性的态度对待已有的事物，做出自己的创造。

(3)灵活移植法

在野生的酸枣根上嫁接甜枣的枝芽，就会长出又多又甜的大枣，这就是嫁接的奇妙之处。同样，把一个技术领域的某种原理、方法和功能运用到另一个领域，就能导致新的原理、方法和功能。这种方法叫做移植法。移植法的根本作用是取长补短，"他山之石，可以攻玉"，灵活地运用移植可以得到独创性的想法和方法。

移植方法可以首先考虑从原理上移植的可能性，就是说找出原有技术原理的适用范围，再来考虑使用这个原理做出发明和创造。例如，巴斯德发表了关于有机物腐败和发酵的研究成果后，一位英国医生恍然大悟：有机物的腐败和发酵是由于外来细菌感染，而外科手术后病人伤口的化脓和溃烂也是外来细菌感染的结果。于是他采取石碳酸消毒的办法，终于在1865年发明了无菌手术法。这个办法使得外科手术后病人的死亡率从80%以上，降低到1.5%，这无疑是医学发展史上具有重大意义的改变。

要灵活地运用移植法，需要提高自己的思维发散能力，要善于从"不相关"的事物中寻找启示和线索。一项被灵活运用的技术是发泡技术。最早的发泡技术是从做面包或蒸馒头开始的。由于面包和馒头在做熟的过程中，内部产生大量气体而使其体积膨胀，变得松软可口。美国一位企业家，看到发面的技术能使面包这样好吃，心想如果把这种发泡的方法用到别的东西上不知道会怎样。他想到了橡胶，于是，把发泡剂掺入生橡胶，在熟化时，橡胶就蓬松得像面包一样。他发明了橡胶海绵。

一个技术产品在人们的观念中往往有某种固定的用途。实际上，尽管每一个技术产品都有一定的功能，但这种功能用在哪里是不应受到限制的，哪里需要哪里就可以用。比如，一位日本女士提出吹头发的热风机可以用于烘干被褥，结果厂家采纳了她的建议，真的制造出了畅销的被褥烘干风机。这位女士也得到了专利费。

（4）广泛类比法

类比法是根据两个某些属性相同或相似的对象，而且已知其中一个对象还具有其他属性，从而推出另一个对象也同样具有其他属性的思维方法。

人类从远古时候起就有意无意地运用这种方法完成了许多发明创造。类比法在人们认识客观世界和改造客观世界的活动中，具有非常重大的意义。科学上的许多重大理论，最初大都是通过类比提出来的。科学史上还有许多重大发明和发现，也是应用类比取得的成果。例如，狄更斯提出的波动说，是与水波、声波类比而受到的启发；英国医生詹纳发现"种牛痘"可以预防天花，这是受到挤牛奶女工感染牛痘而不患天花的启示。

6.要突破传统观念的束缚

人的个性品质对创造力的重要作用越来越受到人们的关注。

美国斯坦福大学校长盖哈德·卜思帕尔教授认为:未来的高等院校应是研究密集型大学，必须精心培养学生具有富于批评性的追根究底的精神。有些创造力研究者将个性品质作为创造力研究的重要方面。认为如果把创造力看作一维的智力（认知）结构，忽视创造力的整体性和影响因素，特别是个性特征的作用，就很难全面地、系统地把握创造力结构，也就很难开发、培养、增强我们的创造力。

人类是不会飞的，但人类若永远不敢想象自己能飞在空中，那么飞机就不可能被创造出来。一般情况下，钢铁的密度比水大，在水上是必然往下沉的，但如果人类不敢求异，不敢设想让钢铁浮在水上，恐怕到今天我们也只能划几只木船来航行。400多年以前哥白尼提出日心说时，他并没有观察到地球在绕着太阳转。他只是觉得地心说太复杂了，有80多个圆球整天在地球的周围绕来绕去。他就假想将那些复杂的圆球全部简化掉，地球在自转着，并绕着太阳转，完全与当时的地心说相异。哥白尼的这一求异，求出了近代科学的开端。敢于突破传统，正是许多历史伟人成功的"秘诀"。

19世纪中叶，随着电学知识的积累和真空技术的发展，对于真空放电以及电的本性的研究引起越来越多人的兴趣。人们惊奇地发现，在真空度很高（达万分之一大气压）的真空管放电时，在阴极会产生美丽的辉光。德国物理学家哥尔德斯坦认为这种辉光是从阴极发出的射线，将之命名为"阴极射线"，并认为这种射线类似紫外线。

当时的物理学界围绕阴极射线展开了激烈的争论，争论的焦点是:阴极射线究竟是一种像紫外线一样的波，还是一种带电的微粒?德国多数物理学家赞成哥尔德斯坦的观点，他们得到了自己国家著名学者赫兹的支持。赫兹因在1888年以火花实验证实电磁波的存在而一举成名，他遵循的信条是"结论来源于实验"。为验证阴极射线是否带电，他特意用数节电池串联产生2000伏高压得到连续发射的阴极射线，并使射线通过加了240伏电压的平板电容器，如阴极射线是带电粒子的话，那它会在平板电容器的电场中偏转，而实验结果却是否定的。

在英国和法国，物理学家们倾向把阴极射线看成是粒子流。英国的克鲁克斯曾经把一个插有云母翼片的小风轮放置在真空管中间，当阴极射线照射上侧风翼时，风轮就转了起来。他以这一事实证实阴极射线是带负电的"分子流"。法国物理学家佩兰则用实验测量了阴极射线的电量。他使射线经过一小孔进入阳极内的空间，打在收集电荷的圆筒上，静电计上显示带有负电；当把阴极射线管置入磁极间，射线发生偏转，不能进入小孔，集电器上电性消失，从而证实了电荷正是阴极射线所携带的。

关于阴极射线是粒子或是射线的争论持续了将近20年。这场争论最终由英国物理学家汤姆逊所解决。自19世纪80年代起，汤姆逊就进行了放电现象方面的研究。关于阴极射线本质的争论自然引起了他的注意，在作了认真的研究之后，他认为真空管中的阴极射线是带负电的微粒子流，这种带电粒子有很大的速度，并沿直线运行。1894年，他从更精巧的实验中坚信，阴极射线绝不是一种电磁辐射。

阴极射线粒子性的最终确证是在汤姆逊重复了赫兹的实验之后。汤姆逊发现，赫兹当年的失败，主要是因为真空度不够高，引起残余气体的电离，静电场建立不起来所导致的。他说："我重复这一实验时，起初也得到和他同样的结论，但后来发现不偏转的原因是由于阴极射线使稀薄的气体产生导电性。我测量电流时，发现真空度提高时导电性消失得很快。显然，在很高的真空度下做赫兹实验，有可能观察到阴极射线受静电力偏转的现象。"

汤姆逊从实验结果中完全证实了阴极射线是带负电的粒子流的结论。阴极射线是带负电的粒子流的结论已是确定无疑的了。但这些粒子是原子、分子，还是更小的微粒呢?汤姆逊对此作了更进一步的研究。汤姆逊通过计算，发现克鲁克斯使小风轮转动的实验，不能用分子流的作用来加以解释，这个作用力太小。汤姆逊用了两种方法测定阴极射线微粒的荷质比 e/m 值。第一种方法是将一束阴极射线通过强磁场使其偏转后撞击已知热容的固体，使其动能转化为热，测出热量可算得动能，代入数学公式可求得 e/m 值。第二种方法则是用电场和磁场使阴极射线发生偏转去测得 e/m 值。他测得的荷质比 e/m 之数量级为107电磁单位／克，这要比在众所周知的电解过程中测得的氢离子的荷质比大上千倍。汤姆逊认为，这可能是阴极射线中的粒子质量很小，也可能是其电荷较大造成的。经过进一步的分析，汤姆逊断定，阴极射线是由质量比氢离子小得多的粒子组成的。他最初把这些粒子称为带负电的"微粒"。

1897年，汤姆逊测定了紫外光射到锌片上的光电效应和炽热金属的热电过程中带负电粒子的e/m值，得到同阴极射线中"微粒"一样的数值。汤姆逊坚信："这些粒子具有相同的质量并带有相同的负电荷，无论它们是从哪种原子里得到的。它们是一切原子的一个组成部分。"汤姆逊始以"电子"这一名称命名这种微粒。

电子的发现，在较长时间内没能得到科学界的承认。甚至到了1906年，授予汤姆逊诺贝尔物理学奖时都没有明确提到他发现电子的功绩，他获奖的原因是由于他"在气体导电方面的理论和实验研究"。当时的许多物理学家都坚持电的连续性观念，而排斥电的粒子性的新思想。对于原子有更小的组成部分，人们感到不可思议，难以接受。汤姆逊的一些同事对他的工作不予支持，甚至有人贬低他的工作，说他给科学工作的进展"拖了后腿"。

然而新的科学思想的确立却是历史发展的必然趋向。美国物理学家密立根在1917年前利用油滴实验，多次进行精密测量，得到了电子电荷的数值。他观察到，每个油滴携带的电量都是电子电荷的整数倍。他的工作结论性地证明了：电是分为单个单元的，每个单元电荷都是相等的；这个单元电荷并不是一个统计平均值，而是电的原子性结构的真实表现。电子的存在终于得到了科学界的公认。电子是人类认识的第一个基本粒子，它的发现打破了原子不可分的传统观念，揭示出原子是有内部结构的，探索原子内部结构成为20世纪最激动人心的科学研究活动之一，汤姆逊的名字和他的杰出贡献一起载入科学史册。

尊重科学事实，敢于突破传统观念的束缚，是汤姆逊做出重大科学发现的关键所在。与汤姆逊同时以实验证实阴极射线是粒子流的大有人在，甚至在当时通过独特的途径得到阴极射线粒子荷质比同样结果的也不乏其人：德国的维谢尔在1897年测得阴极射线粒子荷质比约为氢离子比值的几千倍，但他认为"电是想象中的东西，并不真实存在"的想法阻碍了他作进一步的研究。更早一些，英国的舒斯特在1890年已测得阴极射线粒子的荷质比大约为氢离子的500倍，他认为这种粒子与原子大小相同，并坚持电的连续性概念，错过了发现电子的机会。是汤姆逊而不是其他人最终发现了电子，不是别的因素，根本的原因乃在于他具有勇于与旧的传统观念决裂的革新精神。这种科学革新精神在科学思想发生重大转折的关头，尤其显得难能可贵。

这种敢于突破旧思想的束缚的精神也同样适用于我们的日常生活，无论是在工作上还是在学习上，我们都要具备这样的精神。

7. 敢于打破一切常规

敢于打破常规，敢于突破"经验"的牢笼，你就迈出了走向成功的第一步。

有一艘远洋海轮有一次在航行中不幸触礁，沉没在汪洋大海里，幸存下来的 9 位船员拼死登上一座孤岛，才得以幸存下来。

但接下来的情形更加糟糕，岛上除了石头，还是石头，没有任何可以用来充饥的东西，更为要命的是，在烈日的曝晒下，每个人口渴得冒烟，水成为最珍贵的东西。

尽管四周是水——海水，可谁都知道，海水又苦又涩又咸，根本不能用来解渴。现在，9 个人唯一的生存希望是老天爷下雨或别的过往船只发现他们。

他们等了很久，没有任何下雨的迹象，远远望去，海上除了海水还是海水，没有任何船只经过这个死一般寂静的岛。渐渐地，8 个生存的船员支撑不下去了，他们都陆续渴死在了这座孤岛上。

当最后一位船员快要渴死的时候，他实在忍受不住干渴的煎熬扑进海水里，"咕嘟咕嘟"地喝了一肚子。船员喝完海水，一点儿也觉不出海水的苦涩味，相反，他倒觉得这海水又甘又甜，非常解渴。他想：也许这是自己渴死前的幻觉吧，于是便静静地躺在岛上，等着死神的降临。

他睡了一觉，醒来后发现自己还活着，船员非常奇怪，于是他每天靠喝这岛边的海水度日，最后终于等来了救援的船只。

人们化验这里的海水发现，这儿由于有地下泉水的不断翻涌，所以岛边的海水实际上全是可口的泉水。

谁都知道"海水是咸的"，"根本不能饮用"，这是基本的"常识"，因此，其他几名船员被渴死了。是"环境"害死了他们，还是"经验"？

因此，只有敢于突破"经验"，才有生存和成功的希望！

打破常规要做到一点：对已有的研究成果要持一种怀疑的态度，从而去改进。儿童一般都是天真烂漫的，他们不知道什么是可能的，什么是不可能的，所以经常会问一些在成年人看来非常幼稚的问题，并且向往一些不可能的事情。成人知道什么可能和不可能，所以不问愚蠢的问题，不向往不可能的事情。对孩子充满好奇心的问题，他们总是漫不经心地说一句"事情就是那样"，就把他们打发了。其实，事情未必是"那样"。

成年人同样能够去问：为什么看不到跟你打电话的人？为什么人造革赶不上动物皮革轻柔、耐用和有弹性？为什么不干脆把人体缺损或致病的基因换掉？这类"愚蠢"的问题，正是打开新的竞争空间的钥匙。

瑞士工程师顾问尼古拉·海克就问过这样一个愚蠢的问题：瑞士既然有世界上成本最高的钟表生产基地，制表商为什么不能从精工和西铁城这样的日本对手手中重新夺回瑞士"低档"钟表的市场呢？20世纪80年代初，瑞士实际上已完全退出低档表市场。瑞士制造的低档表占0%，中档表占3%，豪华表则占97%。实际上，他们已被纳入该行业低增长的一个角落。

1985年，尼古拉·海克购买了瑞士微电子设备与制表公司的控制股权，成立了帅奇公司。该公司是两年前在海克的建议下，由瑞士最大的两家制表商合并而成，当时这两家公司均处于破产边缘。这个观念的产生，不是经过精心财务分析，而是由于要重振瑞士钟表业的雄心壮志。这一目标对任何一位瑞士公民或亲欧者显然都具有感情吸引力。

既然以此为目标，它所生产的低价表，就一定要有让亚洲竞争对手不易模仿的特色，即一种体现欧洲人品位和智慧的东西。起初，银行都不愿借钱给这一企业，因为他们认为，在高成本劳动力环境中运行的瑞士公司，不可能争得过拥有低成本亚洲资源平台的日本竞争对手。

然而尼古拉·海克有一个梦想："无论哪儿的孩子都相信梦想。他们问着同样的问题：为什么？为什么有的事情是某种样子的？为什么我们要以某种方式行事？我们每天也问自己这些问题。"

人们可能会嘲笑瑞士一家巨型公司的总裁竟会讲天方夜谭的话。可是那却是我们所做一切的真正奥秘之所在。

海克的愚蠢问题"我们为什么不能与日本人竞争"，需要一个聪明的回答。要想生产出一种式样时新、平均售价40美元的表，就需要在设计、制造和销售方面进行彻底革新。

帅奇公司极富创新精神的制造过程，将劳动成本削减到制造成本的10%以下，只及零售价格的1%。海克自豪地说，即使日本工人把他们的工时白白奉献了，帅奇照样能赚取可观的利润。

打破一切常规要做到：不要轻易下"不可能"的结论。许多人都这样想过："要是我能像鸟儿一般飞翔，该有多妙啊！"虽然"阅历丰富的长者"一再指出这种想法是荒谬的，但为实现这种愿望，在历史上不惜以身相试的也不乏其人。

大约在公元1020年，有个英国人叫奥利弗，双臂系上了"鸟翅"，扑腾了200多米，坠了下来，结果跌断了双臂和双腿。尽管他身负重伤，然而他似乎还很开心，他说是他疏忽了，忘了安上个"鸟尾巴"！不过，康复之后，他再也没试飞过。

公元1507年，意大利人约翰·达米恩在苏格兰试飞。他披着用鸡毛制作的翅膀，从斯多林城堡的高墙上纵身一跳，像一块石头一样重重地落下，摔断了一条腿。达米恩异常失望，他说："我犯了个错误，我用的是鸡毛，而鸡是不会飞的。要是起先用鸟毛，我相信是会飞的。"不过，腿治好了之后，他同奥利弗一样再也没尝试过。

一位名叫约翰·鲍勒里的意大利科学家，对飞行之举思索良久。后来，在1680年，写了一本书，列了许多令人折服的数据，证明人的臂膀装上翅膀是决不能飞行的，他计算出人的双臂不够强壮，支持不了全身在空中飞翔。

然而，仍然有人无视鲍勒里的警告。1742年，一位法国人，尽管年事已高，却也缚上双翼，企图飞越巴黎的塞纳河。他从河边一座高楼的阳台跳下去，掉进了停泊在岸边的一只船上。幸运的是，他只断了一条腿。1811年，德国一位裁缝也决定一试。他在多瑙河畔造了一座木塔，自己从塔顶跳下去，"扑通"一声栽进河里，被救起时已是奄奄一息了。

后来怎么样了呢？是不是从此以后再也没有人尝试飞行了？当然不是！还有很多后来人在前仆后继地尝试着。

于是飞机被发明了，降落伞被发明了……

今天，人类的飞行史发生了伟大的革命。我们能飞上云天，飞上月球，飞上火星，在宇宙中自由地飞翔。

如果在尝试一两次失败后就轻易得出"不可能"的结论，人类就不会有今天的高度文明了。

还有一点，打破常规地进行创造才能成功。

美国杰出的发明家保尔·麦克里迪曾讲述过这样一个故事：几年前，我告诉儿子，水的表面张力能使针浮在水面上，他那时才10岁。我接着提出一个问题，要求他将一根很大的针投放到水面上，但不得沉下去。我自己年轻时做过这个试验，所以我提示他要利用一些方法，譬如采用小钩子或者磁铁等等。他却不假思索地说："先把水冻成冰，把针放在冰面上，再把冰慢慢化开不就得了吗？"

这个想法真是令人拍案叫绝！它是否行得通倒无关紧要，关键一点是：我即使绞尽脑汁冥思上几天也不会想到这上面来。经验把我限制住了，思维僵化了，这小伙子倒不落窠臼。

我设计的"轻灵信天翁"号飞机首次以人力驱动飞越英吉利海峡，并因此赢得了21.4万美元的亨利·克雷默大奖。但在投针这件事情发生之前，我并没有真正明白我的小组何以能在这场历时18年的竞赛中获胜。要知道其他小组无论从财力上还是从技术力量上来说，实力都比我们雄厚得多。但到头来，他们的进展甚微，我们却能够独占鳌头。

投针的事情使我豁然醒悟：尽管每一个对手技术水平都很高，但他们的设计都是常规的。而我的秘密武器是：虽然缺乏机翼结构的设计经验，但我很熟悉悬挂式滑翔以及那些小巧玲珑的飞机模型。我的"轻灵信天翁"号只有70磅重，却有90英尺宽的巨大机翼，用优质绳作张索。我们的对手们当然也知道悬挂式滑翔，他们的失败正在于他们懂得的标准技术太多了，于是不敢打破那些被默认的技术标准。

一次在莫斯科物理学讨论会上，一群物理学家正在为他们出乎意料的实验结果而大伤脑筋：难道实验设备出了莫名其妙的毛病？难道实验设计犯了荒唐可笑的错误？须知，按照公认的理论，结果只能是那样，这样的话……

这时，只有玛尔科夫院士不动声色地坐在旁边，因为此时，他想到了法国著名物理学家约里奥·居里的名言："实验结果离理论越远，那就离诺贝尔奖越近。"

可见，科学家应该崇尚的不是重复，而是打破常规的创造。

另外一点，要敢于打破一切常规。

唐纳德·克利夫顿博士在大学里学的是数学和教育心理学专业。毕业后，作为一位有执照的心理学家，他曾在内布拉斯加—林肯大学从事19年的教育心理学研究和教育工作。他撰写了200多个才干案例，其中涉及到多种行业和人群，他和保拉·尼尔森合著了《飞向成功》，并且和马克斯·白金汉合著了畅销书《现在，发现你的优势》。1969年，他辞职创办了SRI公司，主要从事人才选拔、管理研究和调查研究，在业内享有盛誉。1988 年，SRI 公司与盖洛普公司合并。他是盖洛普公司的前董事长，现为盖洛普国际研究和教育中心的主席，同时也是该中心的世界领导人研究的首席案例撰稿人。

作为成功心理学的创始人之一，克利夫顿在 20 世纪末完成的行为科学研究成果《首先，打破一切常规》在美国出版后，好评如潮，久居《纽约时报》、《华尔街日报》、《商业周刊》商业类畅销书排行榜的榜首，并成为美国著名商学院的教材，在哈佛大学引起了强烈反响。书中认为，每个人都是有才干和优势的关键在于如何识别和发挥优势，并且独创了 Q12 至关重要的测量标尺，用 12 个看起来简单的问题来识别一家公司最优秀的部门，证明了员工民意与生产效率、利润率、顾客满意度和员工保留率之间的关联。Q12 为各层经理提供了有关绩效和职业发展的启示，同时也教你如何把这一切应用于具体的情况。

唐纳德·克利夫顿博士便是书中精髓的身体力行者，他对人性、对管理有着与众不同的认识。在他的生活和工作中，打破一切常规这一原则，则被贯彻到底。

在当教授的 19 年中，他经常在社区做一些服务性的工作。他这个人天生有一种闯天下的精神，也可以说是一种"下海"的精神，但是大学里的生活节奏比较慢，他觉得自己有一些创意总是不能实现。后来他就利用学校教学之间的空闲时间请了一段假，然后就想借助一个商业平台，看看能不能把他的一些创意比较快地转化为结果。后来，他发觉可以一边"下海"，一边和大学保持一个非常密切的关系，直到现在也是如此，因为大学对于他的工作来说也是非常重要的。

唐纳德·克利夫顿博士对世界上很多领导人进行了研究，并且亲自采访了他们。他采访的人越多，就越发现世界上需要更多优秀的领导人。他发现优秀的领导人必须具备 3 种素质：

首先，领导人应该有一种远见、一种眼光和一种使命以及对未来的设想；其次，要有实际行动，不能光说不练，他要具有充沛的动力来使自己的设想成为现实，有这种行动的才干，既能够设想又能够落实；第三，他必须有非常高的道德水准，应该有一个非常高尚的价值观念，否则他不可能获得人们的信任。就像一位很有名的世界级领导人讲过的一句话，他说，我要想在我领导的岗位上、在全球的舞台上奏效，我就必须和其他领导人之间建立起一种相互信任的关系，我没有时间来不信任他们。

唐纳德·克利夫顿博士认为，每个正常人都有其独特的才干以及由才干所构成的独特优势。每个人都有天生的优势，这些优势不是某些精英们的专利。所谓优势说得通俗些就是你天生能做一件事，比其他人做得好。优势的核心是才干。才干的定义是一个人"贯穿始终，并能产生效益的思维、感觉和行为模式"。才干是先天和早期形成的，一旦定形，很难改变，无法培训。这样的人都希望有所成就，建功立业，渴望成功，只是有的人雄心壮志比其他人大；另外，每个正常人都需要别人充分的认可。从积极的成功心理学的角度来说，有才干和优势的人需要使用自己的才干，发挥自己的优势，在这个基础上他对其他的人就更为负责。

通过分析成千上万的案例，唐纳德·克利夫顿博士发现，尽管其路径各异，但成功者有一个共同点，就是善于扬长避短。"传统智慧"鼓励人们不遗余力地去纠错补缺，以求完美，并以此来定义进步。但唐纳德·克利夫顿博士认为，把精力和时间花在弥补欠缺上，人们就无暇顾及增强和发挥优势。何况任何人的欠缺都比才干多得多，且大部分欠缺是无法弥补的。如此，不仅达不到完美，反而会失去单项夺冠的机会。

在自己的著作中，唐纳德·克利夫顿博士认为，世界顶级管理者的成功秘诀首先就是打破一切常规。他指出，做到打破常规第一点就是要当本色的自己，回归真实的自我；第二点就是增强自己的自知之明，也就是要知道自己的优势。比如说我们会有一些规矩，比如几点钟上班等，其实每个人的情况不一样，偶尔有些人也会迟到，某些看起来理所当然的规矩其实也有不适用的情况。优秀的世界级管理者的特点是不喜欢条条框框，规矩越少越好，他们关注的是怎样可以使他们管理的员工的思想能够充分地发挥。

唐纳德·克利夫顿博士强调，打破常规需要自信和勇气，因为打破常规有时候意味着要冒很大的风险。他说："你打破常规是为了让具体的每一个人都获利，获得益处，实际上你是为了每个人的利益去打破常规的。而我觉得打破常规，甚至为了当事人而打破常规的最大的风险就是，常常连当事人都表示并不理解你。"

"比如，我解雇过人。我所倡导和推荐的优秀管理人，他们的管理是因人而异的。这种区别对待首先体现在根据当事人的情况设定目标，同时看他们能不能在条件充分的时候能够达到。如果不能达到，那么当事人会比你知道的还多。美国盖洛普在美国中心城市分公司的负责人就发生过这样的情况。在我们发现员工完不成工作指标时会考虑能否使他重新定位，有没有办法来解决。但领导人要尽量避免先入为主，要问当事人有什么地方我们没有想周全。所以相互信任的关系是很重要的。"

要做到打破常规，很重要的一点就是要积极消除成见和思维定势。

哈佛大学著名心理学家哥特马克博士说："我们常在无意中做些不经心的糊涂事，例如把车钥匙留在车里，或把脏袜子丢进垃圾袋内。"他讲了这样一个故事：

一天，一个年轻女人正准备下厨烧肉，肉下锅之前，她先切下一小块。问她为什么要这样，她说她母亲每次烧肉时都是这样的。人家这么一问，她也起了好奇心，于是拨电话向母亲问个究竟。

她母亲的答案也是一样："因为我母亲也是这样做的。"

那年轻女人最后问她的外婆，为什么烧肉时总是先切下一小片。"因为只有这样，肉才能装得进我的锅里。"外婆答道。

为人行事，如果我们像飞行员使用自动控制仪驾驶飞机一样，从不经心用脑，所引起的不良后果，可能只是微不足道，但也可能会造成大祸的。

哥特马克教授指出，以下就是一些我们不审度情况运用脑筋，而把所有消息都当作千真万确的例子。其实，我们只要头脑清醒，处处留心，便能胜券在握，生命中每个机会都不会错失了。

（1）心存成见

哥特马克教授做过一项实验，看看一般人怎样应变。协助他的调查员站在熙熙攘攘的人行道上，告诉路人说她扭伤了膝盖，需要帮助，请他们到附近药房替她购买某个牌子的绷带。在此之前，他们已跟药剂师说好，请他说这牌子的绷带已经卖完。25个路人当中，没有一个想到请药剂师建议另一个牌子的绷带。不幸得很，人们一旦认定了一个解决方法，往往便不去想其他可能的方法。

无论你遇到什么问题，只要你明白解决方法有许多，并没有什么绝对的答案，那么你便可以有更多的选择。

（2）困在思想框框之中

哥特马克还在求学时，他外婆曾往多个医生处求医，说她头痛得很，好像脑袋里有条蛇在钻来钻去。医生都认为外婆古怪的描述是胡说，诊断说她只是衰老而已。

一年后她死去，医生进行剖验，发现她脑部生了个肿瘤。母亲对此感到十分痛苦和内疚，而哥特马克也有同感。可是他们又怎能质疑医生的话呢？这么多年来，哥特马克教授一直在想，他是怎样让自己被各种思想框框套住的。那些医生见到一个言辞离奇古怪的老妇人，就以为那必定是衰老所致。而他和母亲更理所当然地视医生为权威，以为医生所知的比他们多，认为医生们的话都是对的。

每当你遇到一个新难题，应先质疑自己的一切臆测，然后才制定行动的步骤。

（3）习惯能出错

我们一旦熟悉了某一事物，往往会掉以轻心。一位顾客讲述了自己的一次经历：

有一天，他在一家商店里用一张新的信用卡付钱时，女收银员发现他没有在卡上签名，便把卡退给他签名，并递上付款单给他签名。他签了，那收银员拿着付款单跟信用卡比照签名是否相同。

在这件事中，收银员所犯的错误当然可作趣事来看。但如果太耽于惯常的做事方式而不注意眼前的实际情况，可能造成悲惨的后果。

1982年1月，一架佛罗里达航空公司客机在华盛顿撞毁。有78人丧生，这是从华盛顿飞往佛罗里达州的定期班机，机员都是老手。究竟出了什么错呢？调查归咎于机员的飞行前检查。正副驾驶员曾照常进行检查机件的程序。从表面上看来，他们好像事事都留意到了，但后来发现的证据显示，他们并没有事事经心。其中一项他们批注检查过但却没有开动的——是引擎的防冰系统。这次他们并不是在南方温暖的天气下飞行，当时天正下雪，雪积在机翼上。飞机起飞后随即撞毁，主要是驾驶员没有开动机上的防冰系统，应付积雪问题。

（4）以偏概全

我们成年人大多喜用笼统言辞解释自己不喜欢的事和问题。比方有人说很讨厌冬天，要是他更仔细地想一想，就可能发现他讨厌的是穿厚衣服令他行动不便，而绝不是真正的讨厌冬天。如果他穿上一件羽绒风雪大衣，或在车里装上性能较佳的暖风系统，他可能就会改变他的想法。

（5）钻牛角尖

人们往往自然而然地想到的，是自己不能做到的事，而不是能够做到的事。一位年轻音乐家最近对哥特马克说，他常常不能把他谱的曲子写完。他觉得自己一事无成，直到有一天，他从另一个角度去看他的问题。他不再以未能完成作品而自贬，反而认识到自己具有不断谱成新主题旋律的天赋。最后他与一个精于谱写音乐细节的人合作，撰出很多新乐曲。

把问题放在另一个角度考虑，能为你带来许多意想不到的好处。例如，大多数人都认为一旦住医院，痛楚是不可避免的，没有药物就无从抑制痛苦。

哈佛大学心理学系罗伯特的实验就很好地说明了这个问题：

罗伯特和一些同事进行实验，教那些要接受大手术的病人从另一个角度去看待痛楚。他们请病人想象自己在踢足球或做晚餐。在足球场上与别的球员碰撞，即使擦伤了，他们也不在意。同样地，在你忙碌地为 10 个人预备晚餐时，即使割伤了也不会在意。可是，如果你在阅读一份沉闷的商业文件时，被纸张割伤了，便会觉得真痛。罗伯特举这些例子，让病人知道痛苦并非是无可避免的，主要是看他们以一种怎样的心态来看待他们的处境。

医院的人员（并不知道这项假设的）负责监察两组病人——曾接受辅导的实验组和未经辅导的实验组——的用药和留院时间。那些接受过辅导、以不害怕的态度来对待痛楚的病人，服用止痛药物较少，留院时间亦较短。他们能够从不同的角度去看待住医院这件事，而且态度积极一些，所以更能控制自己的康复情况。

要是我们想自己事事如意，生活"随心所欲"，就得多动脑筋，做事经心，而且要经常吸收新资讯，接受新看法。

要打破常规，还要拥有一个开放的头脑。

当代世界首富比尔·盖茨认为自己最宝贵的财富就是拥有一个开放的头脑，这也正是造就他的成功和财富的内在特质之一。能说明这一点的最好例证就是微软公司在互联网时代的战略转型。

早在 1993 年，比尔·盖茨就以 70 亿美元的个人财富荣登《福布斯》世界富豪排行榜首位。到 1995 年时，微软公司更是以操作系统和软件雄霸个人电脑市场。但当时比尔·盖茨几乎犯了一个致命的错误，那就是他没有及时地意识到互联网的引入将使整个信息技术产业和全球经济发生根本性的革命。由于他随时保持对周围世界的敏感性，并及时地听取别人的意见，及时改变了看法，所以，他很快就全面调整了微软的战略。

早在 20 世纪 90 年代初，当互联网络奇迹般地由个人网络摇身一变而成为全球性的通信与计算机媒介之时，盖茨的微软公司发展势头正旺。销售额增长了两倍，达到 38 亿美元。员工也由 1990 年的 5600 人增至 1993 年的 1.44 万人。这主要是出于视窗软件的成功。

到了 1993 年，技术方面的消息灵通人士发现了"万维网"，万维网可以让你在网络上轻松地显示图表和照片。尤为重要的是，你只需用鼠标在某个地方轻轻一点，万维网就可以让你在网络计算机间跳来跳去。然而，在当时的微软公司和比尔·盖茨看来，万维网不过是个普通的新鲜玩意儿罢了，并没有太大用处。

比尔·盖茨说："我是不会说'现在已清晰可见万维网将在今后几年里迅速发展'之类的话的。如果当时你们问我大多数电视广告是否会在广告内容中加入万维网地址，我会放声大笑。"而且盖茨和他的经理们还有更紧迫的事要考虑。政府的决策者们对微软公司反竞争行为的调查正在进行。微软还有一个秘密小组正在创建一个服务项目以同"美国在线"一较高低。尤为重要的是，众多的程序员们正忙于研究后来的Win95。

微软公司对万维网所作出的公开反应一直沉默不语。直至1995年秋，万维网的猛烈发展势头给微软公司敲响了警钟：它已对微软公司造成了威胁，已有约2000万人不用微软公司的软件而沉迷于网络。更糟的是，在太阳微系统公司所开发的一种新的计算机语言的推动下，万维网作为一种新式"平台"正在崛起。这对视窗在个人电脑上的霸权地位，以及整个个人电脑时代构成了挑战。

盖茨再也坐不住了。1995年12月他举行了一次大型活动，表明微软公司打算全面参与并赢得这场网络时代的软件大战。微软公司将生产网络浏览器、网络服务器，并对微软公司现有的程序进行网络化。从那时起，微软公司总部的每个人都进入了互联网时代。在这个有着35座建筑物的大院里，每个角落都进行着网络项目的开发工作。1996年2月份成立的专门从事网络产品开发部门的员工人数增加到了2500人，这一数字比网景公司以及紧随其后的5大网络新贵的员工人数之和还要多。盖茨说："当前，互联网络对我们来说最为重要，它将带动一切。我们的软件个个都是核心产品。"

为什么盖茨这么快就醒悟了？这源于盖茨对历史的熟悉，有些市场的领导型企业，比如通用汽车、IBM之类的公司由于其高层经理人员未能洞察到整个行业所发生的根本性变化而栽了跟头。而且盖茨对市场情况看得很清楚：到1996年中，互联网的动力就变得极其强大，而网景成了万维网的新领地内统治者——网景至少占有浏览器市场的2/3。

由此可见，创意信念是一种巨大的动力，它可以推动你去做别人认为不可能成功的事情。

如果当时盖茨固执己见，那么可能真的就会出现这样的问题："微软公司是否会被国际互联网置于死地？"但是盖茨没有给其他人这样的机会，他根据信息技术的最新发展调整了自己的思维。在数字化时代，没有什么比及时地调整自己的战略更重要。而这需要有一个开放的头脑，任何墨守成规的人，或固执己见的人都无法成为一个永续的成功者。

1943 年，正是第二次世界大战的中期。到处弥漫着战争的气息，牛津大学的校园里也不例外。大学生们不可避免地为打败德国而从事种种激动人心又极其神秘的活动，学习就成了次要的任务。但这没有动摇撒切尔·玛格丽特上牛津大学的决心。还是在玛格丽特刚满17岁的时候，有一天，她走进新来的女校长古利斯小姐的办公室说："校长，我想现在就去考牛津大学的萨默维尔学院。"

女校长皱着眉头说："什么？你不是病了吧？你现在连一节课的拉丁语都没学过，怎么去考牛津？"

"拉丁语我可以学嘛！"

"你才17岁，而且你还差一年才能毕业，你必须毕业后再考虑这件事。"

"我可以申请跳级！"

"绝对不可以。"

"你在阻挠我的理想！"玛格丽特头也不回地冲出校长办公室。

回家后她耐心地说服了父亲，并得到了父亲的支持，开始了艰苦的复习、学习备考工作。由于她从小受化学老师影响很大，同时又想到大学学习化学专业的女孩子几乎比其他任何学科都少得多，如果选择某个文科专业，那竞争就会很激烈。就这样，她选择了化学专业。在提前几个月得到了高年级学校的合格证书后，她就参加了大学考试。经过耐心地等待，她终于等到了牛津大学的入学通知书。

后来，撒切尔一进入唐宁街10号，就发表了充满自信的演说。她慷慨激昂地谈道："凡是出现分歧的地方，让我们树立起忠实的信念，凡是悲观失望的地方，让我们为和谐融洽而努力；凡是错误的地方，让我们来矫正；凡是产生过怀疑的地方，让我们带来希望。"

8.在别人的怀疑中奋进

　　没有人知道，今天的一个伟大想法或主意将来能够走多远，或者，明天它将触及哪些人。发人深省的思想创造发人深省的梦想。

　　几十年前，一位青年住在美国犹他州的首府盐湖城，靠近大盐湖。

　　他是一个勤勉的人，工作非常努力，生活非常节俭，他的所有朋友都对他的良好习惯赞不绝口。然而有一天，他做了一件反常的事，使得许多人都怀疑他的判断是否明智。

　　他从银行里取出他的全部积蓄，一共有4000多元，到纽约市汽车展销处，买了一部新车。在人们看来，仅此似乎还不足以显示他的"愚蠢"。接下来，他把新车开回家，就把车开进他的车库里，顶起4个车轮，动手拆卸汽车。一件一件地拆，直到整个车库摆满七零八落的汽车零件。他仔细地检查了每个零件，然后又把汽车装好。人们觉得他简直发疯了，而他却不只是一次，而是多次拆卸汽车，再把汽车装好。人们开始大惑不解，甚至有些人开始嘲笑他。

　　几年后，那些嘲笑过他的人不得不改变看法，并对他明智的见识深信不疑。这个反复动手拆装汽车的青年就是沃尔特·珀西·克莱斯勒，他开始制造汽车了，他的产品领导了整个汽车工业，他在汽车这个领域里还做了许多有价值的改进和革新，他成功了。

　　每件存在的事物在开始时只是一个想法。如果你有许多伟大的想法，你只需要让你头脑中的杂音沉寂下来，让你静静地倾听。

　　几乎所有成功案例的背后都始于一个伟大的想法，这个想法滋养着人的信念。而许多拥有成功故事的人物，面对的是最大的逆境。成功意识戏剧般地把一个极普通的青年推入正在成长的汽车工业浪潮中，并且把他高高地推到浪尖上，使他用新观念领导他的整个领域。克莱斯勒的"疯狂"中蕴含着一种目的，一种方法。他的"确定的目的"有效地培养了他的成功意识，使他大胆开拓，走向成功的巅峰。

9. 杰出的创意就是金钱

只有你时刻拥有独出心裁的创意，才能与众不同，进而取得别人想象不到的成功。

(1)只有动脑，才能比别人赚更多的钱

有一个叫汉斯的德国农民，他因爱动脑筋，常常花费比别人更少的力气，而获得更大的收益，当地人都说他是个聪明人。

到了土豆收获的季节，德国的农民就进入了最繁忙的工作时期。他们不仅要把土豆从地里收回来，而且还要把它运送到附近的城里去卖。为了卖个好价钱，大家都要先把土豆按个头分成大、中、小三类。这样做，劳动量实在太大了，大家都只有起早摸黑地干，希望能快点把土豆运到城里赶早上市。汉斯一家与众不同，他们根本不做分捡土豆的工作，而是直接把土豆装进麻袋里运走。

汉斯一家"偷懒"的结果是，他家的土豆总是最早上市，因此每次他家赚的钱自然比别家的多。

一个邻居发现了汉斯一家赚的钱比自己多，但是不知道他们是怎么做到的。于是就悄悄地跟踪，终于发现了其中的奥秘。原来，汉斯每次向城里送土豆时，没有开车走一般人都经过的平坦公路，而是载着装土豆的麻袋跑一条颠簸不平的山路。两英里路程下来，因车子的不断颠簸，小的土豆就落到麻袋的最底部，而大的自然留在了上面，卖时仍然是大小能够分开。由于节省了时间，汉斯的土豆上市最早，自然价钱就能卖得更理想了。农民汉斯这种巧妙利用自然条件进行逻辑想象的方法，看起来并不不是特别的出奇，但却能开启我们的大脑。如果你能够激发出自己这样的逻辑想象能力，就可以在自己的成功过程中做得更好了。

(2)"点子"就是金钱

波尔格德是石油企业家的儿子。1914年9月，他刚从英国回到美国，便决心从事石油开采业。

1915年10月，美国俄克拉荷马州有一个石油矿井招标，参加投标的企业家很多，有不少投标者实力雄厚，竞争异常激烈。

波尔格德此时才成立的公司资金不足，不是那些大企业家的对手。怎么办呢？经过苦思冥想，波尔格德找到了一个点子高招——空城妙计。

投标那天，波尔格德租了一身十分华贵的衣服，约了一位他所熟悉的著名银行家，同他一道前往投标会场。

到了会场，波尔格德显得气度不凡，胸有成竹，加上身旁有著名的银行家陪伴，致使在场的企业家的目光都集中到了他的身上。

那些跃跃欲试，准备在投标中一决胜负的投标者，心里不免忐忑不安。想到波尔格德是石油富商的儿子，现在又有大银行家作"参谋"当"后盾"，感到自己决非波尔格德的对手。

于是，投标会场发生了戏剧性的变化，企业家们竟三三两两地相继离开了，留下的也不敢竞价。

结果，波尔格德以500美元的低价就轻而易举地中标了。他这套把戏居然成功了。4个月后，即1916年2月，波尔格德中标的那个油矿打出了优质石油。他马上以4万美元的价格将油矿售出，很快便获得了3万多美元的纯利润。

波尔格德一处又一处地投资开采石油，不断成立新的石油公司。到了1917年6月，23岁的波尔格德已成为拥有40家石油公司的富翁。

人们常说"时间就是金钱"，其实"点子"也是金钱。点子是人们解决问题时想出来的办法，杰出的点子就是最好的创意，是获得事业成功的可靠保障。

（3）用总统做广告

美国有一家出版公司，有一批久久不能脱手的滞销书，这个公司的经理苦思冥想，终于想出了一个主意：给总统送去一本书，并三番五次去征求意见。忙于政务的总统不愿与他多纠缠，便回了一句："这本书不错。"于是经理便大做广告："现有总统喜爱的书出售。"于是，这些书被一抢而空。不久，他又有书卖不出去，又送一本给总统，总统上过一回当，想奚落他，就说，这本书糟透了。该经理闻之，脑子一转，又做广告："现有总统讨厌的书出售。"不少人出于好奇争相抢购，书又销售一空。第三次，他又有书送给总统，总统接受了前两次的教训，便不作任何答复，但新的广告还是很快出来了："现有总统难以下结论的书，欲购从速。"居然又被一抢而空，总统哭笑不得，出版者大发其财。

（4）有了敏锐的头脑，总能找到一个新的突破口

CNN的老板特德·特纳非常喜欢这样一个关于捕象的幽默故事：

文学家出书造势，宣传大象的种种好处，既收到了大量的广告费，也得到了一笔可观的稿费，在全球掀起捕象热潮。

数学家们用课题费远征非洲，以给大象确定一个准确的定义。经验丰富的数学家们将在求解问题之初试图证明至少存在一只大象，作为前导性练习。数学教授则只证明至少存在唯一一只大象，而将寻找和捕捉一只大象的任务作为一道习题留给他们的研究生。

物理学家们捕猎大象的方式是将大象处理成一个不稳定的W—z粒子，并申请大笔资金建造一个庞大的粒子加速器，企图在河马与犀牛发生碰撞时发现大象。

计算机科学家们则在得到众多商业公司的赞助后，通过执行如下算法A捕猎大象：

①去非洲。

②从好望角开始。

③向北有序前进，交替地东西横贯非洲大陆。

④在每一趟跋山涉水横跨非洲大陆的行动中：

a.捕捉每一动物并仔细查看。b.将捕到的每一动物与一已知大象比较。c.发现两相匹配即告停止。

富于经验的计算机程序设计人员将通过在开罗预先放置一只已知的大象修改算法A，以确保算法具备终止条件。汇编语言程序设计人员偏爱用赤膊上阵的方式来执行算法A。

老师们捕猎大象的依据是动物的体重：在非洲随意地捕捉灰色动物，若其体重与一已知大象的体重相差在正负百分之十五之间，即认为所获动物为大象。

经济学家们不捕猎大象，但他们坚信只要付给大象丰厚的报酬，大象将相互捕猎其同类。

被高薪雇来的统计学家们的捕象要诀是捕捉他们首次发现的与他们见过N次并被称为大象的动物相似的动物。

顾问们不捕猎大象，且他们中的许多人从来就不捕猎任何东西。但只要计时付酬，他们乐意为捕猎大象的人们提供咨询服务。如果说其他人仅能识别大象的话，研究行为科学的顾问们却能辨析帽子的尺寸及子弹的颜色与捕象策略的效率之间的相互关系。

政客们不捕猎大象，但他们将与投票支持他们的人们分享所捕获的大象。

律师们不捕猎大象，但他们将跟踪兽群，并辩论粪便之主是何种动物。

负责工程研究和开发的副总裁试图努力捕猎大象，但其职员则千方百计从中作梗。当副总裁确实开始着手捕猎大象时，职员们就开始疲于奔命地确保所有可能是大象的动物在副总裁看到它们之前都已成为笼中之物。万一副总裁真的发现了一只漏网的大象，职员们的对策便是：第一，奉承副总裁目光敏锐；第二，谨慎从事，以防类似事件再次发生。

资深经理们基于大象如同地鼠般众多的假设制定周密完备的捕象方针，但宣布时的语调却不那么理直气壮。

事实上，质检员们并不关心大象，他们只是搭乘其他猎手们的吉普车，在旁边品头论足地挑剔猎手们。

推销员们不捕猎大象，但他们整日兜售尚未捕获的大象，以便在狩猎开始前两天定下买主。软件推销员将逮住的第一只动物运交买主，并想当然地开出一张大象的销售发票。硬件推销员则逮住兔子并将其装饰成银灰色，然后作为玩具大象销售。

特纳指出：现代社会的商机无处不在，关键要看你自己有没有敏锐的商业头脑，能不能见人之所不能见，想人之所不会想，为人之所不敢为。

在特纳之前，没有一个电视经营者肯涉足24小时电视新闻这个领域。它像一块令人踌躇不前或是不屑一顾的极地，久候着一个既有胆量又别具慧眼的冒险家。

特德·特纳正是这样一个冒险家。当时，特德·特纳已是全美第一个通过卫星播放有线电视节目的老板，在亚特兰大拥有一家"超级电视台"。特纳不甘平庸，他一直怀着与美国广播公司（ABC）、全国广播公司（NBC）和哥伦比亚广播公司（CBS）竞争的雄心。但是，三大电视网雄踞美国几十年，他率领的那个亚特兰大"超级电视台"如同摩天大厦下的小商亭，实在没有出头之日。他要实现这个梦想，就必须在电视领域找到一个新的突破口。于是，他打算创建一个24小时的有线新闻电视网。

消息一传出，立即招来一片反对的声音。人们普遍认为经营电视新闻只会赔钱。它收视率不高，制作费却高得惊人，报道一条中东热点新闻，仅差旅费就相当于美国一般家庭一年的收入。当时，美国三大电视网经营时数有限的新闻节目，一年还要亏损1.5亿美元。于是，理所当然地，人们把特纳当成了天下最大的傻瓜，认为特纳最终会落得倾家荡产的下场。对此，特纳并不介意，他坚信只有"傻瓜"才会在聪明人不敢企及的地方展示自己的才华。

但是，他的市场调查结果表明，人们对24小时新闻节目并不感兴趣。对此，特纳没有畏缩，而是在心里暗下决心：为什么要相信那个该死的市场调查呢?此刻需要的不是调查，而是创造。"飞机造出来之前，如果你调查有多少人愿意坐飞机，又会有多少人说他愿意呢?"特纳对自己这样的解释如释重负。他知道，任何冒险最终只有两种结果：创造，或是毁灭。而他却只对创造满怀着热望。

筹建CNN的工作开始了。1980年6月，特纳正式宣布：CNN将在一年内成立。

在CNN创建不到一年时，特纳提出，CNN要和三大电视网比肩，加入白宫记者团。然而特纳并没有那么顺利地实现他的愿望，于是，他便起诉白宫设立记者团违反了《公平贸易法》。他甚至起诉了当时的总统里根、贝克和国务卿黑格。8个月以后，特纳的诉讼有了结果，CNN在白宫记者团中得到一个高级记者的席位。

CNN打进白宫，犹如登堂入室，这是一个有着重大意义的转变，因为这意味着它可与三大电视网分庭抗礼了。

12年后，位于亚特兰大的CNN中心，成了一个由12架巨大的卫星天线守护的庄园。美国1989年的一次民意测验表明，观众对CNN的喜爱，已超过三大电视网。最后的一次民意调查表明，CNN已成为世界名牌，仅次于迪斯尼、柯达和奔驰而名列第四。

10.发挥创造力的10大要点

创造力是人类智慧的重要组成部分之一，充分发挥人的这一天赋能力，是进行创造性工作的必要条件。所以，培养创造能力就显得异常重要了。

怎样才能较快培养自己的创造性思考能力呢?要想充分发挥创造力，树立创新意识，必须克服以下几种常见的障碍。

（1）**冲破习惯或常规的束缚**

在日常生活中，那些曾经在实践中被证明是有效的方法和对策可能成为一种习惯，或称常规，而我们对许多事情的处理都是由这种习惯或常规来决定的，因而在企业和机关里，许多日常工作都有一定的惯例程序，但这种按惯例行事的做法不一定都能取得最好的效果。这种单凭习惯或先例来决定思考和行动的方式，往往忽略了隐藏着的创造契机，它对创造力的发挥是不利的。我们应该凡事多问问："为什么要这么做？""如果没有这一部分，全局将会怎样？"只有寻根追究，才能找出改进的途径。

（2）**把批判力和创造力统一起来**

一般情况下，人们认为，批判力和创造力就像油和水不能相混一样，也是难以妥协的。实际上，在创造活动中，这二者正是重要的合作伙伴。

在日常的生活中，人们会遇到许多可以发挥创造力的机遇，但能否做出创造这一实际行动，不仅与环境有关，更重要的是与人自身因素有关，与是否正确地处理这"批判力"和"创造力"的关系有关。批判力一般是否定性的，而创造力则是一种由希望和热情、勇气和自信心组成的向上的心理状态，是具有积极肯定性的。如果创造力在你的头脑里占据了主导地位，你的脑子一定会变得灵活起来；反之，如果老是用否定的眼光来看待事物，"横挑鼻子竖挑眼"，那就必然会妨碍创造力的发挥。

二者看似水火不相容，其实是必须统一的。批判和判断只以眼前的事实作为依据，它们更多的是倾向于保守地维持现状而不是倾向于前进。而创造力的目标则是未知的事物，开动想象的机器，并努力把"不可能"的事物转变为可能的。

（3）**穿透表面现象**

由于经验的积累，人们对于某些事情往往自以为"见微知著"，这就会带来一种弊病——单凭表面来判断一切，不作更深一步的思考。

举个例子来说，小王在单位里任办事员，工作勤恳，每天大家都下班了，他还在处理一些没有做完的工作，就连周末假日也不例外，大家都感到他的工作热情很高，这种人理所当然地常常受到赞扬。可是，如果从工作效率或具体的工作方法上来看，那他就不值得表扬，因为唯有他一人每天要来加班加点，如果不是自身的问题，那么或许就是工作中有什么问题。

只有全面地看待每一件事情，透过现象看本质，才能正确地了解情况，准确地收集信息，给发挥创造力创造条件。

（4）超越经验和专业知识

一家规模不大的建筑公司在为一栋新楼安装电线。在一处地方，他们要把电线穿过一根 10 米长，但直径只有 3 厘米的管道，而且管道是砌在砖石里，并且弯了 4 个弯。就连非常有经验的老工程师都感到束手无策，显然，用常规方法很难完成任务。最后，一位刚刚参加工作不久的青年工人想出了一个非常新颖的主意：他到市场上买来两只白鼠，一公一母。然后，他把一根线绑在公鼠身上，并把它放在管子的一端。另一名工作人员则把那只母老鼠放到管子的另一端，并轻轻地捏它，让它发出吱吱的叫声。公鼠听到母老鼠的叫声，便沿着管子跑去救它。它沿着管子跑，身后的那根线也被拖着跑。因此，工人们就很容易把那根线的一端和电线联在一起。就这样，穿电线的难题得到顺利解决。

我们可以看到，那些老工程师虽然有着丰富的经验和专业知识，但遇到新的问题却容易一筹莫展。所以，创造力并不一定和技术水平、专业知识成正比。

现代科技的特点是专业分工越来越细，而具有广博的知识，能利用综合性学术观点来解决问题的却越来越少。虽然专业面越小越有利于使研究深化，但随之而产生的另一个问题是由于视野狭窄而使每个人创造力大受影响。深度和广度看上去是矛盾的，但在实际中却是相互促进的。专业知识过于集中，就不容易看到科学发展的广阔背景，也容易忽视一些有启发意义的重要情报，因而难于实现创造性的飞跃。

（5）积极思考解决问题

人有一种惰性，就是对各种变化有一种本能的抵制，这是人的天性。人们老是说："这是不可能的"，"那是不现实的"，总爱把现实存在当作最合理的状态，把创造力未能充分发挥也看作是正常现象。一旦有人要对现状提出挑战，便会受到各种非难，甚至被大多数人看作"空想家"、"怪癖"等。

西方有句古谚说：5% 的人主动思考，5% 的人自认在思考，5% 的人被迫进行思考，而其余的人一生都讨厌思考。这话未必正确，却在一定程度上说明了人们有回避思考的倾向。

（6）主动培养创造意识

创造力绝非像神话中所描绘的那样会在某天早上突然降临到你的身上。创造力是靠充沛的创造欲望和强烈的创造动机来驱动的，大量的观察和研究证明了这一点，创造动机不足的人，无论你怎样激动都不会有太大的令人满意的成果。创造力是个人内在的素质，必须靠自己去培养。而动机意识薄弱正是创造力埋没和退化的主要原因。

松下电器公司的创始人松下幸之助和本田技术研究所的本田宗一郎，以及提出喷气发动机设想的怀特等人，他们不甘于满足现状，执意进行改革，正是由于这种"执著"的信念的指引才最终引导着他们走向了成功。

(7)超越消极情绪

就像人的思考能力一样，情绪也是人的一种天性。这种天性常常会阻碍创造力。情绪性障碍会使你的头脑简单化，扰乱你的创造性思考，容易钻进牛角尖。此外，怕失败、怕被嘲笑、怕被批评、怕被孤立的恐惧心情，都会使你的创造力受到压抑。

(8)保持好奇心

许多人总是认为日常生活中的一切都是平淡无奇的，没有什么值得特别注意的事物，这种人即使接受新的情报信息也往往会忽略过去。而另一种人的反应就大不一样，他们对于事物总抱有一种新鲜感，哪怕是细枝末节的小问题，也不放过，总想多知道一些东西。这就是好奇心强的表现，就像砂粒刺激了河蚌从而产生了珍珠一样，好奇心激发发明家的创造欲望。古往今来，无数事实表明，只有那些时刻保持孩童般好奇心的人，如饥似渴地追求新知的人，才可能做出发明创造的奇迹。

(9)克服从众心理

人作为集体的一员，在与大家工作、生活在一起的时候，往往会让某种形式来改变自己的个性。虽说组织起来的人们不一定要求每个成员都是同一种类型，但在同一组织或集体中的人往往有一种"必须这样行动"的约束，而实际上，人是各有其特点的，对于同一件事，每个人可以按自己的方式来处理，这比强求一律的方式要好得多。

当遇上一些自己也无法理解的做法时，人们往往会用"大家都这么干，我也只要照办就行了"这样一种轻松的理由来说服自己，这就难免走进因循守旧的死胡同。

(10)活用书本知识

有着较高的文化知识，并不一定就能解决问题。当然，如果是应付考试，那确实是很有用的，但考试只能测定你学习的程度，同创造力是大不相同的。

在实际工作中，有些问题光凭已有的"知识"是无法解决的。当然，也许你曾受过从事某项工作的业务训练，或有一本关于从事某项工作的"手册"之类的东西，但你仍无法从中得到有关创造性工作的训练。

在学校里常常有这样的情形，当老师表示下次要提问一些问题时，学生的第一个反应往往是问"该看些什么书呢?"这样学生对书本的依赖性太强，纵然"满腹经纶"，在实际工作中仍可能一筹莫展。由此可见，我们要想培养自己的创造力，不可拘泥于书本知识，更重要的是锻炼自己灵活运用所学的知识来解决实际问题的能力。